FRANKFURTER GEOWISSENSCHAFTLICHE ARBEITEN

Serie D · Physische Geographie

Band 7

Boden- und vegetationsgeographische Untersuchungen im Westerwald

von

Karl-Josef Sabel
und
Eberhard Fischer

Herausgegeben vom Fachbereich Geowissenschaften
der Johann Wolfgang Goethe-Universität Frankfurt
Frankfurt am Main 1987

Frankfurter geowiss. Arb.	Serie D	Bd. 7	268 S.	19 Abb.	50 Tab.	Frankfurt a.M. 1987

ISSN 0173-1807
ISBN 3-922540-20-1

Schriftleitung:

Dr. Werner-F. Bär
Institut für Physische Geographie der J. W. Goethe-Universität,
Senckenberganlage 36, Postfach 11 19 32, D-6000 Frankfurt am Main 11

CIP-Titelaufnahme der Deutschen Bibliothek

Sabel, Karl-Josef:

Boden- und vegetationsgeographische Untersuchungen im
Westerwald / von Karl-Josef Sabel u. Eberhard Fischer. Hrsg.
vom Fachbereich Geowiss. d. Johann-Wolfgang-Goethe-Univ.
Frankfurt. - Frankfurt am Main : Inst. für Phys. Geographie d.
J.-W.-Goethe-Univ., 1987

(Frankfurter geowissenschaftliche Arbeiten : Ser. D, Physische
Geographie ; Bd. 7)
ISBN 3-922540-20-1

NE: Fischer, Eberhard:; Frankfurter geowissenschaftliche Arbeiten / D

ISSN 0173-1807

ISBN 3-922540-20-1

Anschrift der Verfasser:

Dr. K.-J. Sabel, Kassernstraße 8, D-6238 Hofheim am Taunus
E. Fischer, Tiergartenstraße 22, D-5430 Montabaur

Bestellungen:

Institut für Physische Geographie der J. W. Goethe-Universität,
Senckenberganlage 36, Postfach 11 19 32, D-6000 Frankfurt am Main 11

Druck:

F. M.-Druck, D-6367 Karben 2

Zusammenfassung

Neben einer Einführung in die Geologie, das Klima, die Reliefentwicklung und die Böden sowie einem detaillierten Überblick über die Pflanzengesellschaften des Westerwaldes und deren Fundorte wird versucht, den Zusammenhang zwischen abiotischen und biotischen Landschaftselementen herzustellen.

Dabei werden der geologische Untergrund, das oberflächennahe Gestein, die Bodenbildungen, die Reliefformen und die Pflanzengesellschaften mit ihren natürlichen und anthropogen beeinflußten Varianten unter Berücksichtigung klimatischer Aspekte als ein sich einander bedingendes Ökosystem interpretiert.

Besonderen Wert wurde auf die Genese und reliefabhängige Ausprägung der Böden gelegt, da ihre Merkmale und Eigenschaften die Art und Zusammensetzung der Pflanzengesellschaft entscheidend mitbestimmen.

Diese Standortsuntersuchungen wurden anhand charakteristischer Geländeschnitte, die alle Teillandschaften des Westerwaldes erfassen, durchgeführt.

Neben den "zonalen" Ökosystemen wurde aber auch auf Pflanzengesellschaften eingegangen, deren Standorte durch die Dominanz eines geowissenschaftlichen Faktors geprägt sind.

Als Beispiel seien Erlenbrücher oder Moorgesellschaften (Grundwasser), Ufergesellschaften (offene Wasserflächen), Felsstandorte und Schluchtwälder (Gestein und Mikroklima) aufgeführt.

Beachtung finden aber auch besonders stark anthropogen beeinflußte Vegetationsgesellschaften, wie Wiesen und Weiden, verschiedene Sukzessionsstadien (Tongruben) oder auch Relikte heute aufgegebener Nutzungsformen (Hauberge, Wacholderheiden).

Summary

Beside an introduction to geology, climate, development of the relief and the soils as much as a detailed survey of the plant-communites of the Westerwald and their distribution, the authors try to show the relation between abiotic and biotic elements of the landscape.

In this connection the unweathered rock, the parent material for the soil development, the soil types, the landforms and the plant-communities with their natural and anthropogenous variants with reference to climatical aspects are interpreted as partes of an ecosystem, which conditions each other.

Special emphasis was given to the genesis and the relief-dependent types of soil, because their characters and qualities determine decisivly the type and composition of plant-communities. These investigations of localities were made on characteristic catenas which conprise all representative landscapes of the Westerwald.

Beside the "zonal" ecosystem however, there is dealt with plant-communities, whose types of localities are formed by the dominance of one geoscientific factor.

The following examples are mentioned: moorlands and swampy forests (groundwater), riparian communities (open water), dry lawns on rock and ravine forests (stone and microclimate).

Anthropogenously formed vegetation communities like lawns, different types of successions (clay pits) or relics of former land usage, which are abandoned today ("Hauberge", juniper heaths) are noticed too.

Vorwort

Die Anregung zu diesem Buch war eine logische Folge der Berufsfelder der Autoren, die als Geographen und Bodenkundler bzw. Botaniker die Ökologie eines Standortes erfassen wollen, wobei je nach Ausbildungsschwerpunkt der biotische oder abiotische Teilaspekt zu kurz kommt. Im Bewußtsein meist sehr enger Wechselbeziehungen zwischen den Pflanzengesellschaften und ihren Standorten bemühten sich die Autoren um eine ganzheitliche Betrachtungsweise des Naturraumes, die die unbelebten wie belebten Kompartimente dieser Landschaft gleichberechtigt berücksichtigt.

Die Wahl der Autoren, eine solche Untersuchung im Westerwald durchzuführen, wurde wesentlich dadurch beeinflußt, ihrer Heimat, in der sie aufgewachsen und durch die sie geprägt sind, ihre Reverenz zu erweisen.
Zugleich hoffen sie, daß mit ihrem Beitrag die Lücke geowissenschaftlicher und botanischer Arbeiten im Westerwald ein wenig eingeengt wird.

Großer Dank gebührt den Mitarbeitern des Instituts für Physische Geographie der Universität Frankfurt, die am Zustandekommen dieser Arbeit mitgewirkt haben. So wurden die Bodenanalysen von Frau Bergmann-Dörr durchgeführt und die Reinzeichnungen der Abbildungen von Frau Bursian übernommen. Die Reinschrift erfolgte durch Frau Fischer und Frau Isheim.

Weiterhin danken wir dem Fachbereich Geowissenschaften der Universität Frankfurt für die Aufnahme dieser Arbeit in die Reihe "Frankfurter geowissenschaftliche Arbeiten", und hier besonders der Schriftleitung, Herrn Dr. W.-F. Bär.

Die Danksagung kann nicht abgeschlossen werden, ohne Herrn Peter Sabel, Institut für Allgemeine Botanik der Universität Mainz, lobend zu erwähnen, der an fast allen Geländebegehungen beteiligt war und dieses Buch durch fachliche Diskussionen förderte.

Hofheim, März 1987

Karl Josef Sabel
Eberhard Fischer

Inhaltsverzeichnis

Seite

Seite

Abbildungsverzeichnis

Tabellenverzeichnis

1 Einleitung

Die rasante Veränderung der Landschaftsnutzung im weitesten Sinne in den letzten Jahrzehnten, insbesondere die stetige Verengung und Verarmung des Naturraumes wirft einmal die Frage nach den Erhaltungsmöglichkeiten landschaftlicher Individualität, zum anderen die nach der Integration neuer Nutzungsansprüche auf.

Die aktuellen Diskussionen um landespflegerische Maßnahmen und raumplanerische Konzepte belegen, daß es nicht darum gehen kann, einen bestimmten Landschaftsausschnitt mit seiner augenblicklichen biotischen und abiotischen Ausstattung zu konservieren, da dann alle Faktoren seiner Entstehung und deren Beziehung untereinander ein für allemal festgeschrieben werden müßten. Dies wäre auch ein müßiges Unterfangen, weil die Natur ständig den ihr immanenten Veränderungsprozessen unterliegt, die einerseits über lange Zeiträume und daher fast unmerklich ablaufen oder -liefen, die aber auch rapide und für jeden ersichtlich sich ereignen können.

So vertieft der Holzbach zwischen Seck und Gemünden seine Schlucht geologisch gesehen schnell, für den menschlichen Betrachter doch unendlich langsam. Dagegen sind die Prozesse des "Waldsterbens" für uns alle zu beobachten, werden aber unter geologischen Gesichtspunkten wahrscheinlich wenig Bedeutung erlangen. Mit diesen Beispielen sollen Vorgänge in der Natur nicht ab- oder aufgewertet werden, sondern lediglich die Zeitdimension als zusätzliches landschaftsgestaltendes Kriterium hervorgehoben werden.

Daneben spielt der Mensch eine zunehmend bedeutsamere Rolle im Naturraum, da er den Landschaftshaushalt aufgrund bestimmter Nutzungsansprüche über Jahrtausende hinweg geprägt hat. Entsprechend den gesellschaftlichen Veränderungen und Ansprüchen kommt es natürlich auch zu einem Nutzungswandel, der meist zum Zusammenbruch des älteren Ökotops führt, bevor schließlich ein neues entsteht. Gewöhnlich wird dieses immer als künstlicher als das zerstörte empfunden, ohne Bedacht, daß auch dieses schon "unnatürlich" im Sinne von "völlig unberührt" war. Die Autoren wollen damit vor einer verklärenden Nostalgie warnen, die nur scheinbar dem Naturschutz zugute kommt und auf den Kulturlandschaftscharakter des Westerwaldes verweisen.

So sind die Wachholderheiden des Westerwaldes ein Produkt erheblichster Eingriffe in den Naturhaushalt, ausgelöst durch den Holzbedarf und die Ausweitung landwirtschaftlich nutzbarer Flächen. Die sozioökonomischen Bedingungen, die zu diesem Handel führten, sollen nicht weiter erörtert werden, sondern lediglich die "Natürlichkeit" der Heiden als Ergebnis der Zerstörung der potentiell natürlichen Vegetation relativiert werden. Wenn jetzt aufgrund des neuerlichen Wandels der Agrarstruktur die Heiden zunehmend verbuschen, so ist das eine völlig natürliche Sukkzession, die einem Reifestadium - Buchenmischwald - zustrebt. Daß forstwirtschaftlich diesem Prozeß durch Auffichtung nachgeholfen wird, ist selbstverständlich wieder ein Eingriff des Menschen, der von verschiedensten gesellschaftlichen Rahmenbedingungen abhängig ist und daher auch diskutabel sein muß, die Pflanzensukkzession selbst aber nicht! Sie ist Naturgesetzen unterworfen, die trotz aller Individualität am einzelnen Standort in ihrer übergeorneten Gesetzmäßigkeit untersucht und gedeutet werden kann.

Die Autoren sind sich bewußt, daß es arbeitsmethodisch unmöglich ist, das gesamte Vernetzungssystem in einer Landschaft mit all seinen Aspekten darzustellen. Daher erfolgte eine Beschränkung auf zwei der sicherlich wichtigsten Naturraumfaktoren, auf die geographische Verteilung und das Verteilungsprinzip der Vegetation und der Böden.

Die Vegetation repräsentiert den biotischen Teil unserer Landschaft, deren botanischer Aspekt in der öffentlichen Diskussion dominiert, da Verteilung und Veränderung des Pflanzenkleides für jeden offensichtlich sind. Doch vermißt man meist die existentielle Beziehung der Vegetation zum abiotischen Standort und dessen Genese.

Die Eigenschaften des Standortes lassen sich am besten im Bodenprofil belegen, so daß es den Autoren unverzichtbar erschien, die Böden nicht zu berücksichtigen. Deren Genese ergibt sich aus den Naturraumfaktoren Gestein, Reliefform und seiner Entwicklung, Klima, Flora und Fauna, den menschlichen Eingriffen und schließlich der Zeit, so daß sich im Bodentyp und seinen Merkmalen fast alle denkbaren Landschaftselemente vereinen.

Gegliedert ist das vorliegende Buch in einen ersten allgemeinen Teil, der einen ausführlichen Überblick über die naturräumliche Gliederung, das Klima, die Geologie, Geomorphologie, Böden und Vegetationseinheiten bietet. Mehr oder minder handelt es sich um eine Inventarisierung der Landschaft, wie sie in herkömmlichen Darstellungen auch erfolgt.

Die Intentionen der Autoren zielen aber darauf ab, die Kausalitäten im Naturraumgefüge darzustellen und dem Leser einen Überblick in das Beziehungsgefüge der Landschaft zu gewähren. Daher werden im zweiten Teile des Buches Geländeprofile (Catenen oder Toposequenzen) durch Teillandschaften des Westerwaldes vorgestellt, in denen das vegetations- und bodengeographische Verteilungsmuster sowie die Verbindungen und Abhängigkeiten in ihm erkennbar sind. Hier ist natürlich aufgrund der Individualität eines jeden Standortes ein gewisses Generalisieren notwendig, damit sich die Aussagen auf vergleichbare Räume, die nicht eigens untersucht wurden, übertragen lassen. Großen Wert erlangte die Bearbeitung von stark anthropogen geprägten Standorten, auch wenn sie noch sehr jung sind und ein Klimastadium noch längst nicht erreicht haben.

Abb. 1 Naturräumliche Gliederung des Westerwaldes

2 Geowissenschaftlicher Überblick über den Westerwald

2.1 Das Untersuchungsgebiet und seine naturräumliche Charakterisierung

Der Titel des Buches sieht den Westerwald in den Vordergrund der Betrachtung gestellt, doch ist damit Größe und Lage der Landschaft noch nicht hinreichend definiert (Abb. 1). Die naturräumliche Abgrenzung des Berglandes bereitet Schwierigkeiten, da ihm vorgelagerte Tiefländer bis auf das Mittelrheinische und Limburger Becken fehlen. Fast übergangslos geht der Westerwald im Nordosten, Osten und Süden in die benachbarten Gebirgsregionen über, so daß hier die Grenzziehung üblicherweise durch Flüsse vorgenommen wird. Sieg, Lahn und Rhein bieten sich an, während im Osten meist die Dill genannt wird. Diese doch sehr markanten Linien zeigen zugleich auch das Problem der Landschaftsabgrenzung auf, da Flußsysteme viel eher Integrationsräume, also lineare Zentren, als Kultur- und Wirtschaftsformscheiden darstellen.

Offensichtlich wird dies an der Dill, da man das östlich anschließende Gladenbacher Bergland noch dem Westerwald zuschlagen und die Grenze bis zu den Quellen von Lahn und Sieg erweitern könnte.

Im Süden trennt die Lahn den Taunus ab, doch scheint dies gerade wegen des Engtalcharakters des Flusses willkürlich. Die Sieg im Norden ist konsequenterweise in den meisten naturräumlichen Gliederungen als eigenständige Naturraumeinheit charakterisiert und umfaßt auch die Nordabdachung des Westerwaldes. Die Westgrenze zum Neuwieder oder Mittelrheinischen Becken ist unumstritten, doch nach Norden wird ein schmaler Vulkanzug südlich des Siebengebirges oft auch noch dem Westerwald zugeschlagen. Es fragt sich, ob dies sinnvoll ist, da dieser Vulkanismus nicht zum Westerwälder, sondern zu dem des Siebengebirges gehört.

Den Unsicherheiten der Naturraumbegrenzung entsprechend spart unser Untersuchungsgebiet diesen Vulkanzug aus. Auch die Region jenseits der Dill wird nur kursorisch erwähnt, während die Engtalbereiche der Unterlahn und der Nordhang des Hohen Westerwaldes zur Sieg in die Darstellungen einbezogen werden.

Die Teillandschaften des Mittelgebirges lassen sich aufgrund ihrer Geologie dreigliedern.

Im Westen erstreckt sich in nord-südlicher Richtung der sogenannte Niederwesterwald, der im wesentlichen aus devonischen Schiefern, Grauwacken, Sandsteinen und Quarziten aufgebaut wird. Untergliedert wird diese Naturraumeinheit in die Niederwesterwälder Hochmulde im Norden, die sich durch Höhen um 300 m auszeichnet. Hohe Niederschläge (800 - 900 mm), mäßig warme Sommer und milde Winter deuten den atlantischen Charakter des Klimas an. Es dominiert der Ackerbau in den ebenen Relieflagen, während die Steilhänge der Täler waldbestanden sind. Nach Osten schließt sich mit einer deutlichen Stufe der basaltische Westerwald an. Auch nach Süden folgen größere Erhebungen: der Märker Wald und die Montabaurer Höhe. Waldbestände prägen die Landschaft, die in der Montabaurer Höhe mit 565 m ihren höchsten Punkt erreicht. Zur Lahn hin folgen die Emsbach-Gelbach-Höhen, die wieder etwas niedriger liegen. Aufragende Quarzitrücken und ausgeräumte Schiefersenken gliedern diese Teillandschaft, parallel dazu die Wald- und Feldverteilung. Klimatisch macht sich einmal die Leelage zur Montabaurer Höhe, aber auch der kontinentalere Einschlag mit wärmeren Sommern und kühleren Wintern bemerkbar.

Zwischen Nieder- und Zentralem Westerwald schieben sich zwei Beckenlandschaften, die als Dierdorfer/Herschbacher und Montabaurer Senke bekannt sind. Den Untergrund bilden tertiäre Lockersedimente (Tone, Kiese, Sande), die Grundlage wichtiger Industrien sind. Oberflächennah werden die Gesteine von Lößlehm verhüllt, der bei den günstigen Klimabedingungen intensiven Ackerbau zuläßt. Der Wald ist auf vereinzelte Basaltkegel zurückgedrängt.

Als die Kernlande des Westerwaldes sind die Basaltgebiete zu verstehen, die sich in einen zentralen Hohen und umschließenden Oberwesterwald gliedern lassen.

Die 550 - 650 m hohe, mäßig zertalte Hochfläche ist nahezu waldfrei. Sie weist über 1.000 mm Niederschlag und nur 6,5 °C Jahresdurchschnittstemperatur auf. Weidewirtschaft dominiert nach wie vor, wenn auch durch junge Aufforstungen eine Wiederbewaldung beschleunigt wird. Im Halbkreis von Nordwesten über Süden nach Nordosten ist der Oberwesterwald vorgelagert, der nur bis ca. 500 m Höhe reicht. Die rückschreitende Erosion der Bäche hat die Basaltdecken an vielen Stellen zerschnitten und einen zerlappten Außenrand hinterlassen. Dies ist im Süden zum Limburger Becken besonders auffällig, während im Westen um die Seenplatte die Erosion weniger wirksam war.

Der im Osten gelegene Dill-Westerwald findet aufgrund der hier überwiegenden devonischen Gesteine Anschluß an das Gladenbacher Bergland, spannt den Bogen aber auch zum Niederwesterwald. Von besonderer Bedeutung sind die Kalke bei Erbach sowie die Schalsteine und Diabase. Hier, wie überall im Oberwesterwald, herrscht der Wald vor, was im wesentlichen auf die erhebliche Reliefenergie der Landschaft, aber auch auf die mangelhafte Nährstoffversorgung der Böden und die Klimaungunst zurückzuführen ist. Die naturräumliche Gliederung bestimmt auch die Profilauswahl in der zweiten Buchhälfte, die aber ohne allgemeine Ausführungen zum Klima, zur Geologie und der Oberflächenform, der Bodenbildung und der Vegetationsentwicklung schwer verständlich bliebe.

2.2 Das Klima des Westerwaldes

Für die Charakterisierung des Westerwälder Klimas sind die Jahresdurchschnittstemperaturen und die Niederschlagssummen die wichtigsten Parameter (Tab. 1). Dabei müssen differenzierend die Höhenlage und die Reliefposition der Stationen, das Verhältnis von Sommer- zu Winterniederschlägen (N_S, N_W) und der Trockenheitsindex ($i = \frac{N}{t+10}$) Berücksichtigung finden.

Der Witterungsverlauf im Westerwald wird durch die mitteleuropäischen Großwetterlagen geprägt, die sich ihrerseits aus der atmosphärischen Zirkulation ergeben.

Da nördliche bis westliche Windströmungen vorherrschen, die Nordsee nur 300 - 350 km entfernt ist und der Westerwald eines der ersten Hindernisse für die feuchte Meeresluft darstellt, empfängt das Mittelgebirge recht hohe Niederschlagsmengen (bis 1.100 mm) bei niedrigen Jahresdurchschnittstemperaturen. Das Klima ist allgemein maritim getönt, zumal fast immer die winterlichen Niederschläge die des Sommers übertreffen. Als Beispiel sei die Station Altenkirchen herausgenommen, die nur 220 m hoch gelegen, aber mit 871 mm Niederschlag doch stark beregnet wird, wobei die Winterregenmengen überwiegen. Die vergleichsweise niedrigen Jahresdurchschnittstemperaturen (8°C) und der hohe Trockenheitsindex (48) unterstreichen die Maritimität des Klimas: Die Luv-Position der Niederwesterwälder Hochmulde zum Hohen Westerwald wirkt sich voll aus.

Dieser Effekt ist im Oberwesterwald (Westerburg, Mengerskirchen) noch stärker ausgeprägt, doch liegen diese Stationen auch etwas höher.

Im Hohen Westerwald (Stein-Neukirch, Burbach) herrschen die "unwirtlichsten" Verhältnisse bei mehr als 1.000 mm Niederschlag und niedrigen Temperaturen.

Die Lee-Position dagegen verbessert die klimatischen Bedingungen erheblich, wie

Station (Lage)	Höhenlage(m)	Jahres-temp. (°C)	Nieder-schlag (mm)	N_S	N_W	N_S/N_W	$i=\frac{N}{t+10}$
Stein-Neukirch (Hoher Ww)	638	6,0	1026	504	522	0,966	64
Burbach (Hoher Ww, Dilltal)	360	7.5	1061	504	557	0,905	61
Westerburg (südl. Ober-Ww)	366	8,0	919	435	484	0,899	51
Mengerskirchen (östl. Ober-Ww)	414	7,5	941	444	497	0,893	54
Greifenstein (südöstl. Ober-Ww)	415	7,5	829	384	445	0,863	47
Herborn (Dilltal)	206	8,5	708	345	363	0,950	38
Eisenroth (Gladenb. Bergl.)	345	7,5	788	387	401	0,965	45
Altenkirchen (nördl. Nieder-Ww)	220	8,0	871	427	444	0,962	48
Montabaur (Montab. Senke)	235	9,0	805	409	396	1,033	42
Holzappel (südl. Nieder-Ww)	298	8,5	709	368	341	1,079	38
Hadamar (nördl. Limb. Becken)	107	8,5	705	365	340	1,074	38
Bad Ems (Lahntal)	83	9,5	692	384	308	1,247	35

N_S= Niederschlag April-Sept.; N_W Niederschlag Okt.-März

Tab. 1 Klimadaten ausgesuchter Stationen im Westerwald

ein Vergleich der Stationen Mengerskirchen und Greifenstein zeigt. Der südöstliche Oberwesterwald - nach wie vor maritim beeinflußt - empfängt wesentlich geringere Niederschläge. Der Regenschatteneinfluß ist selbst noch im südlichen Gladenbacher Hügelland (Eisenroth) und auch in der Montabaurer Senke (Montabaur) spürbar, wo der westlich vorgelagerte Quarzitkamm des Niederwesterwaldes den Regen abfängt.

Die Stationen Bad Ems und Herborn spiegeln die typischen Klimaverhältnisse in Tälern wider, wo Föhneffekte die Niederschlagsmengen reduzieren und die Jahresdurchschnittstemperaturen ansteigen. Der südliche Westerwald mit geringer Beregnung bei gleichzeitigem Überwiegen der Sommerniederschläge und relativ hohen Temperaturen leitet bereits zum kontinentaleren Klima des Limburger Bekkens über. Die Werte des Trockenheitsindex bestätigen die bisherigen Aussagen. Der Hohe Westerwald weist die höchsten Indices auf, die gleich den Reliefverhältnissen allseitig abfallen. Es ergeben sich jedoch Variationen, da der Gradient zum östlich gelegenen Oberwesterwald, zum Dilltal und zum Gladenbacher Hügelland sehr steil ist. Hier macht sich, wie auch nach Süden zum Limburger Becken und zur Mittellahn, sowohl die Leelage als auch die Kontinentalität bemerkbar. Nach Nordwesten (Altenkirchen) nimmt der Trockenheitsindex nur wenig ab, bevor er zum zentralen Niederwesterwald aufgrund seiner Höhenlage wieder ansteigt. Die Dierdorfer und Montabaurer Senke nehmen eine Mittelstellung zwischen dem stark beregneten Nordwesten und trockneren Südosten ein.

BÖHM charakterisiert das Klima des Westerwaldes folgendermaßen:

1. Ozeanisches kühl-feuchtes Berglandklima mit typischer Luvlage:
   Hoher Westerwald, westlicher und südlicher Oberwesterwald, nördliches Gladenbacher Bergland, Hochlagen des Niederwesterwaldes

2. Ozeanisches wintermildes feuchtes Hügellandklima:
   nördlicher und südlicher Niederwesterwald

3. Kontinentales Berglandklima:
   Dierdorfer und Montabaurer Senke, östliche Emsbach-Gelbach-Höhen, östlicher Oberwesterwald, südliches und östliches Gladenbacher Bergland

4. Wintertrocken-kaltes kontinentales Klima der Becken und Täler:
   Lahntal, Übergang Limburger Becken/südlicher Oberwesterwald

2.3 Die geologische Entwicklung des Westerwaldes

Die Gesteinsserien des Westerwaldes stammen in ihrer großen Masse aus dem Paläozoikum. Sie bilden das Basement, das im Känozoikum zerbrochen, von magmatischen Gesteinen und Lockersedimenten durchschlagen und überdeckt wurde. Aus dem Mesozoikum sind keine Ablagerungen bekannt, was darauf schließen läßt, daß damals der hier behandelte Raum ganz überwiegend Abtragungsgebiet war.

2.3.1 Das Paläozoikum

Ende Silur befand sich nach der Kaledonischen Gebirgsbildung in Nordeuropa ein weites Festland (Old-Red-Kontinent), dessen Südküste von Südirland über Cornwall, Belgien nach Polen verlief. Über den größten Teil Mittel- und Südeuropas erstreckte sich ein Flachmeer, aus dem die Alemannisch-Böhmische Insel herausragte. Im Laufe der Zeit vertiefte sich der Nordost-Südwest gerichtete Meeresarm zwischen den beiden Festlandblöcken immer mehr und nahm mehrere tausend Meter Sedimente auf (Tab. 2a).

Anfangs lag das Trogtiefste im Siegerland, wo sehr feinkörnige Substrate abgelagert und später zu Schiefer verfestigt wurden. Es folgten gröbere Sedimente, die der Rauhflaser-Gruppe zugerechnet werden. Diese Gesteine tauchen heute nach Süden an der Linie Neuwied - Daaden - Sieg-/Lahn-Quelle unter jüngeren ab, die dem Ems angehören. Die damalige Landschaft ähnelte wohl unserem Watt, wo je nach Strömungsverhältnissen Sande oder Tone sedimentiert werden. Die groben Substrate wurden schließlich zum Emsquarzit umgewandelt, der aufgrund seiner Abtragungsresistenz die Bergzüge des zentralen und südlichen Niederwesterwaldes aufbaut (z. B. Montabaurer Höhe). Im Lahn-Dill-Gebiet und weiter im Osten waren die Absenkungsbeträge des Meeresbeckens offenbar bescheidener, die Sedimentmächtigkeiten folglich auch geringer.

Dies änderte sich jedoch entscheidend im Mitteldevon, als die Achse der Geosynklinalen sich nach Südosten verlagerte und das Lahn-Dill-Gebiet in den Akkumulationsraum des Abtragungsschuttes der Festländer mit einbezog. Gleichzeitig hob sich der Siegerländer Block allmählich. Diese räumlichen Veränderungen kündeten sich schon im Unterdevon mit einem initialen, aber noch unbedeutenden Vulkanismus an. Das untere Mitteldevon beginnt zwar mit einer einheitlichen Beckenfazies, die aber bald durch tektonische Bewegungen eine Dreigliederung erfährt. Dill-Mulde, Hörre-Zug und Lahn-Mulde entstehen und machen von da an eine Eigenentwicklung durch. Die erheblichen Reliefveränderungen hatten Stö-

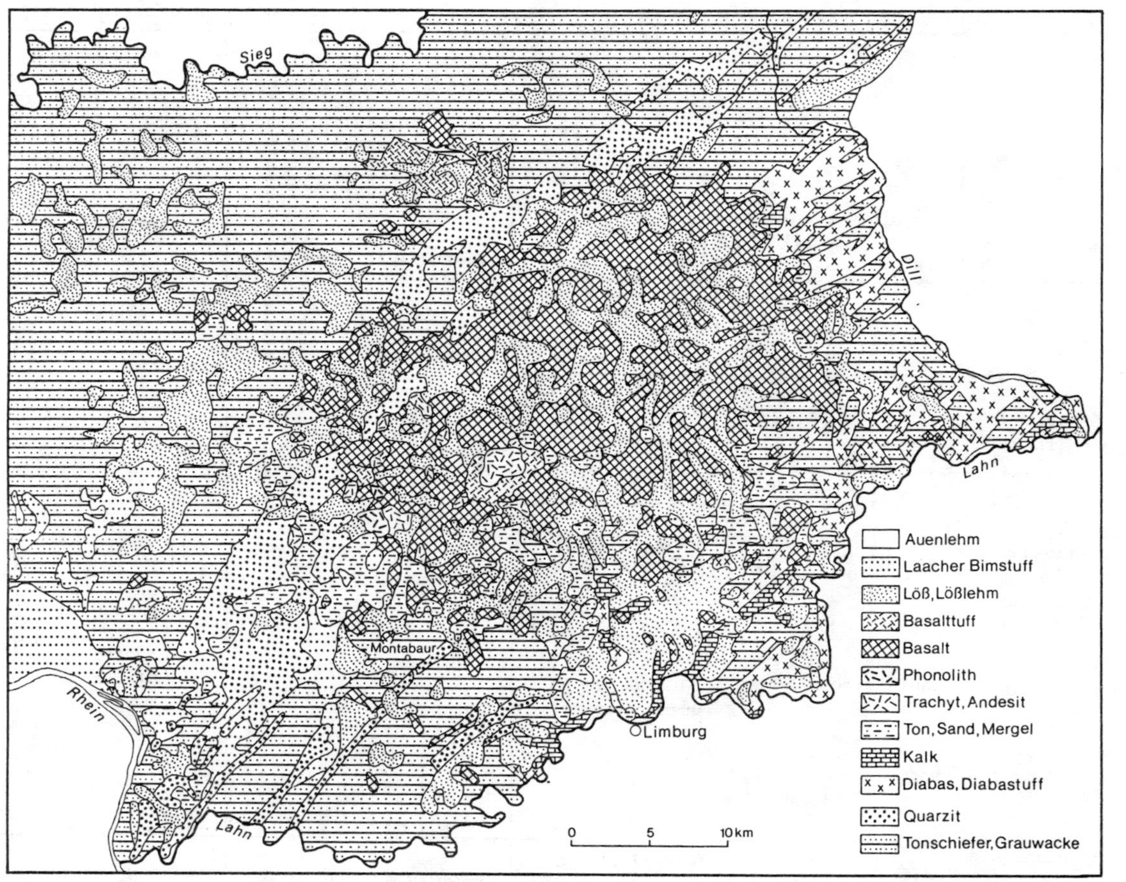

Abb. 2 Petrographisch-geologische Übersichtskarte des Westerwaldes (n. Geol. ÜK Hessen, 1:300 000)

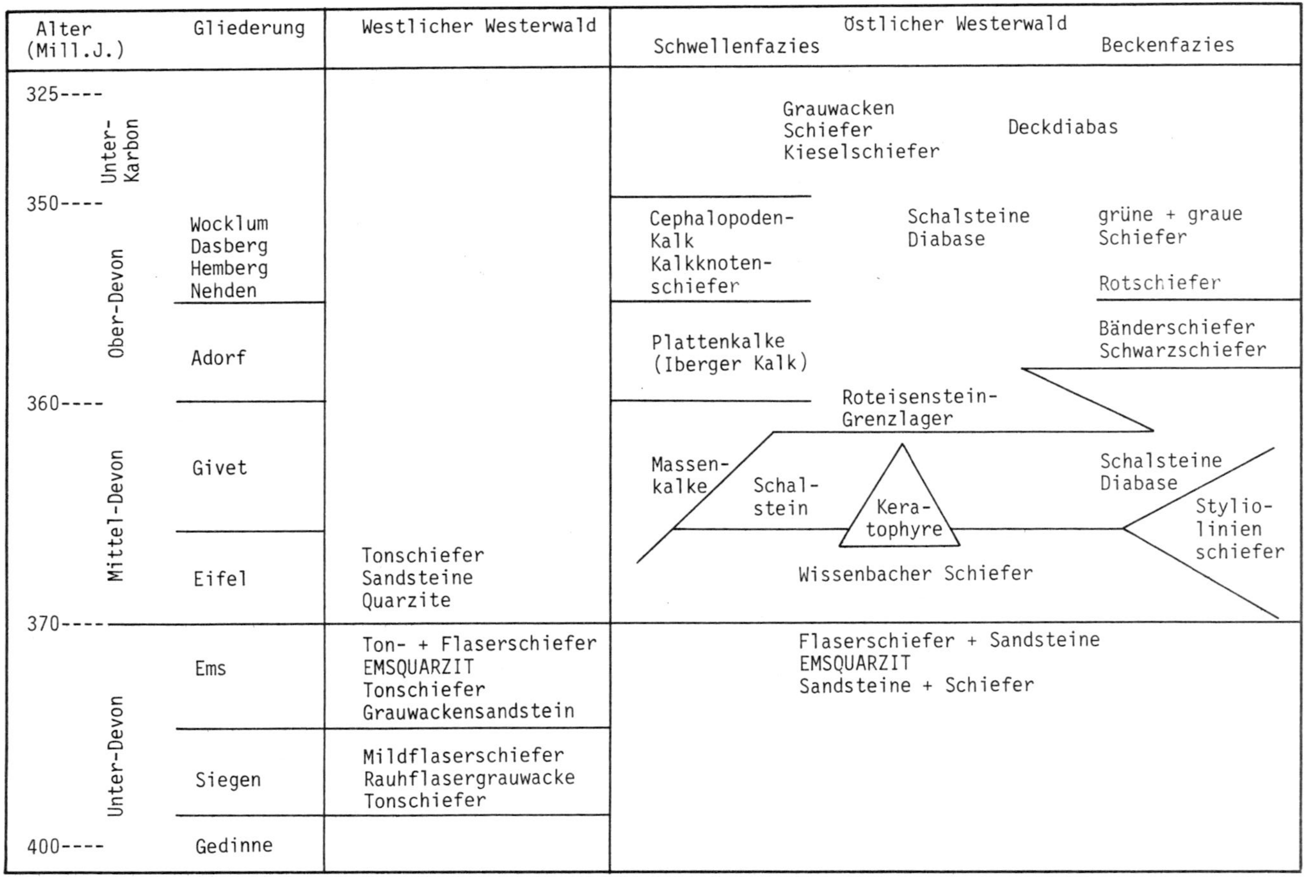

Alter (Mill.J.)	Gliederung		Westlicher Westerwald	Östlicher Westerwald Schwellenfazies		Beckenfazies
325----	Unter-Karbon			Grauwacken Schiefer Kieselschiefer	Deckdiabas	
350----	Ober-Devon	Wocklum Dasberg Hemberg Nehden		Cephalopoden-Kalk Kalkknoten-schiefer	Schalsteine Diabase	grüne + graue Schiefer Rotschiefer
		Adorf		Plattenkalke (Iberger Kalk)		Bänderschiefer Schwarzschiefer
360----	Mittel-Devon	Givet		Massen-kalke Schal-stein	Roteisenstein-Grenzlager Kera-tophyre	Schalsteine Diabase Stylio-linien schiefer
		Eifel	Tonschiefer Sandsteine Quarzite	Wissenbacher Schiefer		
370----	Unter-Devon	Ems	Ton- + Flaserschiefer EMSQUARZIT Tonschiefer Grauwackensandstein	Flaserschiefer + Sandsteine EMSQUARZIT Sandsteine + Schiefer		
		Siegen	Mildflaserschiefer Rauhflasergrauwacke Tonschiefer			
400----		Gedinne				

Tab. 2a Stratigraphie und Petrographie der paläozoischen Gesteine des Westerwaldes

rungen in der Erdkruste zur Folge, an denen bevorzugt Magma aufsteigen konnte. An der Grenze von unterem zu oberem Mitteldevon werden keratophyrische, später diabasische Laven und Tuffe gefördert, die offenbar ganz überwiegend submarinen Charakter hatten (Pillow-Lava). Mit dem Vulkanismus einher ging die Ausfällung exhalativer Eisen- und Siliziumlösungen, die die abbauwürdigen Roteisenlagerstätten in diesem Raume entstehen ließen. Die gewaltigen Tuffanhäufungen ragten oft bis in die durchlichteten Wasserschichten hoch, wo sich riffbildende Organismen ansiedelten. Den durch die Brandung aufbereiteten Korallenschutt finden wir als Massenkalke wieder. Im Oberdevon setzte sich dieser Prozeß fort, doch sind die faziellen Unterschiede im Meerestrog geringer geworden. Die Gesteinsverteilung im östlichen Westerwald ist aufgrund der komplizierten paläogeographischen Verhältnisse sehr differenziert. So trennt man grundsätzlich eine Schwellenfazies, die sich durch kalkige Sedimente auszeichnet, von einer Beckenfazies mit mehr schiefrigen Gesteinen. In den Becken sammelten sich auch die vulkanischen Förderprodukte wie Keratophyre, Diabase und ihre entsprechenden Tuffe. Da die Feingliederung der Gesteine für die Intentionen dieses Buches nur von untergeordneter Bedeutung ist, sollte auch auf sie verzichtet und nur die allgemeine Entwicklung referiert werden.

Im zeitlich anschließenden Unterkarbon (Kulm) kamen erneut tonige, später kiesige Sedimente zur Ablagerung. Bedeutsam ist das wiederholte Aufleben vulkanischer Tätigkeit, die den weitverbreiteten Deckendiabas förderte.

Jüngere Sedimente des Paläozoikums sind aus dem Westerwald nicht bekannt, denn es setzte mit der Sudetischen Faltung die Gebirgsbildung ein. Die Ablagerungen der rheinischen Geosynklinalen wurden gefaltet und überwiegend durch Druck geschiefert. Dabei wurden einige Falten nach Nordwesten verkippt und aufgeschoben. Der gesamte Gebirgsblock wurde dann gehoben und zerbrach dabei in einzelne Schollen.

Das ursprüngliche stratigraphische Übereinander der devonischen Gesteine ist nicht erhalten geblieben. Die Faltung und die anschließende Abtragung und Aufdeckung älterer Gesteinsserien ermöglichte dagegen ein Nebeneinander unterschiedlichster Gesteine, die aufgrund differenzierter Abtragungsresistenz sich landschaftscharakterisierend auswirken.

In der Niederwesterwälder Hochmulde überwiegen leichter erodierbare Tonschiefer und Flaserschiefer, während südlich anschließend widerständige Quarzite und Rauhflasergrauwacken des Siegens den Unterbau bilden. Damit verbunden sind auch die größeren Höhen des Märker Waldes. Noch offensichtlicher wird der Einfluß des Gesteins auf die Oberflächenform an der Montabaurer Höhe, wo der harte Emsquarzit sich durchpaust. Im Bereich der Emsbach-Gelbach-Höhen wiederholt sich der kleinräumige Wechsel von Quarziten und Schiefern, wobei die südwest-nordost-streichenden Bergrücken immer dem härteren Gestein zugeordnet werden können, die ausgeräumten Tonschieferbereiche aber die Verebnungen und Talzüge zwischen den Höhenzügen bilden. Emsquarzite wurden auch jenseits des tertiären Westerwaldes im nordöstlichen Oberwesterwald zwischen Burbach und Haiger als langgestreckter Höhenzug herauspräpariert. Vergleichbares gilt auch für das quarzitische Kulm der Hörre im Gladenbacher Bergland.

2.3.2 Das Känozoikum

Während wir aus dem Mesozoikum keine Gesteine im Westerwald kennen, sind Gesteine aus dem Tertiär in großer Verbreitung vorhanden (Tab. 2b). Bis zum Tertiär war das Bergland Festland und Abtragungsgebiet und unterlag einer tiefgründigen, wohl kaolinitischen Verwitterung.

Das Westerwälder Tertiär erstreckt sich über eine ovale Fläche von ca. 1.000 km², wobei das Limburger Becken ausgespart, die Dierdorfer und Montabaurer Senke aber eingerechnet sind. Die Auflagerungsbasis liegt im Norden bei ca. 550 m NN und fällt staffelförmig nach Süden auf ca. 250 m NN ab. In der Ost-West-Erstreckung ist eine flache Mulde zu erkennen, deren Ränder aufgewölbt sind. Der gesamte Sedimentationsraum ist zusätzlich durch eine Vielzahl überwiegend SSW/NNE-, SE/NW- und E/W-streichender Verwerfungen gestört, die eine genaue Rekonstruktion paläogeographischer Verhältnisse erschweren. Die Hauptmasse des Tertiärgebirges stellen Basalte, Tuffe, Trachyte, Phonolithe und dann Ton, Kiese und Sande dar.

Die ältesten Sedimente sind aus dem Eozän/Oligozän bekannt. Es handelt sich dabei in erster Linie um Tone, die vereinzelte Braunkohleflöze, aber auch Sand- und Kiesbänder aufweisen.

Die pollenanalytischen Untersuchungen der Flöze belegen ein im wesentlichen feucht-heißes Klima, das erst im oberen Eozän mit einem markanten Klimasturz endet.

Die Kartierungen von AHRENS (1937) ergeben, daß die Tone überwiegend in Einzel-

noch verstellt wurden. Die regelmäßigen Braunkohleflöze 1-4 deuten darauf hin, daß die Ablagerungsräume nur als flache Mulden oder Senken ausgebildet waren, und daß die Sedimentation zyklisch mit länger andauernden Pausen verlief. Der teilweise hohe Schwefelgehalt der Tone und die durch die Braunkohleflöze belegten Moorbildungen lassen niedrige pH-Werte für das Seewasser, in denen die Tontrübe suspendiert wurde, vermuten. Dies bestätigt ebenfalls die intensive tropische Verwitterung. Das bis heute nachgewiesene Hauptverbreitungsgebiet dieser Tone ist auf das östliche Kannenbäckerland (Montabaurer Senke), aber auch auf die Gegend um Höhr-Grenzhausen beschränkt, doch mag die Arealbegrenzung durch die Auflagerung der mächtigen Tuff- und Basaltdecken im Osten und Nordosten vorgetäuscht sein.

Die Untersuchungen PFLUGs (1959) lassen eine Flächenflexur im erzgebirgischen Streichen in der Mosel-Lahn-Synklinalen vermuten. Dieses "Bitburg-Kasseler-Senkungsfeld" umgeht den zentralen Westerwald in einem vom mittleren Niederwesterwald über die Montabaurer Senke nach Süden auf das Limburger Becken ausbuchtenden Mäanderbogen, um von dort wieder in die alte SW/NE-Richtung einzuschwenken. Neben dem Hauptton in den isolierten Becken treten noch die "Vallendarer Kiese" als Randfazies im stärker bewegten Wasser auf. Das Entwässerungssystem war alles in allem nach Westen zum heutigen Mittelrheinischen Becken orientiert.

Im Mitteloligozän bis Obermiozän dehnte sich das Senkungsfeld im Westerwald nach Norden aus und bildete eine mehr rundliche bis ovale Mulde, die zum Sedimentationsraum der 2. Westerwälder Tonserie wurde. Sie umfaßte auch den Hohen Westerwald und besitzt in den "Arenberger Schottern" ihre fluviale Randfazies. Die erneute Braunkohlebildung im Anschluß, aber auch schon während des Ablagerungsprozesses ist z. B. aus Breitscheid, Bad Marienberg und Kaden bekannt. Die tonigen Sedimente des ausgehenden Oligozäns stellen die Hauptmasse der Westerwälder Tone und werden im Kannenbäcker Land, im Elbbachtal südlich Westerburg und in Breitscheid (östlicher Oberwesterwald) abgebaut. Im Gegensatz zur dunklen, oft schokoladenbraunen 1. Hauptonserie liegen jetzt helle, weißliche, gelegentlich auch rötliche Tone vor. Generell schließen die Lagerstätten mit einer Sandlage ab, die als Muttergestein der Tertiärquarzite zu sehen ist. Sie sind vor allem im Dierdorfer Becken weit verbreitet und entstanden durch Kieselsäureanreicherung und -verbackung im Grundwasserniveau. Die Herkunft der Kieselsäure ist allerdings nicht eindeutig geklärt. Mit großer Wahrscheinlichkeit dürfte die Einkieselung aber wesentlich jünger als die Sande selbst sein.

Naheliegend ist die Deutung, daß Desilifizierungsprozesse der in unmittelbarer

Nachbarschaft und im Hangenden anstehenden Vulkanite, also im wesentlichen pedogene Vorgänge, verantwortlich sind (AHRENS et al. 1960). Dabei entstanden im Trachyttuff Alkalisilikatlösungen, die im Grundwasserniveau bei Anwesenheit von Kohlensäure zersetzt wurden. Die Kieselsäure kristallisierte zwischen den Sandkörnern aus und verfestigte den Lockersedimentkomplex zu einer sehr widerständigen Gesteinsbank. Das Vallendar-Stromsystem wurde ersetzt durch eine Urlahn, Ursieg und Urwied, deren Sedimente - früher als Klebsand bezeichnet - den Arenbergschichten zuzuordnen sind.

Aus dem postbasaltischen Teriär ist lediglich der Siershahner Blauton bekannt. Tonige und sandige Ablagerungen treten erst wieder ab dem Pliozän auf. Die Sedimente, lokal als "Blaue Letten" bezeichnet, sind jedoch durch Sand- und Kiesbänder und geringmächtige Braunkohleflöze stark verunreinigt und in den seltesten Fällen abbauwürdig. Das pollenanalytische Bild zeigt an, daß die Sedimentation noch bis in das Altpleistozän hineinreichte. Zeitlich parallel (Pliozän) dürften die Kieseloolithterrassen am Rhein einzustufen sein.

Mit einem regen Vulkanismus hängt die zweite Gruppe tertiärer Gesteine zusammen. Seine Tätigkeit setzt zeitlich mit dem des Siebengebirges ein, hielt dagegen aber - allerdings nur vereinzelt - bis weit ins Quartär an (LIPPOLT 1983). Die Trachyttuffe des initialen Vulkanismus - zwischen Wirges im Westen, Salz im Osten und Westerburg im Norden verbreitet - sind dem Chatt zuzuordnen. Sie verzahnen sich mit den durch die Braunkohle datierbaren Tone der 2. Westerwälder Tonserie und im höheren Abschnitt mit basaltischen Tuffen, die vermutlich erst am Ende des Mittleren Chatt bis ins ältere Miozän ausgeworfen wurden. Ihr Verbreitungsgebiet geht weit über das der Trachyttuffe hinaus und erstreckt sich fast über den gesamten Westerwald. Sie wurden in einer seenreichen Landschaft abgesetzt, so daß sich zwischen den einzelnen Straten Braunkohleflöze bilden konnten. Aufgrund der größten Sedimentmächtigkeiten zwischen Bad Marienberg/ Westerburg und Breitscheid ist in diesem Gebiet auch das Zentrum der Ausbrüche zu vermuten.

Wie die Trachyttuffe treten auch die sauren bis intermediären Ergußgesteine nur im Südwesten auf. Die Variationsbreite vom sauren Quarztrachyt über den Andesit bis zum basaltischen Andesit ist erstaunlich vielfältig. Mit der Förderung der basaltischen Tuffe kommen auch die ersten Basaltergüsse vor. Um ihre Ablagerungsart gab es lange Zeit heftige Diskussionen, da man in der älteren Literatur zwischen einem Sohl- und einem Dachbasalt unterscheiden wollte. Den Bezugshorizont stellten die Braunkohleflöze dar. Aus heutiger Sicht haben diese Bezeichnungen aber keine stratigraphische Bedeutung mehr, nachdem erkannt wurde, daß die Basalte oftmals in die Tuffe intrudierten und den Schichtfugen zwischen den Straten folgen. AHRENS gebraucht die mittlerweile wohl allseits akzeptierte Bezeichnung "subeffusiv". Aufgrund der Montmorillonitbildung im Kontaktbereich der heißen Basalte mit den Tuffen kann man erschließen, daß sich die Subeffusion in einem stark durchfeuchteten Millieu abspielte. Diese Annahme stützt auch die bisherigen Vermutungen der paläogeographischen Natur der damaligen Landschaft als seenreiches Becken.

Probleme warf die Frage auf, ob der Vulkanismus im Miozän fortdauerte, da stratifizierbare Sedimente aus diesem Abschnitt des Tertiärs im Westerwald selten sind. Allgemein wird jedoch davon ausgegangen, daß der Vulkanismus auch im Miozän aktiv war und sogar die Hauptmasse der Gesteine stellt. Jüngste K-Ar-Datierungen belegen, daß der Vulkanismus mehrphasig war (LIPPOLT & TODT 1978, LIPPOLT 1983) mit einem kräftigen initialen Stadium im Oberoligozän bis Untermiozän (21 - 29 Mill. Jahre), im Pliozän (5 - 6 Mill. Jahre) und sogar noch im Pleistozän (300.000 Jahre!). AHRENS fand im süd-westlichen Westerwald noch plio-pleistozäne Trachyttuffe, deren Herkunftsort nicht feststellbar und vermutlich außerhalb unseres Untersuchungsgebietes zu suchen ist.

Als jüngster Tuff ist der Laacher Bimstuff aus den ausgehenden Pleistozän (Alleröd) bekannt. Er entstammt einem Förderzyklus wahrscheinlich phreatomagmatischer Ausbrüche im heutigen Laacher See-Gebiet. Dieser Trachyttuff bedeckt weite Bereiche des Westerwaldes und erreicht stellenweise Mächtigkeiten von mehr als 4 m. Sedimente der anderen Eifelmaare konnten bislang nicht definitiv in unserem Untersuchungsraum nachgewiesen werden.

Die Lagerung und Verteilung tertiärer Gesteine ist im Landschaftsbild morphographisch leicht auszumachen. Der Hohe Westerwald und weite Bereiche des Oberwesterwaldes weisen ein flachwelliges Relief auf: weite muldenartige Senken wechseln mit flachen Rücken. An den Rändern des Basaltgebietes haben die Flüsse die Lavadecken bis auf das Devon zerschnitten und einzelne Vulkanstiele herauspräpariert. Die Landschaft ist hier wesentlich stärker reliefiert und abwechslungsreicher. In der Dierdorfer und Montabaurer Senke tritt der Basalt in seiner oberflächlichen Verbreitung noch weiter zurück, der Beckencharakter der Senken wird nur von vereinzelten Vulkandurchragungen gestört.

2.4 Die geomorphologische Entwicklung des Westerwaldes

Allgemein unbestritten ist die Feststellung, daß geologisch bedingte Elemente unsere Landschaften gliedern, also Strukturen vorgeben, daß aber auch gerade im Grundgebirge exogene Faktoren wie klimaabhängige Verwitterung und Abtragungsprozesse die Oberflächengestalt prägen. So kann zwar ein Quarzitrücken aufgrund seiner morphologischen Härte aus seiner Umgebung herausragen, häufig ziehen aber auch Verebnungen ohne sichtbare Geländeveränderung über verschiedene Gesteine hinweg und stellen daher Skulpturformen dar.

Gerade dieses Phänomen ist im devonischen Teil des Westerwaldes besonders ausgeprägt, so daß die Frage nach dem Formungsmechanismus von ganz besonderer Bedeutung ist, denn Mikroklima, Bodenbildung und Vegetationsverbreitung sind stark reliefspezifisch.

Flächenbildende Vorgänge sind im wesentlichen klimaabhängig und erfordern tropische Bedingungen zu ihrer Genese. Vergleichbares Klima existierte für den mitteleuropäischen Raum nördlich der Alpen zuletzt im Tertiär, so daß unsere Flächenreste ein relativ hohes Alter haben.

Die tertiäre Klimaentwicklung kann grob folgendermaßen umrissen werden: Während für das Paläozän und Eozän meist ein feuchtheißes Klima festgestellt werden kann, senkten sich die Jahresmitteltemperaturen nur allmählich bis zum Miozän, um im Pliozän sich rapide zu verschlechtern. Die Niederschlagskurve ist dagegen wesentlich unruhiger. Trockenphasen sind für das untere Oligozän und für das obere Miozän belegt. Ansonsten scheinen meist semihumide bis humide Verhältnisse mit leichten Schwankungen zum Trockneren oder Feuchteren geherrscht zu haben.

Die entscheidende Frage ist die nach dem Formungsmechanismus der Flächenbildung. Dabei kann man zwei konkurrierende Theorien unterscheiden. Die gängigste Auffassung geht davon aus, daß eine tiefgründige Verwitterungsrinde vorlag, die während der akzentuierten Regenzeiten schichtflutenartig überspült und abgetragen wird. Zugleich verlegt sich aber die Untergrenze der Bodenbildung weiterhin tiefer, so daß die Mächtigkeit der Verwitterungsdecke selbst mehr oder minder unverändert bleibt. Die erhebliche Schwebstoffbelastung des Oberflächenabflusses und die fehlenden Schotter als Tiefenerosionswaffen lassen nur breite,träge dahinfließende Flußsysteme zu, die aufgrund mangelhafter Einschneidung bei hohem Oberflächenabtrag eine flächenhafte Einrumpfung der Landschaft ermöglichen. Tektonische Hebunsschübe schaffen dann neue Ausgangsniveaus, von denen wieder Einebnungsprozesse ausgehen, die das gehobene ältere Niveau aufzehren. Andererseits kann auch die Zunahme und/oder stärkere Ausgeglichenheit der Niederschläge zu perennierenden Gerinnen führen, die sich eintiefen und die bei erneutem Klimawechsel zu wechselfeuchten Verhältnissen die Ausgangslinien jüngerer Flächenanlagen werden. Dieser Formungsvorgang setzt einerseits semihumide Klimaverhältnisse mit tiefgründiger Verwitterung voraus, andererseits aber auch Hebungsprozesse oder Klimaschwankungen mit anschließend mehr oder minder langandauernden Ruhephasen.

Denkbar ist aber auch ein völlig anders gearteter Bildungsvorgang, der für weite Bereiche der rezenten Tropen nachweisbar ist. Flächenbildung läuft unter ariden bis semiariden Bedingungen ab, wenn episodische Starkregen bei verminderter Vegetationsbedeckung das verwitterte Gestein ausräumen und so zu einer Stufenbildung einerseits und einer neuen, pedimentartigen Fläche andererseits beitragen. In einer folgenden feuchteren Phase setzt wieder Pedogenese ein, die bei einem weiteren Klimawechsel zum Ariden erneut ausgeräumt wird.

Die beiden Vorstellungen wurden durch Untersuchungen in den rezenten Tropen gewonnen und sind daher nur bedingt auf das Rheinische Schiefergebirge übertragbar. Hier spielen komplizierte tektonische Prozesse, die noch nicht vollständig geklärt sind, aber auch die posttertiäre Erosion und Zerschneidung der Flächenelemente und ihrer korrelaten Sedimente eine große Rolle. Heftige Diskussionen setzen schon bei der flächenbildenden Wirksamkeit des Tertiärklimas ein. Die tropischen Klimabedingungen im Alttertiär werden generell als günstig für die Flächenbildung angenommen, doch ändert sich das Bild ab dem Oligozän, unter Umständen sogar noch früher, weil es ab da kaum noch als volltropisch bezeichnet werden kann. So lehnt konsequenterweise eine Gruppe von Geomorphologen (z. B. BIRKENHAUER) eine jüngere Rumpfflächengenese unter "intermediärem" Klima ab, während z. B. BÜDEL sie bis ins Pliozän ausgedehnt wissen will.

Entsprechend der uneinheitlichen Interpretation der Formungsrelevanz des Paläoklimas gibt es unterschiedliche Vorstellungen zur zeitlichen Dauer der Formungsgestaltung. So dauerte für viele die Flächenbildung basierend auf Spülprozessen bei wechselfeuchtem Klima bis ins Jungtertiär an. Dagegen heben sich die Formungsvorgänge unter intermediärem Klima ab, in denen Flächen nur noch durch die Lateralerosion oberhalb verschütteter Reliefeinheiten entstehen sollen. Dieser Prozeß setzt aber eine en bloc-Senkung des Rheinischen Schiefergebirges mit nachfolgender Reliefplombierung mit Schottern und eine von hier ausgehende laterale Erosion voraus. Die Schaukelbewegungen des Gebirges sollen mehrfach erfolgt sein, wofür es aber keine ausreichenden geologischen Belege gibt.

Auf das Gebiet des Niederwesterwaldes bezogen, liegen folgende Deutungen vor (Tab. 2b):

HAUBRICH (1970) geht von einer oligozänen Trogflur zwischen 300 - 400 m NN aus, die im höheren Bereich flexurartig aufgewölbt wurde. Anschließend führten tektonische Brüche zur völligen Verstellung der ursprünglichen Fläche.

BIRKENHAUER (1973) erkennt, daß alle von ihm erfaßten Flächenniveaus (400 m, 360 m, 300 m) Horizontalkonstanz wie Vertikalobservanz aufweisen, was regionale Tektonik ausschließt. Zudem spielen Reliefverschüttungen eine Rolle, da höhere (!) Flächen jünger als tiefere sein können. Teilweise kann diese Interpretation von MÜLLER (1973) bestätigt werden.

GLATTHAAR (1976) kann sich diesem Modell jedoch nicht anschließen. Seine höchsten Niveaus (insgesamt 5 Niveaus) im nordwestlichen Niederwesterwald sind postgenetisch verstellt, die pliozänen D- und E-Niveaus werden davon allerdings nicht betroffen.

Abschließend sei noch BURGER (1982) erwähnt, der eine oberoligozäne Rumpfflächenlandschaft (400 m) zwischen Wied und Sayn nachweist, die nachfolgend bei stetiger Hebung des Gebirges durch Flächenbuchten und strukturangelegte Flächenstreifen aufgezehrt wird. Eindeutig jüngere Rumpfflächenniveaus können seiner Meinung nach nicht mehr ausgegliedert werden.

Eine umfassende Skizze der tertiären Reliefentwicklung zwischen Sieg und Lahn haben 1984 GLATTHAAR & LIEDTKE vorgelegt. Sie postulieren eine alttertiäre Ausgangsfläche mit tiefgründiger Weißverwitterung, deren Wurzeln bis ins Mesozoikum reichen können, und mit sehr geringem Relief. Diese Landschaft, die nur wenig über dem Meeresspiegel lag, blieb im wesentlichen bis ins Oberoligozän erhalten. Erst mit Einsetzen des Vulkanismus und synvulkanogener Tektonik sowie allgemeiner Hebung des Rheinischen Schiefergebirges entstanden die Grundstrukturen der heutigen Landschaft. Weit gespannte Rumpfflächen werden seit dieser Zeit offenbar nicht mehr gebildet, lediglich Fußflächen, die z. B. in der Montabaurer Senke von der gleichnamigen Höhe herabziehen und auf pliozäne Sedimente eingestellt sind. Aber auch flußbegleitende Niveaus mit geringer Ausdehnung konnten noch entstehen.

Für den basaltischen Westerwald liegen keine Detailuntersuchungen vor, da die subaerischen Basaltdecken nur im Einzelfall nachweisbar und ihre Verstellungen

Alter	Sedimente	Vulkanismus	Geomorphologische Gliederung			
			MÜLLER (südl. Ww)	GLATTHAAR (Nw Ww)	HAUBRICH (Nieder-Ww)	BIRKENHAUER (Nieder-Ww)
Pleistozän	Laacher Bimstuff Schotter, Löß Schuttdecken	Basalt				Hebung
Pliozän	"Blaue Letten" Kieseloolithe Bunte Tone Braunkohlen	Basalt	uPT 270m-300m	E-Niveau	abgesenkte Trogfläche 280m-320m	300m-Niveau Verschüttungs- phase
Miozän	Blauton 2. Ww Tonserie Braunkohlen	subeffusive Basalte + Deckbasalte	oPT 300m-350m oTF 420m-440m	D-Niveau	Trog-Flur 360m-400m	en-bloc- Hebung 400m-Niveau
			Verschüttung			Verschüttungs- phase
Oligozän	"Arenberger Schotter" 1. Ww Tonserie Braunkohlen	Basalttuff saure Eruptiva Trachyttuff	uTF 360m-400m uRF 450m-470m	A-C- Niveaus		360m-Niveau Verschüttungs- phase
Eozän	"Vallendarer Schotter"		oRF 500m-550m			
Paläozän						

Tab. 2b Stratigraphie und Petrographie der känozoischen Gesteine sowie geomorphologische Gliederung des Westerwaldes

nach einer Flächenbildung nicht erfaßbar sind. Zudem stießen immer wieder jüngere Vulkane durch die alten Decken und gestalteten die Oberfläche neu.

Trotz aller Unterschiede in den Auffassungen der Bearbeiter können doch einige, die heutigen ökologischen Verhältnisse prägende Feststellungen fixiert werden.

1. Es existieren im Rheinischen Schiefergebirge mehr oder minder weit ausgedehnte Flächen, die übergangslos verschiedene Gesteine schneiden. Überragt werden sie stellenweise von besonders harten Quarzitrücken.

2. Die Flächen liegen in unterschiedlichen Niveaus, getrennt durch Stufen. Die Genese dieser Treppung kann bruchtektonisch als Staffelbruch oder morphodynamisch als Rumpftreppe interpretiert werden.

3. Fast alle Bearbeiter weisen Reste tiefgründigen, tonigen Gesteinszersatzes nach, der die Versickerung und damit die Grundwassererneuerung hemmt, die Oberflächenvernässung aber fördert. Zudem zeichnen sich die unter tropischen oder tropenähnlichen Bedingungen gebildeten Tonminerale der Bodenrelikte durch sehr geringe Austauschkapazitäten aus. Während tiefgründige Weißverwitterung auf das Alttertiär beschränkt zu bleiben scheint, ist Basaltzersetzung bis ins ausgehende Tertiär zu erwarten.

Ein drastischer Wechsel der Formungsdynamik setzte mit Beginn des Pleistozäns ein, das alle Klimaschwankungen seit dem Pliozän erfaßt, ausgenommen die derzeitige Warmzeit (Holozän).

Die sich schon im Oligozän abzeichnende Temperaturabnahme setzte sich im Quartär fort und erreichte ihre Höhepunkte mit den Eisvorstößen im Norden bis an den Rand des Rheinischen Schiefergebirges und im Süden bis zur Donau. Der Raum zwischen den Eismassen, dem auch der Westerwald angehört, wird als Periglazial angesprochen, in dem Frostformungsprozesse herrschten, die eine schüttere Tundrenvegetation zuließen. Unterbrochen wurden die Kaltzeiten von Warmzeiten, die in etwa den derzeitigen Klimabedingungen entsprachen.

Im einzelnen ist die Klimaentwicklung des Quartärs noch nicht ausreichend geklärt, doch deutet vieles darauf hin, daß zu Beginn des Pleistozäns der Wechsel von wärmeren zu kälteren Perioden noch nicht so ausgeprägt war. Erst für die letzten 600.000 Jahre ist es berechtigt, von echten Kaltzeiten zu sprechen. Die eindrucksvollen Vereisungsphasen in Deutschland beschränken sich sogar nur auf einen Zeitraum von ca. 400.000 Jahren. Geotektonisch darf man eine fortgesetzte Hebungsbewegung des Rheinischen Schiefergebirges voraussetzen, während die großen Becken sich relativ dazu absenkten, so daß eine Zunahme der Vertikaldistanz festzustellen ist.

Die veränderten Klimabedingungen hatten auch eine anders geartete Formungsdynamik zur Folge, die sich in erster Linie während den kalten Zeitabschnitten oberflächengestaltend auswirkte. Tiefreichende Bodengefrornis mit geringmächtiger sommerlicher Auftauzone (0,3 - 0,6 m) bei niedrigen Niederschlagsmengen (vornehmlich als Schnee) charakterisieren die klimatischen Rahmenbedingungen. Eine dichte Vegetationsdecke fehlte und war auf Moose und Flechten beschränkt, denn Baumwuchs ließen die geringen Sommertemperaturen kaum zu, und eine Strauchschicht dürfte nur sehr vereinzelt an wind- und frostgeschützten Standorten ausgebildet gewesen sein. Die Flüsse mit ihrer aufgrund der Schneeschmelze im späten Frühjahr gewaltigen Transportkraft vermochten selbst gröbstes Material zu transportieren und waren in der Lage, sich in den Untergrund einzuschneiden. Die Eintiefungsbeträge wurden nur zum Teil wieder durch die nachfolgende Schotterauffüllung kompensiert. In der nachfolgenden Kaltzeit wurde der alte Schotterkörper teilweise ausgeräumt und das Flußbett vertieft, bevor erneut eine Terrasse aufgeschüttet wurde. Dieser zyklische Prozeß hatte zur Folge, daß unsere Flußtäler seitlich getreppt, terrassiert sind. Für alle größeren Flußsysteme im und in der Nähe des Westerwaldes liegen Terrassengliederungen vor (Rhein, Lahn, Sieg, Wied), auf die in diesem Zusammenhang nicht weiter eingegangen werden soll. Entscheidendes Formungsagens der fluvialen Morphodynamik im Pleistozän war die lineare Abtragung, also Zerschneidung und Flächenauflösung. Daher können die tertiären Verebnungen morphographisch oft nur noch durch die Verknüpfung der Wasserscheiden rekonstruiert werden.

Aufgrund der schütteren Vegetationsbedeckung, der geringen Niederschläge und der durch die dominante physikalische Verwitterung bereitgestellten sandigen und schluffigen Sedimente kam es zu bestimmten Phasen des Pleistozäns zu z. T. umfangreichen Flugsand- und Lößverwehungen. Als Ausblasungsbereiche im Periglazialgebiet boten sich in erster Linie die Schotterfluren der Flüsse an, untergeordnet auch die frostschuttbedeckte Landschaft. Die Enge der Täler am Rande des Westerwaldes, die keine weiten Schotterfluren zuließen, und die im Vergleich z. B. zum Rhein-Main-Gebiet sicherlich auch im Pleistozän feuchteren Klimabedingungen erlaubten nur eine bescheidene Lößverwehung. Die Akkumulation und Erhaltung des Lösses ist zudem von der Höhenlage des Ablagerungsgebietes, Entfernung vom Auswehungsgebiet und der Reliefierung abhängig. Daraus ergibt sich für den Westerwald, daß in seinem zentralen Hochland der Löß eine geringe Rolle spielt, dagegen ist er in den Senken (Dierdorfer, Montabaurer Senke) und auf den Terrassenverebnungen der Lahn in größerem Umfange abgelagert und z. T. erhalten geblieben.

Als letztes für den Westerwald relevantes äolisches Sediment sei der Laacher Bimstuff erwähnt, der dem allerödzeitlichen Vulkanismus der Osteifel entstammt. Er erreicht an ostexponierten Hängen (Leeposition) gelegentliche Mächtigkeiten von mehr als 4 m und bedeckt vor allem im südlichen Niederwesterwald weite Bereiche.

Im größten Teil des Westerwaldes bilden jedoch Schuttdecken das Ausgangssubstrat der Bodenbildung. Daher soll ihre Genese, Zusammensetzung und Gliederung ihrer Bedeutung angemessen gewürdigt werden. Durch die Frostvorgänge während den Kaltzeiten wurde das Untergrundgestein zerrüttet, da das Wasser auf Spalten und Klüften sowie Poren beim Gefrieren an Volumen gewinnt und es dadurch sprengt. Im Sommerhalbjahr taute der Permafrost oberflächennah auf und setzte das als Eis gebundene Wasser frei. Es konnte aber wegen der andauernden Untergrundgefrornis nicht versickern und wurde zudem noch von der Schneedecke gespeist. So kommt es schnell zu einer Wasserübersättigung im Auftaubereich, dessen Gesteinsbrei bei ausreichender Hangneigung (ab 2°) langsam hangabwärts kroch. Dabei regeln sich die Gesteinsbruchstücke mit ihrer Längsachse in Gefällerichtung ein. Dieser Vorgang wird als Solifluktion (Bodenfließen) bezeichnet, die bewegten Schichten als Schuttdecken. Da die Solifluktionsprozesse immer wieder unterbrochen wurden und später unter veränderten Bedingungen (z. B. unterschiedliche Beimengungen äolischer Fremdkomponenten) wieder einsetzten, lassen sich 3 Schuttdecken mit unterschiedlicher Zusammensetzung ausgliedern.

Basal liegt der Basisschutt, der meist nur kurzstreckig transportiert sich aus dem frostverwitterten anstehenden Gestein zusammensetzt. Ihm fehlt gewöhnlich eine äolische Fremdkomponente. Seine Mächtigkeit schwankt enorm, oft lassen sich auch mehrere Schutte unterscheiden, so daß wir eher von einem Komplex sprechen sollten.

Darüber folgt der Mittelschutt, der den Basisschutt teilweise aufgearbeitet hat, aber zusätzlich noch eine hohe Lößlehmkomponente besitzt. Dieser Schutt ist aber nur an erosionsgeschützten Standorten (Dellen, Unterhänge usw.) noch erhalten, in steileren Reliefpositionen fehlt er indessen.

Als jüngste Schuttdecke trifft man den Deckschutt an, der dem Mittelschutt in seiner Zusammensetzung ähnelt, gewöhnlich aber tonärmer ist. Mineralogisch ist im Deckschutt der allerödzeitliche Laacher Bimstuff nachweisbar, was seine Genese in der finalen Phase der Würm-Kaltzeit (jüngere Tundrenzeit) belegt.

Die skizzierte Schuttdeckenabfolge ist nur selten vollständig erhalten. Mit Zunahme der Geländesteilheit setzen erst der Mittelschutt und schließlich auch der Basisschutt aus. Lediglich der Deckschutt ist bis auf Felsdurchragungen praktisch im gesamten Bergland anzutreffen, da nach seiner Bildung keine natürliche Erosionsphase mehr folgte, sondern die holozäne Vegetationsverdichtung.

Die Schuttdeckengliederung und -zusammensetzung ist also geprägt vom Untergrundgestein, seinem Verwitterungsgrad und der Menge der äolischen Fremdkomponente. Im Westerwald stehen Gesteine an, die den Schuttdecken mehr Fein- (Tuffe, Tone) oder mehr Grobmaterial (Basalte, Schiefer, Grauwacke, Quarzite) zuliefern. Modifiziert wird das Bild durch die tertiären Verwitterungsreste, in denen das Gestein bereits chemisch aufbereitet ist und ganz überwiegend in feinkörniger Matrix vorliegt. Das Vorhandensein dieser Bodenrelikte ist aber stark von der Oberflächenform abhängig, da sie sich nur auf größeren Verebnungen mit geringer Abtragungstendenz erhalten konnten, wie im flachwelligen Grundgebirge des Niederwesterwaldes. Die Verwitterungsreste verbessern zwar gelegentlich die Bodenwasserverhältnisse, selten aber die Fruchtbarkeit. In dieser Hinsicht kommt der Löß- oder Lößlehmkomponente eine überragende Bedeutung zu, die eine Verbesserung der Basenversorgung, Erhöhung des pH-Wertes und Vergrößerung der Kationenaustauschkapazität zur Folge hat. In den Gipfellagen vor allem des Niederwesterwaldes ersetzt der Laacher Bimstuff den mangelnden Löß/Lößlehm im Deckschutt und hat ebenfalls standortverbessernde Eigenschaften.

2.5 Die wichtigsten Böden des Westerwaldes

Schon mehrfach wurde auf die ökologische Bedeutung des Bodens hingewiesen und auf seine Funktion als Wurzelraum der Vegetation. Er ist der Kontaktbereich der wichtigsten Landschaftselemente und daher Produkt und Spiegel der Naturfaktoren und deren Entwicklung. Im Boden überschneiden sich die Einflüsse des Untergrundes (Lithosphäre), des Wassers (Hydrosphäre) und schließlich der Lebenszone (Biosphäre). Erweitert wird das Faktorengefüge um die Auswirkungen der Handlungsweisen des Menschen im Naturraum, die ihrerseits wieder von der Gesellschaftsentwicklung und der Wirtschaftsform abhängig sind. Alle Faktoren verhalten sich dynamisch, so daß sich ihr Verhältnis zueinander in der Dimension

Zeit ständig ändert.

2.5.1 Die bodenbildenden Faktoren

Im folgenden sollen diese bodenbildenden Faktoren und ihre Auswirkungen auf die Eigenschaften der Böden erläutert werden. Der Einfluß des Ausgangsgesteins ist besonders augenscheinlich.

Da die Schuttdecken aus dem Untergrundgestein hervorgegangen sind, überträgt sich ihr Chemismus auch auf die Böden. Über kieselsäurereichen Gesteinen (Sandsteine, Quarzite, tertiäre Kiese, Trachyte und deren Tuffe) entstehen in der Regel auch saure, nährstoffarme Böden, während Schiefer, Grauwacken, Kalk, Diabase, Basalte und basische Tuffe die Bodenreaktion und Nährstoffversorgung positiv beeinflussen. Optimale Bedingungen weist der kalkhaltige Löß auf, der in einer verwitterungsgünstigen Korngröße vorliegt. Die Böden besitzen gewöhnlich eine hohe Austauschkapazität und Basensättigung.

Das Relief stellt einen weiteren bodenkundlichen Faktor dar. Die Reliefform steuert Abtragungs- oder Akkumulationsvorgänge, modifiziert die Niederschlagsverteilung und die Sonneneinstrahlung. Oberhangböden sind meist flachgründig und feinmaterialarm, während im konkaven Unterhang mächtige, feinmaterialreiche Böden zu erwarten sind.

Unter den klimatischen Faktoren werden Sonneneinstrahlung (Temperatur) und Niederschlag subsummiert. Von ihnen hängt z. B. die Verwitterungsart und -intensität ab. Auswaschungsvorgänge sind in den regnerischen Teillandschaften eher anzutreffen als in den trockenen Becken, die aufgrund der Temperaturen als Ackerbauregionen begünstigt sind.

Zu den hydrologischen Faktoren zählen Stau- und Grundwasser. Ihr bodenkundlicher Einfluß macht sich durch Oxidation und Reduktion im Bodenprofil bemerkbar. Es werden z. B. Stoffe abgeführt, aber auch angereichert, die Biomasseproduktion oft erhöht, die Zersetzungsbedingungen der organischen Substanz aber meist verschlechtert.

Biologische Faktoren der Bodenentwicklung sind Flora und Fauna. Viele chemische Prozesse im Boden sind an die Mitwirkung von Bodenorganismen und organische Substanzen gebunden, so z. B. der biologische Stoffkreislauf, der sich vornehmlich im humosen Oberboden abspielt.

Da in einer Kulturlandschaft sich das menschliche Handeln widerspiegelt, hat es auch Einfluß auf die Böden. Durch die Landwirtschaft wird direkt in die Bodenentwicklung eingegriffen und der Oberboden durch die Bearbeitung verändert. Indirekten Einfluß gewinnt der Mensch durch z. B. forstwirtschaftliche Maßnahmen, aber auch durch Umweltbelastungen.

Als letztes sei auf den Faktor Zeit verwiesen, da Böden ihren Ausprägungsgrad erst nach einem gewissen Alterungsprozeß erreichen. In der Regel sind die Böden des Westerwaldes nicht älter als 10.000 Jahre, da die Bodenbildung mit Beginn des Holozäns einsetzte. In überschwemmungsgefährdeten Auen dagegen, finden wir sehr junge Böden, die daher auch erst ein Initialstadium erreicht haben.

Die Böden stellen als Funktion der angesprochenen bodenbildenden Faktoren das am stärksten integrale Landschaftselement dar, so daß seine ökologische Bedeutung in Verbindung mit der Vegetation nicht hoch genug eingeschätzt werden kann.

2.5.2 Die Bodentypen des Westerwaldes

Da die bodenbildenden Faktoren unterschiedliche Ausprägungsintensitäten besitzen und ihr Einfluß auf die Genese der Böden erheblich schwanken kann, gibt es eine umfangreiche Palette von Bodentypen.

Die Klimaxböden des Westerwaldes sind wie in ganz Mitteleuropa die Braun- (B) und Parabraunerden (L). In feinkörnigen Substraten (z. B. Lößlehm) konnten sich die Parabraunerden mit einem tonärmeren Oberboden (Al) und einem tonreichen Unterboden (Bt) entwickeln. Dieser Profilaufbau ist Produkt einer vertikalen Tonverlagerung. Sie stellen gewöhnlich gute Ackerbaustandorte dar, da sie aufgrund ihrer Porenraumverteilung einen guten Bodenwasserhaushalt besitzen. Weitere positive Eigenschaften sind: hohe Austauschkapazität und oft eine gute bis befriedigende Basensättigung. Auch in Schuttdecken können Parabraunerden ausgebildet sein. Sie sind allerdings dann meist an die Gliederung Deckschutt (=Al) über Mittelschutt (= II Bt) gebunden, wobei nicht eindeutig geklärt ist, ob tatsächlich eine Tonverlagerung stattgefunden hat, oder durch eine schon primär unterschiedliche Schuttdeckenzusammensetzung vorgetäuscht wird. Sie erreichen nicht die Qualität der Löß-/Lößlehm-Parabraunerden, da sie einen gewissen Skelettanteil aufweisen und aufgrund ihres Standortes im Bergland einen höheren

Auswaschungsgrad erfahren haben. Aufgrund des tonreicheren Unterbodens tendieren viele Parabraunerden zur Staunässe und bilden Übergänge zum Pseudogley (z. B. S - L), was generell mit einer Standortsverschlechterung einhergeht. Hauptverbreitungsgebiete sind die Becken, die löß-/lößlehmbedeckten Gebiete des südlichen Niederwesterwaldes und die Lahnterrassen. Die staunassen Varianten dominieren eher in der regenreichen Niederwesterwälder Hochmulde.

Braunerden entstehen vornehmlich auf grobkörnigen und steinreichen Substraten und kommen über allen Gesteinen bis in Gipfellagen vor.

Die bodenchemischen Kenndaten der Braunerden werden vom Gesteinsskelett und dem Löß-/Lößlehmgehalt bestimmt, sowie den Klimabedingungen des Standortes. Über stark sauren Gesteinen (z. B. Quarzit) neigen die Böden zur Auswaschung der Basen und Sesquioxide, so daß unter dem humosen Oberboden eine Bleichzone entsteht, die als Podsolierung bezeichnet wird. Das Solum der Braunerden ist i. d. R. an den Deckschutt gebunden und erreicht Mächtigkeiten von ca. 30 - 60 cm. Ihre Flachgründigkeit, ihre Reliefposition an steileren Hängen, der daraus erwachsende hohe Skelettanteil im Solum und die allgemeinen Klimabedingungen lassen eine landwirtschaftliche Nutzung nur bedingt zu. Lediglich in den Basaltgebieten belegen Ackerterrassen bis in die Gipfellagen und der auch heute noch vereinzelt zu beobachtende Ackerbau die einstmals enorme Ausweitung der landwirtschaftlichen Nutzfläche. Auf dem trachyttuffreichen Deckschutt haben sich stark saure Lockerbraunerden entwickelt (Bl). Diese Böden weisen eine erstaunlich hohe Austauschkapazität auf, sind aber nur sehr gering basengesättigt. Ihre geringe Lagerungsdichte und die hohe nutzbare Feldkapazität prädestinieren die Lockerbraunerde als hervorragenden Waldstandort (Montabaurer Höhe).

Mit den Klimaxböden vergesellschaftet sind einerseits die Pseudogleye (S), die sich nicht selten aus den Parabraunerden entwickelt haben, und andererseits die Podsole (P), die meist durch Degradation aus den sauren Braunerden entstanden sind.

Der letztgenannte Bodentyp kommt nur im quarzitreichen Schutt vor, da saures, gut wasserdurchlässiges Ausgangsgestein, stark eingeschränkte Bodentieraktivitäten, mächtige Moder und Rohhumusauflagen, saure Huminsäuren, hohe Niederschläge und niedrige Temperaturen zur Podsolgenese notwendig sind. Die Quarziterhebungen (z. B. Montabaurer Höhe) bieten diese Rahmenbedingungen, sie existieren aber auch stellenweise auf den quarzitischen Gelbach-Emsbach-Höhen. Häufig fördert der Mensch die Bodenversauerung durch Koniferenbestockung. Die für den Niederwesterwald typischen, aber kleinflächigen Podsolvorkommen sind praktisch immer bewaldet.

Die Pseudogleye (Staunässeböden) nehmen dagegen sehr große Areale im Westerwald ein, da hohe Niederschläge und ein tonreicher, sickerwasserhemmender Untergrund weit verbreitet sind. Man trifft diese Böden im flachwelligen Hohen Westerwald und um die Seenplatte im schwach reliefierten westlichen Oberwesterwald sowie über den Schiefern und Grauwacken des Niederwesterwaldes an. Gemeinsam ist allen Pseudogleyen ihre Reliefposition auf Flächen und schwach geneigten Unterhängen, wo der Niederschlag kaum lateral abgeführt wird und sogar noch mit Hangwasserzuzug zu rechnen ist. Im regenreichen Hohen Westerwald können sogar Stagnogleye auftreten, die durch langanhaltende Vernässung im Oberboden stark ausbleichen. Abdichtend wirken sich der Basaltzersatz und die Tuffe aus. Die Pseudogleye des Niederwesterwaldes, aber auch die des östlichen Oberwesterwaldes kommen auf den Rumpfflächen vor, wo der tertiäre Gesteinszersatz den ohnehin schlecht wasserwegsamen Schiefer plombiert. Die Neigung zur Staunässebildung wird im Westerwald auch durch den Menschen gefördert, da die selbst in den Höhenlagen weit verbreitete Grünlandnutzung gegenüber dem Wald wesentlich geringere Evapotranspirationsraten aufweist und somit die Sickerwassermenge erhöht.

Ackerbaulich sind die Böden kaum zu nutzen. Grünlandbewirtschaftung ist allerdings im basaltischen Westerwald weit verbreitet, während im Niederwesterwald (Devon) der Wald dominiert.

Besondere Standorte stellen die Rohböden (O) dar, die allenfalls eine initiale Bodenbildung aufweisen. Ihr Vorkommen ist auf Felsdurchragungen, Klippen und Blockströme beschränkt. Übergänge besitzen sie zu den Rankern (N), bei denen bereits ein deutlicher Humushorizont (Ah) ausgebildet ist. Läßt sich sogar schon eine schwache Verbraunung nachweisen, so liegt eine Zwischenstufe zur Braunerde (B-N, N-B) vor. Unter natürlichen Bedingungen treten diese Böden nur an sehr steilen Hängen auf, wo der Oberflächenabtrag die Bodenbildung fast gänzlich kompensiert. Geringer Durchwurzelungsraum, mangelhafter Bodenwasserhaushalt und schlechtes Nährstoffangebot lassen nur Waldnutzung zu, die unter forstwirtschaftlichen Gesichtspunkten als Grenzertragsstandort zu charakterisieren ist.

Einen vergleichbaren Bodentyp trifft man auch auf den Kalken bei Breitscheid und Langenaubach im östlichen Oberwesterwald an, der als Rendzina (R) bezeichnet wird. Seine ökologischen Eigenschaften werden noch durch den Wassermangel aufgrund der Verkarstung verschärft, so daß extreme Trockenstandorte entstehen. In Unterhanglage gibt es jedoch Übergänge zu braunlehmartigen Böden (Terra fusca-Braunerde), die aufgrund ihrer feinmaterialreichen Unterböden landwirtschaftlich genutzt werden können.

Neben den terrestrischen Böden bilden die semiterrestrischen eine zweite Bodenabteilung. Bei ihr gewinnt das Grundwasser entscheidenden Einfluß auf die Profilmorphologie. Repräsentant dieser Abteilung ist der Gley (G), der in Tälern und Niederungen in allen Variationen auftreten kann. Sein bodenbildendes Ausgangssubstrat ist meist der Auenlehm, dessen Genese mit Erosionsprozessen im Einzugsgebiet des Flußgewässers in ursächlichem Zusammenhang steht.

In den weiten Quellmulden des Hohen Westerwaldes treten Anmoorgleye (GA) und Quellgleye (QG) auf, wo durch ganzjährigen Grundwasseraustritt initiale Moorbildungen möglich sind. Im weiteren Verlauf des Baches, mit Zunahme des Gefälles überwiegen Naßgleye (G-N) und Auengleye (AG). Immer deutlicher läßt sich in den Profilen ein oberflächennaher Grundwasserschwankungsbereich mit Oxidation von einem tieferen, grauen Reduktionsbereich trennen, der fast ganzjährig wassererfüllt ist. Ackerbaulich nutzbar sind diese Böden nicht, da der zumindest zeitweilig hohe Wasserstand fast allen Kulturpflanzen abträglich ist und gelegentliche Überflutungen nicht auszuschließen sind. Überdies bilden sich reliefbedingte Kaltluftseen, die zu gefährlichen Spätfrösten führen. Grünlandnutzung dominiert eindeutig, während die ursprünglichen Auenwälder bis auf Restbestände zerstört sind. In den Mittel- und Unterläufen hat die Auelehmmächtigkeit so zugewonnen, daß die Aue nur noch bei extremen Hochwässern überflutet wird. Es treten hier die Vegen oder Braunen Auenböden auf (A), bei denen erst im Untergrund die Merkmale der Vergleyung erkennbar sind. In den großen Flußtälern ändert sich das bodengeographische Bild, da die Auenlehme feinkörniger werden und somit eine Tendenz zu Staunässe einsetzt. Durch Grundwasserabsenkungen wird auch eine ackerbauliche Nutzung ermöglicht.

Als letzte im Westerwald auftretende Bodenabteilung seien die seltenen Niedermoore erwähnt, die aus organogenen Substraten bestehen. Sie sind fast ausnahmslos in Verbindung mit den künstlichen Seeanlagen zu sehen, da sich nach Einstau der Seen aus den Anmooren ein Moor entwickeln konnte. Verbreitet findet man sie im westlichen Oberwesterwald.

Abschließend sei noch auf die fossilen Bodenbildungen im Westerwald eingegangen, denen bereits bei der Beschreibung der Pseudogleye eine so große Bedeutung beigemessen wurde. Selten jedoch reichen die tertiären Bodenreste bis an die Geländeoberfläche, meist sind sie von Löß/Lößlehm oder solifluidalen Sedimenten überdeckt, die die alten Bodenbildungen aufgearbeitet haben.

Zuvor müssen jedoch die "vulkanogenen Edophoide" (JARITZ 1966) ausgegliedert werden, die zwar aufgrund ihrer roten Farbe und dem Tonmineralgehalt bodenähnlich erscheinen, aber ihre Genese vulkanothermen Prozessen verdanken. Dabei wurde im Kontaktbereich heißer Schmelze und durchfeuchtetem Tuff hydrothermal das Tonmineral Montmorillonit neu gebildet. Gegenüber der pedogenetischen Rotlehmbildung unterscheiden sich die Edaphoide im Tonmineralbestand (Kaolinit: Montmorillonit), Chemismus (geringe: hohe Sorptionsfähigkeit) und in der Eisenmineralverbindung (Goethit, Hämatit: ausschließlich Hämatit). Zudem ist bei den Edaphoiden oftmals noch die ursprüngliche Gesteinsstruktur erkennbar. Entgegen der subaerischen Rotlehmbildung können Frittungszonen natürlich nur unterhalb oder oberhalb von Basaltdecken im Kontakt zum Nachbargestein entstehen, in jedem Falle aber nicht an der Oberfläche.

Auf den devonischen Gesteinen sind rötliche Frittungen mit bodentypähnlichem Aussehen nicht bekannt. Daher kann man entsprechende rote Verwitterungen mit großer Sicherheit als präquartäre Bodenbildungen interpretieren. Vollständige Rotlehmprofile finden sich verständlicherweise nirgends, fast immer fehlt der rote Latosol-Oberboden. Dagegen ist die grau-bleiche Zersatzzone häufig anzutreffen, so im Wald zwischen Siershahn und Leuterod. In diesem 15 m mächtigen Aufschluß sind die fast saiger stehenden Quarzite und Schiefer tiefgründig zersetzt, so daß man sie mit der Hand zerbrechen kann. Die Gesteinsstruktur ist noch gut erkennbar, lediglich an der Grenze zu den quartären Schuttdecken setzt Hakenschlagen ein und die Schichtung wird hangabwärts abgeknickt und verliert sich schließlich im Basisschutt. MÜCKENHAUSEN fordert zwar für das Rheinische Schiefergebirge eine weite Verbreitung von Graulehmen, die in einer reliefarmen Landschaft bei langanhaltender Durchfeuchtung entstanden sein sollen, doch kann es sich bei den heutigen Bodenrelikten auch um erodierte Rotlehme handeln, von denen nur noch die basale graue Zersatzzone vorhanden ist. JARITZ (1966) beschreibt ein Profil am Autobahndreieck Dernbach, in dem der rote Oberboden noch erhalten ist, während er im zweiten Profil in fast unmittelbarer Nachbarschaft schon fehlt und den Anschein eines Graulehm hat.

Wichtig ist in unserem Zusammenhang, daß das anstehende Gestein (Schiefer, Grauwacke) in Richtung Ton verwittert ist. Typische Tonmineralneubildung ist der Kaolinit, der mit Abnahme der Verwitterungsintensität durch den Muskovit ersetzt ist. Als Eisenverbindung überwiegt eindeutig der Goethit, lediglich im zersetzten Tuff tritt verstärkt rotfärbender Hämatit auf. Die Austauschkapazität ist durchweg sehr gering (kleiner 10 mval/100 g Feinboden), wobei allerdings eine überraschend hohe Basensättigung zu verzeichnen ist (40 - 70 %) (JARITZ 1966).

Fossil und sicherlich auch ins Tertiär zu datieren sind die Terra rossa-Reste in den Schottern und Dolinen des devonischen Massenkalkes. Von einer näheren Beschreibung soll hier abgesehen werden, da die Fundorte nicht im Westerwald selbst liegen und die Bodenreste meist mit mächtigen Lössen und Lößlehmen überdeckt sind und wenig Einfluß auf die rezente Bodenbildung haben.

Von größerer Bedeutung sind die stark tonigen Basaltbraunlehme, deren Reste die Wasserscheiden bedecken, aber auch den Schuttdecken beigemischt sind. Wichtigste Tonminerale sind ebenfalls der Kaolinit und mit Abstrichen der Illit. Die pH-Werte liegen durchweg höher als im Devonzersatz. Dies gilt auch für die Kationenaustauschkapazität und die Menge der Basen. Lediglich der hohe Tongehalt erweist sich in Anbetracht der Jahresniederschläge als ungünstig. In den Schuttdecken gerade des Hohen Westerwaldes kam es zu einer Durchmischung von Braunlehmresten, Lößlehm und noch frischen, nährstoffreichen Basaltbröckchen, so daß sich nicht nur die bodenchemischen Daten, sondern auch die -physikalischen Eigenschaften erheblich verbessern.

Alle bislang beschriebenen Profile sind unter Nichtberücksichtigung des menschlichen Handelns im Naturraum rekonstruiert worden. Der Mensch hat jedoch in den letzten Jahrtausenden zu einer teilweise erheblichen Veränderung der pedogenen Tendenz beigetragen. Einige der Eingriffe und ihrer Einflüsse sollen summarisch aufgeführt werden, Einzelbeispiele finden sich noch bei der Vorstellung der Catenen.

Auffälligstes Merkmal anthropogener Naturraumveränderung ist die Entwaldung und Beackerung der Böden. Dadurch sind bodenerosive Prozesse inganggesetzt worden, die die fruchtbaren Parabraunerden besonders betreffen, da diese schon seit dem ausgehenden Neolithikum bearbeitet werden. Vielfach sind die Oberböden, oft sogar die Unterböden gekappt und abgetragen worden. Vergleichbares gilt auch für die Braunerden, so daß gelegentlich schon im nur physikalisch verwitterten Gesteinsschutt geackert wird. Infolgedessen haben sich in den Dellen und Tälern die Abspülmassen gesammelt, während die erodierten Böden wegen ihrer Ertragslosigkeit brachfallen.

Die Entwaldung hat aber auch zu einem zusätzlichen Wasserangebot geführt, was die Verstärkung der Pseudovergleyung weiter Bodenareale nach sich zog.

In den Tälern senkten Dränagen und Kanalisierung das Grundwasser, Gleye fielen trocken, Anmoore vererdeten (rGA).

Zuletzt sei noch auf die forstwirtschaftlichen Unzulänglichkeiten aufmerksam gemacht. Die ohnehin schon sauren Podsole werden zunehmend mit Koniferen aufgeforstet, was den Versauerungsprozeß beschleunigt. Im Hohen Westerwald besitzen sie auf den Pseudogleyen ebenfalls nicht ihren optimalen Standort, da sie als Flachwurzler den episodisch überfeuchteten Horizont durchwurzeln und bei Stürmen leicht dem Windbruch zum Opfer fallen.

Auf weitere Beispiele soll an dieser Stelle verzichtet werden.

3 Vegetation des Westerwaldes

3.1 Die Flora und ihre pflanzengeographische Stellung

Die Mannigfaltigkeit der Geologie, Landschaftsgenese und Bodenbildungen paust sich auch in der Flora und Vegetation des Westerwaldes durch, deren Vielfältigkeit ihresgleichen im Rheinischen Schiefergebirge sucht.

Eine umfassende Darstellung jedoch würde den Rahmen der vorliegenden Arbeit sprengen; daher sollen nur einige Aspekte beleuchtet werden. Es erscheint den Verfassern sinnvoll, eine Übersicht der klimatischen Vegetationseinheiten sowie die wichtigsten Ersatzgesellschaften zu liefern, da noch keine Gesamtdarstellung der Flora und Vegetation des Gebietes vorliegt. Um deren Ausbildung und Verbreitung innerhalb des Untersuchungsgebietes verständlich zu machen, sollen zunächst die vorkommenden Florenelemente betrachtet werden.

Der Westerwald gehört nach MEUSEL, JÄGER & WEINERT (1965) zur subatlantischen Provinz der mitteleuropäischen Florenregion. Auffällig ist, daß zahlreiche Verbreitungsgrenzen durch das Gebiet verlaufen, da sowohl atlantisch-subatlantische als auch subozeanisch-subkontinentale und submediterrane Elemente aufeinandertreffen. Die Florengebietsbezeichnungen richten sich weitgehend nach MEUSEL et al. (1965, 1978); die Bezeichnung der Ozeanitätsstufen vor allem nach ROTHMALER (1976).

Mitteleuropäisches Florenelement

Die Hauptmasse der Arten zählt naturgemäß zum mitteleuropäischen Florenelement. Als Beispiele seien die Charakterarten einiger wichtiger Klimax- und Ersatzgesellschaften genannt: *Fagus sylvatica*, *Carpinus betulus*, *Galium sylvaticum*, *Melica uniflora*, *Arrhenaterum elatius*. Die meisten der Arten sind im Untersuchungsgebiet annähernd gleichmäßig verbreitet; einige jedoch sind auf spezielle Biotopbedingungen angewiesen und daher in ihrer räumlichen Verteilung eingeschränkt. Hierzu gehört *Asplenium scolopendrium*, welches nur in den Schluchtwäldern der feucht-kühlen Engtäler der Lahn und ihrer Seitentäler auftritt.

Subozeanisch-Subkontinentales Florenelement

Die Arten dieses Verbreitungstyps erreichen im Westerwald die West- bzw. Nordwest-Grenze ihres Areals. Als Beispiele dienen *Lathyrus vernus*, der vor allem

in den höheren Lagen (Raum Bad Marienberg und im Gebiet des Aubachtales), sowie *Asarum europaeum* , dessen Hauptverbreitung innerhalb des Untersuchungsgebietes im Bereich der Montabaurer Senke und der Ems-Gelbach-Höhen liegt (vgl. ROTH 1980).
Die Frühlingsplatterbse *(Lathyrus vernus)* kommt in Buchenwäldern des Asperulo-Fagions (BOHN 1981) und im Aceri-Fraxinetum vor und erreicht im Westerwald die Westgrenze ihres Verbreitungsgebietes. Die Haselwurz *(Asarum europaeum)* tritt fast ausschließlich in eutrophen Buchenwaldgesellschaften (Melico-Fagetum) auf und berührt mit ihrem Vorkommen im Westerwald die nordwestliche Arealgrenze.

Atlantisch-Subatlantisches Florenelement

Ein großer Teil des Untersuchungsgebietes liegt im Einfluß ozeanischen Klimas. Es begünstigt die Entwicklung von Arten des subatlantischen Florenelementes, die reichliche Niederschläge und geringe Temperaturamplituden bevorzugen. Als häufige und weitverbreitete Pflanzen bodensaurer Hainsimsen-Buchenwälder gehören hierzu *Teucrium scorodonia, Digitalis purpurea, Sarothamnus scoparius, Galium hercynicum* und *Potentilla sterilis*, die im östlichen Hessen die Grenze ihrer Verbreitung erreichen (BOHN 1981). Mit vergleichbarem ökologischen Schwerpunkt besitzt die Stechpalme *(Ilex aquifolium)* ihre Verbreitungsgrenze etwa entlang der Linie Asbach - Herschbach - Steinen - Bad Ems.

Atlantische Pflanzen im engeren Sinne trifft man im Westerwald nur sehr selten an. Der Beinbrech *(Narthecium ossifragum)* erreicht hier seine südöstliche Arealgrenze und kommt zusammen mit der ebenfalls atlantischen *Erica tetralix* als Kennart der Glockenheidegesellschaft vor. Bei den Vorkommen von *Narthecium ossifragum* im Westerwald handelt es sich mit um die südlichsten Standorte in Europa (KREMER 1978).
Die Zweinervige Segge *(Carex binervia)* besitzt auf der Montabaurer Höhe ihre einzigen rechtsrheinischen Wuchsorte (WIRTGEN 1869, LÖTSCHERT 1964a, 1964b), wo sie vornehmlich anthropogene Standorte wie Weggräben und Fichtenkulturen (KALHEBER 1970) besiedelt, tritt aber im Hunsrück als Art atlantischer Brüche auf (SCHWICKERATH 1975).

Submediterranes Florenelement

Im südlichen Teil des Untersuchungsgebietes, insbesondere im Lahntal und seinen Seitentälern, finden sich Vertreter des submediterranen Florenbereiches, die höhere Ansprüche an Wärmeversorgung stellen und geringe Niederschläge ertragen.

So besiedeln *Sorbus torminalis* und *Acer mospessulanum* wärmeliebende Gebüsche und Wälder des Quercion pubescentis-petraeae auf vorwiegend südexponierten Standorten, während *Teucrium chamaedrys*, *Melica ciliata* und *Asplenium ceterach* Arten thermophiler Felsspaltengesellschaten und Trockenrasen (Festucion pallentis) sind.

Pontisch-Subpontisches und Pontisch-Mediterranes Florenelement

Da die Arten dieses Arealtypes vergleichbare Biotopbedingungen benötigen, deckt sich ihr Verbreitungsgebiet mit dem des submediterranen Florenelements.

Als pontisch werden verschiedentlich (HAFFNER 1969) folgende Arten mit ökologischem Schwerpunkt in Trockenrasen des Festucion pallentis bezeichnet: *Erysimum odoratum*, *Aster linosyris*, *Galium glaucum* und *Artemisia campestris*. Die subpontischen Arten bevorzugen wärmeliebende Waldgesellschaften wie *Campanula persicifolia*, oder auch Halbtrockenrasen und Saumgesellschaften wie *Geranium sanguineum*, *Astragalus glyciphyllos* und *Centaurea scabiosa*. Als pontisch-mediterranes Element schließlich sei eine weitere Art der Trockenrasen und Felsstandorte, *Dictamnus albus*, genannt, die im Lahntal an mehreren Stellen, so am Gabelstein, vorkommt.

Boreal-Montanes Florenelement

In der Regel handelt es sich bei Vertretern dieses Florenbereichs um Pflanzen, welche eng an die Höhenlagen der montanen bis hochmontanen Stufe gebunden sind, aber im Untersuchungsgebiet auch an geeignete Standorte der Tallagen absteigen. Hierher gehören einige sehr charakteristische Waldpflanzen, z. B. *Dentaria bulbifera*, die ihre Hauptverbreitung im Hohen Westerwald besitzt, aber auch bis in die Montabaurer Senke und das Lahntal hinab vorkommt. Arten der Perlgras-Buchenwälder (Melico-Fagetum) sind die Zahnwurz *(Dentaria bulbifera)* sowie die Quirlblättrige Weißwurz *(Polygonatum verticillatum)*, welche stärker auf die Höhenlagen beschränkt ist und an der Westerwälder Seenplatte bis 400 m NN absteigt. Einen ökologischen Schwerpunkt in bachbegleitenden Erlenwäldern (Stellario-Alnetum) und Schluchtwäldern (Aceri-Fraxinetum) zeigen *Anthriscus nitida*, *Ranunculus platanifolius*, *Petasites albus*, *Aconitum napellus*, *Aconitum vulparia* und *Campanula latifolia*. Der Blaue Eisenhut *(Aconitum napellus)*, der Gelbe Eisenhut *(A. vulparia)* sowie die Breitblättrige Glockenblume *(Campanula latifolia)* besiedeln vornehmlich die Erlen- und Schluchtwälder des Nister- und Holzbachtals, wobei *Aconitum napellus* stark in Mädesüß-reiche Ersatzgesellschaften des Filipendulion ausweicht. Der Glänzende Kerbel *(Anthriscus nitida)* tritt nur am Stegskopf (LUDWIG 1952) auf, wo er einen westlichen Vorposten besitzt (ROTH 1980); die Weiße Pestwurz *(Petasites albus)* nur im Hohen Westerwald (Raum Burbach-Lippe) sowie im Aubachtal (LUDWIG 1927). Der Platanenhahnenfuß *(Ranunculus platanifolius)* meidet, im Gegensatz zur Hohen Rhön (BOHN 1981), die Hochlagen des Westerwaldes und kommt nur im Lahntal und seinen Seitentälern an kühlluftfeuchten Standorten vor (BRAUN apud BERLIN, HOFFMANN & NÜCHEL 1975). Der Scheiden-Goldstern *(Gagea spathacea)* erreicht im Westerwald die Südgrenze seines Areals (KALHEBER 1966, DERSCH 1974).

Gerade durch die Vorkommen von *Anthriscus nitida*, *Ranunculus platanifolius*, *Petasites albus*, *Aconitum napellus*, *Aconitum vulparia* und *Campanula latifolia* ergeben sich pflanzengeographische Parallelen zwischen Westerwald und Hoher Rhön (BOHN 1981). Diese werden durch das gemeinsame Auftreten von *Trollius europaeus* und *Geranium sylvaticum* verstärkt, die in beiden Gebieten ihren Schwerpunkt in Goldhaferwiesen (Geranio-Trisetetum flavescentis) haben (WOLFF 1979, BOHN 1981).

Als weitere boreal-montane Pflanze der Waldgesellschaften sei der Siebenstern *(Trientalis europaea)* genannt, der auf anthropogen geprägten Standorten, z.B. Fichtenschonungen bei Komp (ENGEL 1980) und auf der Montabaurer Höhe vorkommt, und der Tannenbärlapp *(Huperzia selago)* mit Schwerpunkt in Erlenbrüchen, z.B. der Westerwälder Seenplatte (NEUROTH & FISCHER 1979a). Bevorzugt in Hainsimsen-Buchenwäldern gedeiht der Rippenfarn *(Blechnum spicant)*, der eine für montane Arten charakteristische Disjunktion zwischen Montabaurer Höhe, Bad Marienberger Höhe und der "Höh" bei Burbach aufweist. Primäre Arten der Hoch- und Übergangsmoore mit boreal-montanem Verbreitungsschwerpunkt, z.B. am Stegskopf (LUDWIG 1927, 1952), sind der Sonnentau *(Drosera rotundifolia)* (HAFFNER 1969) und die Moosbeere *(Vaccinium oxycoccus)* (KNAPP 1963); sie besiedeln aber zunehmend auch sekundäre Standorte.
Auch die Borstgrasrasen und Wachholderheiden wiesen einige montane Vertreter auf. Hierzu gehören *Vaccinium vitis-idea*, *Lycopodium clavatum* und *Juniperus communis* (HAFFNER 1969), die vor allem im Hohen Westerwald vorkommen. Der Keulenbärlapp *(Lycopodium clavatum)* siedelt neben primären Vorkommen in Hainsimsen-Buchenwäldern verstärkt in anthropogenen Biotopen (Ton- und Quarzitgruben) (FISCHER 1985).

Präalpines und Dealpines Florenelement

Die Mehlbeere *(Sorbus aria)* wird als präalpines Element mit vorwiegend südlicher Verbreitung angesehen (BRESINSKY 1965). Die Art hat ihren Verbreitungsschwerpunkt im Untersuchungsgebiet innerhalb des Lahntales und verhält sich damit räumlich wie ein submediterranes oder pontisches Element.

Ein weiteres praealpines Element stellt der Alpen-Ziest *(Stachys alpina)* dar. Er besitzt im Westerwald einige kleinere Vorkommen im Raum Burbach-Lippe (KALHEBER 1971), im Aubachtal (LÖBER 1950) und bei Bad Marienberg (FISCHER 1986). Als dealpin bezeichnet werden kann das Blaugras *(Sesleria varia)*, das nur ein Vorkommen im Westerwald aufweist, wo es bewaldete Schieferfelsen der Bäderlei bei Bad Ems besiedelt. Die nächsten Standorte der Pflanze liegen im Mittelrheingebiet. Das gleiche gilt für das gleichfalls dealpine Brillenschötchen *(Biscutella laevigata)* , das im Untersuchungsgebiet nur am Gabelstein auftritt (KORNECK 1974).

Subarktisches Florenelement

Hierzu gehört nach HAFFNER (1969) *Leucorchis albida*, das früher zahlreiche Borstgrasrasen *(Polygalo-Nardetum)* des Hohen Westerwaldes besiedelte (LUDWIG 1952), heute aber durch Kulturmaßnahmen fast völlig verschwunden ist und dort nur noch bei Rabenscheid nachgewiesen werden konnte (LÖBER 1972, FISCHER 1986). Im Jahre 1985 entdeckte J. ZÜHLKE ein kleines Vorkommen der Art bei Niederelbert.

3.2 Pflanzengesellschaften des Westerwaldes

Übersicht:

Pflanzengesellschaften potentiell waldfreier Trockenstandorte (3.2.1)

Asplenietum trichomano-rutae-murariae (Mauerrauten-Gesellschaft)
Asplenio-Cystopteridetum (Blasenfarn-Gesellschaft)
Asplenietum septentrionali-adianti-nigri (Gesellschaft des Schwarzen Streifenfarns)
Diantho gratianopolitani-Festucetum pallescentis (Pfingsnelken-Blauschwingel-Felsflur)
Erysimum odoratum-Festuca pallens-Gesellschaft (Gesellschaft des Wohl-

riechenden Schotendotters)
Artemisio lednicensis-Melicetum ciliatae (Feldbeifuß-Wimperperlgras-Gesellschaft)
Cotoneastro-Amelanchieretum (Zwergmispel-Felsenbirnen-Gebüsch)

Potentiell natürliche Waldgesellschaften (3.2.2)

Luzulo-Fagetum (Artenarme Hainsimsen-Buchenwälder)
Melico-Fagetum (Perlgras-Buchenwälder)
Dentario bulbiferae-Fagetum (Zahnwurz-Buchenwald)
Cephalanthero-Fagetum (Orchideen-Buchenwälder)
Querco-Carpinetum (Eichen-Hainbuchenwälder)
Fago-Quercetum (Feuchte Eichen-Buchenwälder)
Luzulo-Quercetum petraeae (Bodensaurer Traubeneichenwald trockenwarmer Hänge)
Lithospermo-Quercetum (Wärmeliebende Elsbeeren-Eichenwälder)
Stellario-Alnetum glutinosae (Bach-Erlen-Eschenwälder)
Carici remotae-Fraxinetum (Bach-Eschen-Erlen-Quellwälder)
Aceri-Fraxinetum (Bergahorn-Eschenwälder)
Deschampsio caespitosae-Aceretum pseudoplatani (Rasenschmielen-Bergahornmischwälder)
Alnion glutinosae (Erlensumpf- und Erlenbruchwälder)
Betuletum carpaticae (Karpatenbirkenwald)

Die Hauberge als Ersatzgesellschaften (3.2.3)

Waldfreie Nieder- und Zwischenmoore (3.2.4)

Ericetum tetralicis (Glockenheide-Moor)
Caricetum fuscae (Bodensaures Braunseggenried)
Magnocaricion (Großseggenrieder)

Röhrichte (3.2.5)

Phalaridetum arundinaceae (Glanzgrasröhrichte)
Typho-Scirpetum lacustris (Schilf- und Rohrkolbenröhrichte)
Glycerietum maximae (Wasserschwaden-Röhrichte)

Schwimmblattgesellschaften (Nymphaeion) (3.2.6)

Potamogeton natans-Gesellschaft (Laichkrautgesellschaft)
Nymphaeetum albae (Seerosengesellschaft)
Polygonum amphibium aquaticum-Gesellschaft (Wasserknöterich-Gesellschaft)

Quellflurgesellschaften (3.2.7)

Montio-Philonotidetum fontanae (Quellmoos-Bachquellkraut-Gesellschaft)
Chrysosplenietum oppositifolii (Milzkraut-Quellflur)
Cardamine amara-flexuosa-Gesellschaft (Bitterschaumkraut-Waldschaumkraut-Quellflur)

Ersatzgesellschaften des Grünlandes (3.2.8)

Polygalo-Nardetum (Borstgrasrasen)
Wachholder- und Zwergstrauchheiden
Juncetum squarrosi (Gesellschaft der Sparrigen Binse)
Juncus-Molinia caerulea-Gesellschaft (Binsenreiche Pfeifengraswiesen) und Molienetum caeruleae (reine Pfeifengraswiesen)
Arrhenatheretalia (Glatthafer- und Goldhaferwirtschaftswiesen)
Lolio-Cynosuretum, Festuco-Cynosuretum (Weidelgras-Weißklee- und Rotschwingel-Weiden)
Filipendulion ulmariae (Mädesüß-Gesellschaften)
- Valeriano-Polemonietum (Baldrian-Himmelsleiter-Wiese)
- Filipendulo-Geranietum palustris (Sumpfstorchschnabel-Mädesüß-Gesellschaft)
- Valeriano-Filipenduletum (Baldrian-Mädesüß-Wiese)

Calthion palustris (Sumpfdotterblumen-Wiesen)
- Chaerophyllo-Polygonetum bistortae (Kälberkropf-Knöterich-Feuchtwiese)
- Polygonum bistorta-Cirsium oleraceum-Gesellschaft (Kohldistel-Knöterich-Feuchtwiese)
- Deschampsia caespitosa-Polygonum bistorta-Gesellschaft (Rasenschmielen-Knöterich-Feuchtwiese)
- Sanguisorbo-Silaetum silai (Silau-Feuchtwiese)
- Juncetum filiformis (Fadenbinsenwiese)
- Scirpetum sylvatici (Waldsimsen-Naßwiese

Tongruben als Standorte unter Betrachtung ihrer Sukzessionsvorgänge (3.2.9)

Dieser Abschnitt wird sich im weiteren auf die Gesellschaften der potentiell natürlichen Vegetation sowie aus der Gruppe der Ersatzgesellschaften auf die Vegetationseinheiten des Grünlandes beschränken. Nicht berücksichtigt wurden die Klassen Lemnetea, Littorelletea, Isoeto-Nanojuncetea, Bidentea tripartiti, Chenopodietea und Secalinetea, da es sich oftmals um temporäre Phytocoenosen handelt, deren Aussagekraft für die beabsichtigte Fragestellung nur begrenzt ist. Diese Gesellschaften sind bislang für den Westerwald nicht ausreichend beschrieben; lediglich die Isoeto-Nanojuncetea und Littorelletea erfuhren in den Arbeiten von KORNECK (1959, 1960), ROTH (1973, 1984), LÖTSCHERT (1977) und FISCHER (1984a, 1984b) eine stärkere Berücksichtigung.

Mit den zu den Catenen aufgeführten Pflanzenlisten werden zuvorderst die Zeigerpflanzen (nach ELLENBERG 1982) hervorgehoben. Es folgen aber der Vollständigkeit halber auch die Arten, welche als Gesellschaftskennarten schon in der Assoziationsbezeichnung auftreten oder aber als Indifferente keinen Aussagewert besitzen.

Die Aufnahmen wurden nach der Methode von BRAUN-BLANQUET (1964) gemacht und nach einzelnen Assoziationen zusammengestellt. Da eine Veröffentlichung der Original-Tabellen zu umfangreich ausfiele, wurden diese so zusammengefaßt, daß die Stetigkeit der Arten in einer Anzahl von Aufnahmen erkennbar wird. Die Bestimmung der Pflanzengesellschaften erfolgte nach OBERDORFER (1977, 1978, 1983), RUNGE (1980), HARTMANN (1974) und MORAVEC et al. (1982). Die durchschnittliche Größe einer Aufnahmefläche betrug bei Waldgesellschaften 100 m^2, bei Wiesengesellschaften 25 m^2 und bei Fels- und Trockenrasengesellschaften 4 m^2.

3.2.1 Pflanzengesellschaften potentiell waldfreier Trockenstandorte

Unter natürlichen Bedingungen würde der Wald praktisch die gesamte Landschaft bedecken. Rodungen und Inkulturnahme führten schließlich zu einer enormen Vielfalt von Arten und Gesellschaften, die im 18. Jahrhundert ihren Höhepunkt erreichte. Mit veränderter Wirtschaftsweise in Land- und Forstwirtschaft geht derzeit ein zunehmend rascher werdender Artenschwund einher, der die frühneuzeitliche Diversität erheblich reduziert.

Eine kleine Gruppe von Biotopen im Untersuchungsgebiet ist jedoch aufgrund edaphischer Faktoren (Gründigkeit und Körnung des Bodens) potentiell waldfrei. Hierzu gehören die Felsspaltengesellschaften und Trockenrasen, die auf fast nacktem, anstehendem Gestein siedeln. Es sind meist kleinflächige Biotope, schmale Grate und Felsen, die von zahlreichen Kryptogamen bewachsen sind. Mit Vergrößerung des Wurzelraumes können auch krautige Gefäßpflanzen und niedrige Gehölze *(Cotoneaster integerrima, Amelanchier ovalis)* Fuß fassen; eine Bewaldung erfolgt jedoch nicht, wenn auch solche Gesellschaften in der Regel mit Waldgesellschaften in Kontakt stehen.

Mauerrauten-Gesellschaft (Asplenietum trichomano-rutae-murariae)

Die Mauerrauten-Gesellschaft ist primär auf Kalk zu finden, aber auch an Felsen und Klippen aus unterdevonischem Schiefer. Sie wird im Untersuchungsgebiet durch die Mauerraute *(Asplenium ruta-muraria)*, den Braunstieligen Streifenfarn *(Asplenium trichomanes)* und den Schriftfarn *(Asplenium ceterach)* charakterisiert; daneben treten mit geringerer Stetigkeit noch einige weitere Gefäßpflanzen auf. Die potentiellen Standorte liegen meist im Lahntal und seinen Seitentälern, da nur hier größere waldfreie Felspartien anzutreffen sind. Sekundär hat der Mensch eine Fülle neuer Biotope durch den Bau von Mauern geschaffen, an welchen die Mauerrauten-Gesellschaft verarmt auftritt, aber zu einer erheblichen Häufigkeitszunahme der Assoziation führte.

Blasenfarn-Gesellschaft (Asplenio-Cystopteridetum)

Während die Mauerrauten-Gesellschaft sonnenexponierte, trocken-warme Standorte bevorzugt, meist im Anschluß an Trockenrasen des Festucion pallentis, findet sich das Asplenio-Cystopteridetum an schattigen, luftfeuchten und kühlen Stellen und oft im Anschluß oder als Kleingesellschaft in Schluchtwäldern. Diese Assoziation ist im Westerwald nur verarmt zu beobachten, da eine der Kennarten, *Asplenium viride*, nicht vorkommt. Die nächsten Wuchsorte liegen im Dinkholdertal bei Braubach (BERLIN; HOFFMANN & NÜCHEL 1975). Auch beim Asplenio-Cystopteridetum liegt die Hauptverbreitung innerhalb des Untersuchungsgebietes im Lahntal und seinen Seitentälern.

Gesellschaft des Schwarzen Streifenfarns (Asplenietum septentrionali-adianti-nigri)

Hierbei handelt es sich um eine Xerothermgesellschaft, die im Rheinischen

Schiefergebirge die Nordgrenze ihrer Verbreitung erreicht (OBERDORFER 1977). Sie wird durch den Schwarzen Streifenfarn *(Asplenium adiantum-nigrum)* charakterisiert, der als submediterranes Element im Westerwald auf den Bereich des Lahntales und seiner Seitentäler (FISCHER & NEUROTH 1978a, 1978b) beschränkt ist (vgl. aber das Vorkommen an der Dornburg bei Frickhofen, ROTH 1975a). Man kann generell eine Ausbildung an beschatteten Wuchsorten, die auf feinerdereichen Stellen mit einer erhöhten Zahl von Begleitern aus anschließenden Waldgesellschaften gedeiht, und eine Ausprägung sonnenexponierter Biotope auf Rohböden mit Begleitern des Festucion pallentis unterscheiden.

Im Gegensatz zu den Ausführungen von RUNGE (1980), der sie als montane Assoziation im Bergland auftretend charakterisiert, findet sich die Gesellschaft des Schwarzen Streifenfarns im Untersuchungsgebiet fast nur in Tallagen. Die gleiche Feststellung trifft HAFFNER (1982) für die Quarzitklippen des Saarlandes, wo er die Assoziation für Meereshöhen um 160-180 (280) m NN belegt.
Als floristische Besonderheit findet man den Deutschen Streifenfarn *(Asplenium X alternifolium)*, z.B. im Gelbachtal bei Wirzenborn (NEUROTH & FISCHER 1979b).

Pfingstnelken-Blauschwingel-Felsflur (Diantho gratianopolitani-Festucetum pallentis)

Das Vorkommen dieser Gesellschaft aus dem Nistertal ist schon seit längerem bekannt und beschrieben (KORNECK 1974). Es handelt sich um einen Trockenrasen auf Rohboden über devonischem Schiefer, der durch den Blauschwingel *(Festuca pallens)* und als floristische Besonderheit die Pfingstnelke *(Dianthus gratianopolitanus)* (GEITNER 1954, SCHUMACHER 1955) gekennzeichnet wird. Bemerkenswert ist das doch recht isolierte Vorkommen von *Dianthus gratianopolitanus*, deren nächste Wuchsorte erst wieder im Ahrtal bei Bad Neuenahr und im Mittelrheintal bei St. Goar liegen. Die günstigen kleinklimatischen Standortsbedingungen ermöglichen im Nistertal das Vorkommen pontischer und submediterraner Arten, weitab der Talsysteme von Dill und Lahn, auf die diese Elemente in der Regel beschränkt sind.

Gesellschaft des Wohlriechenden Schotendotters (Erysimum odoratum-Festuca pallens-Gesellschaft)

Eng verwandt mit der Pfingstnelkenflur findet sich diese Assoziation im östlichen Lahntale bei Fachingen sowohl an primären Standorten als auch Sekundärbiotopen (Steinbruch Altendiez). In allen Fällen aber besiedelt sie Kalkböden mit geringer Humusbildung. KORNECK (1982) diskutiert schon Vorkommen und Verbreitung dieser Gesellschaft, wenn ihm auch nicht alle Standorte bekannt waren. Als Kennart fungiert der Wohlriechende Schotendotter *(Erysium odoratum)*, welcher schon von RUDIO (1851) und WIGAND (1891) für das Lahntal genannt wird. Die Gesellschaft bevorzugt sonnenexponierte Biotope und zeichnet sich, wie die meisten Felstrockenrasen, durch Kryptogamenreichtum aus.

Feldbeifuß-Wimperperlgras-Gesellschaft (Artemisio lednicensis-Melicetum ciliatae)

Diese Felsflur siedelt an ähnlichen Standorten wie die Gesellschaft des Wohlriechenden Schotendotters, jedoch in der Regel auf Syrosemen auf Schiefer. Daher findet sich hier auch eine größere Zahl von Azidophyten. Die Assoziationskennart Feldbeifuß *(Artemisia campestris ssp. lednicensis)* tritt nur im unteren Lahntal auf, so daß diese Vegetationseinheit, die als äußerst charakteristisch für Mittelrhein-, Mosel-, Ahr- und Nahetal angesehen werden kann, im Westerwald meist nur verarmt vorkommt. Das Wimperperlgras *(Melica ciliata)* gedeiht im gesamten Lahntal in Felsfluren, während das Transsilvanische Perlgras *(Melica transsilvanica)* sich auf das Limburger Becken konzentriert und bevorzugt an Sekundärstandorten wächst (KALHEBER 1973). Aufgrund der geringen Konkurrenzkraft der Gefäßpflanzen in den Extrembiotopen der Felsfluren können hier einige gefährdete Kryptogamen geeignete Refugien finden. So sind beispielsweise die Moose *Reboulia hemisphaerica* und *Pleurochaete squarrosa* vom Gabelstein als Begleiter des Artemisio-Melicetum zu nennen (KORNECK 1974; DÜLL, FISCHER & LAUER 1983).

Zwergmispel-Felsenbirnen-Gebüsch (Cotoneastro-Amelanchieretum)

Auf feinerdereicheren Standorten können Gehölze wie die Felsenbirne *(Amelanchier ovalis)* Fuß fassen. Nach RUNGE (1980) handelt es sich beim Felsenbirnen-Gebüsch um eine submediterrane, von Natur aus baumfreie xerotherme Reliktassoziation aus dem Spätglazial oder Frühholozän. Diese Gesellschaft tritt im Untersuchungsgebiet jedoch nur verarmt auf, da eine der Kennarten, die Zwergmispel *(Cotoneaster integerrimus)*, fehlt. Optimal ausgeprägt findet sich die Assoziation aber beispielsweise im Mittelrheingebiet (KORNECK 1974), so am Koppelstein bei Lahnstein (FISCHER 1987a).

Neben den primär waldfreien Biotopen schafft der Mensch, wie schon erwähnt, eine Reihe von Standorten, die keiner Sukzession unterworfen sind. Als Beispiele seien noch einmal Mauern, aber auch durch Straßenbau freigelegte Partien des anstehenden Gesteins sowie Steinbrüche genannt. An solchen Biotopen können sich die oben erwähnten Assoziationen ebenfalls als Dauergesellschaften ansiedeln.

3.2.2 Potentiell natürliche Waldgesellschaften

Die wichtigsten Gesellschaften der potentiell natürlichen Vegetation im Westerwald stellen die Buchen- und Buchenmischwälder dar. Wenn hier auch keine "Urwälder" im strengen Sinne existieren, so finden sich doch vielfach naturnahe Hochwälder, die trotz forstwirtschaftlicher Eingriffe in etwa der Terminalphase eines Buchenwaldes entsprechen und den Charakter eines Hallenwaldes aufweisen (MAYER 1971). Die Methoden der Kartierung der potentiell natürlichen Vegetation werden von TRAUTMANN (1966) ausführlich dargestellt. Da das Untersuchungsgebiet, abgesehen vom Hohen Westerwald und den Bereichen, welche nicht standortsgemäße Fichtenkulturen tragen, heute noch zum größten Teil mit Laubhölzern bewaldet ist, ergaben sich keine Schwierigkeiten in der Ansprache, zumal die Böden und die Ersatzgesellschaften ebenfalls eine Aussage zuließen.

Nur in Ausnahmefällen sind in den Catenen neben der potentiell natürlichen Vegetation auch Grünlandgesellschaften berücksichtigt, wenn diese als charakteristisch für den Westerwald anzusehen sind.

Artenarme Hainsimsen-Buchenwälder (Luzulo-Fagetum)

Die artenarmen, acidophilen Buchenwälder finden sich im Untersuchungsgebiet auf basenarmen Silikatgesteinen (ELLENBERG 1982). In der Regel ist die Strauchschicht nur in den Randbereichen des Luzulo-Fagetum entwickelt, lediglich die Eberesche *(Sorbus aucuparia)*, der Faulbaum *(Frangula alnus)* und der Traubenholunder *(Sambucus racemosa)* erreichen höhere Stetigkeiten. In der Krautschicht zeichnet sich die Gesellschaft durch Artenarmut und geringe Deckungsgrade aus (vgl. MORAVEC et al. 1982). Charakteristisch ist das Vorkommen der Weißlichen Hainsimse *(Luzula albida)* und der Drahtschmiele *(Deschampsia flexuosa)*. Diese vermag eine Subassoziation ohne Hainsimse zu kennzeichnen (MORAVEC et al. 1982) und weist Fichtenkulturen durch ihr Auftreten als potentielle Hainsimsen-Buchenwaldstandorte aus.

Nach OBERDORFER (1957) kann der bodensaure Buchenwald als "die wichtigste klimabedingte und oft landschaftsbeherrschende Waldform der mitteleuropäischen Tieflagen" angesehen werden. Auch im Westerwald stellt er über große Gebiete hin die wichtigste zonale Phytocoenose dar, die potentiell über 50 % seiner Fläche decken würde. Er besiedelt hier vornehmlich oligotrophe, teilweise podsolierte Braunerden, auf Quarzit (SABEL & FISCHER 1985), Schiefer, Phonolith und Basalt. HARTMANN (1974) unterscheidet eine Subassoziation nach Eichenfarn *(Gymnocarpium dryopteris)* und Frauenfarn *(Arhyrium filix-femina)* auf betont frischen Böden, die er unter anderem für den Mal-Berg bei Leuterod angibt.

Perlgras-Buchenwälder (Melico-Fagetum)

Die Perlgras-Buchenwälder des Untersuchungsgebietes sind physiognomisch meist durch einen hohen Deckungsgrad der Krautschicht und die Dominanz des Einblütigen Perlgrases *(Melica uniflora)* und der Zwiebelzahnwurz *(Dentaria bulbifera)* charakterisiert. Die übrigen Arten treten, mit Ausnahme von Waldmeister *(Galium odoratum)* und Waldbingelkraut *(Mercurialis perennis)*, in den Hintergrund und zeigen nur geringe Artmächtigkeiten. Insgesamt sind die Perlgras-Buchenwälder erheblich artenreicher als die bodensauren Hainsimsen-Buchenwälder und durch das Vorkommen zahlreicher Eu- und Mesotraphenten bestimmt, während Azidophyten je nach Standort völlig fehlen oder stark zurücktreten. Die Strauchschicht ist meist nur spärlich entwickelt; lediglich die Rotbuche *(Fagus sylvatica)*, der Traubenholunder *(Sambucus racemosa)* und die Brombeere *(Rubus fruticosus s.l.)* erreichen höhere Stetigkeiten. Die Gesellschaft findet sich fast immer auf eu- bis mesotrophen Braunerden und Parabraunerden auf Lößlehm oder lößlehmreichen Schuttdecken (SABEL & FISCHER 1985).

Eine ähnliche floristische Zusammensetzung der Krautschicht nennt ZENKER (1986) aus der Niederrheinischen Bucht. Hierbei handelt es sich um Buchenwälder mit vorherrschendem Perlgras *(Melica uniflora)* auf Parabraunerden mit z. T. mächtiger Lößauflage.

Am Anstieg zur Montabaurer Höhe sowie am Abfall zum Lahntal finden sich Ausbildungen des Melico-Fagetum, die reich an Zahnwurz *(Dentaria bulbifera)* sind, jedoch nicht die montanen Kennarten des Zahnwurz-Buchenwaldes (Dentario bulbiferae-Fagetum) aufweisen (s. u.). Diese Vorkommen werden von HARTMANN (1974) als Perlgras-Buchenwälder interpretiert, welche auf "von Bimstuff überlagerten Verwitterungsböden von mineralreichen Schiefern" noch viele Pflanzen von *Dentaria bulbifera* aufweisen. Der Zusammenhang zwischen Laacher Bimstuff und den Zahnwurzvorkommen dürfte jedoch nicht zwingend sein, da gerade an Lockerbraunerde-Standorten mit sehr hohen Tuffgehalten eine äußerst arme Krautschicht vorliegt (SABEL & FISCHER 1985). Weiterhin finden sich, ebenfalls am Abfall der Montabaurer Höhe zum Rhein gelegen, Waldbiotope mit dominierendem Waldbingelkraut *(Mercurialis perennis)*, die LÖTSCHERT (1977) zum Melico-Fagetum stellt.

Zahnwurz-Buchenwald (Dentario bulbiferae-Fagetum)

Der Zahnwurz-Buchenwald besiedelt meist frische bis mäßig trockene Böden mittleren bis hohen Nährstoffgehaltes (BOHN 1981). Es handelt sich um eine Hochlagengesellschaft, die durch montane Arten wie Quirlblättrige Weißwurz *(Polygonatum verticillatum)* und Fuchs-Greiskraut *(Senecio fuchsii)* sowie das reiche Vorkommen der Zwiebel-Zahnwurz *(Dentaria bulbifera)* charakterisiert ist. Dieser Waldtyp findet sich ausschließlich im Hohen Westerwald, in der Regel in Lagen über 500 m NN.

Nach BOHN (1981) repräsentieren die Bestände im Westerwald die westliche Rasse des Zahnwurz-Buchenwaldes, die sich durch das Fehlen von Arten mit östlichem Verbreitungsschwerpunkt auszeichnet. So treten die Frühlingsplatterbse *(Lathyrus vernus)* , die Waldgerste (Hordelymus europaeus) und der Wollige Hahnenfuß *(Ranunculus lanuginosus)* nur noch mit geringer Stetigkeit auf.

Orchideen-Buchenwälder (Cephalanthero-Fagetum)

Die Orchideen- (OBERDORFER 1957) oder Seggen-Buchenwälder (Carici-Fagetum, MOOR 1952, 1972) sind im Untersuchungsgebiet an basenreiche Gesteine (z.B. Kalk) gebunden. Es handelt sich um eine sehr seltene Assoziation, die heute auf das Lahntal beschränkt ist. Sie wird im Westerwald durch das Vorkommen des Weißen Waldvögleins *(Cephalanthera damasonium)*, der Finger-Segge *(Carex digitata)* sowie der Berg-Segge *(Carex montana)* gekennzeichnet. Vergleicht man diese Ausprägung mit Vorkommen in anderen Gebieten, z.B. im Odenwald (LÖTSCHERT 1952), wo in einem solchen Biotop auf 4 m² fünf verschiedene Orchideenarten gedeihen, oder in der Sötenicher Kalkmulde (SCHUMACHER 1977), so sind die Cephalanthero-Fageten des Untersuchungsgebietes sichtlich verarmt. Eine weitere Assoziationskennart, das Rote Waldvöglein *(Cephalanthera rubra)*, kommt im Westerwald rezent wohl nur noch am Beilstein bei Sinn in einem Elsbeeren-Eichenwald vor (LÖBER 1972, ROTH 1981), wo sie von den Autoren aber nicht aufgefunden werden konnte, sowie auf der Montabaurer Höhe (CASPARI 1899), wo sie aber inzwischen verschwunden ist. Dagegen findet man das von LÖTSCHERT (1952) erwähnte Schwertblättrige Waldvöglein *(Cephalantera longifolia)* im Untersuchungsgebiet schwerpunktmäßig in den Perlgras-Buchenwäldern des Hohen Westerwaldes (LÖTSCHERT 1977).

Der von BOHN (1981) erwähnte floristische Reichtum der Strauchschicht ließ sich in den nur spärlichen Vorkommen der Assoziation nicht beobachten.

Eichen-Hainbuchenwälder (Querco-Carpinetum)

Die Eiche gehört neben der Rotbuche zu den wichtigsten waldbildenden Laubbäumen. Im Westerwald kommen Stieleiche *(Quercus robur)* und Traubeneiche *(Quercus petraea)* potentiell nur in den wärmeren Tallagen vor. An warm-trockenen sowie feuchten bis nassen Standorten ist die Buche nicht mehr konkurrenzfähig, und Eichen und Hainbuchen vermögen fast reine Bestände zu bilden. Die Quercus-Arten treten in den Höhenlagen dagegen fast völlig zurück, so daß dort potentiell schon reine Buchenwälder dominieren. Zwar ist die Verbreitung der Eiche durch die Forstwirtschaft verfälscht, doch lassen sich auch heute noch unter Berücksichtigung der Biotopbedingungen die potentiell natürlichen Vorkommen rekonstruieren. Durch die moderne Forstwirtschaft wird die Eiche aufgrund geringer Gesamtwertleistung immer mehr zurückgedrängt. Von 61 500 ha Waldfläche des Westerwaldkreises, der einen großen Teil des Untersuchungsgebietes einnimmt, sind 35 % von der Baumartengruppe Buche, 50 % von der Artengruppe Fichte, 7 % von der Kiefer und nur 8 % von der Artengruppe Eiche bestanden, also nicht einmal 400 ha (DICK 1983). Im Westerwald überwiegt die von ELLENBERG (1982) als Galio-Carpinetum bezeichnete Ausprägung der Eichen-Hainbuchenwälder, nur vereinzelt tritt auch das Stellario-Carpinetum in feuchten Tallagen auf. Da nur wenige naturnahe Standorte im Untersuchungsgebiet erhalten sind, wurden sie ohne Differenzierung zusammengefaßt. Die Gesellschaft kommt im Westerwald im Lahntalbereich und seinen Seitentälern fast immer in Hanglagen auf Schiefer und Quarzit vor; im übrigen Gebiet an feuchten Standorten in Tallagen. Nur geringe Deckungsgrade und überwiegende Artenarmut sind typisch; so auch für die Strauchschicht, wo nach den vorliegenden Aufnahmen lediglich die Hasel *(Corylus avellana)* und der Weißdorn *(Crataegus laevigata)* die Stetigkeitsklasse II erreichen.

Die natürlichen Vorkommen azonaler, also nicht klimabedingter Eichen-Hainbuchenwälder liegen auf Standorten, auf denen die Buche aus edaphischen Gründen nicht mehr zu gedeihen vermag. Die Querco-Carpineten des Westerwaldes auf Braunerden und Parabraunerden sind hingegen aus klimatischen Buchenwäldern durch Niederwaldwirtschaft hervorgegangen (KRAUSE 1972). Die Artenzusammensetzung steht der von Perlgras-Buchenwäldern nahe (BOHN 1981), die Eichen-Hainbuchenwälder werden im Untersuchungsgebiet vor allem durch die Vorkommen ihrer Verbandscharakterarten, der Großen Sternmiere *(Stellaria holostea)*, das Maiglöckchens *(Convallaria mayalis)* und des Waldlabkrautes *(Galium sylvaticum)* an trockenen Standorten abgegrenzt. Als floristische Besonderheit kommt in den Querco-Carpineten des Lahntales und seiner Seitentäler der Blaustern *(Scilla bifolia)* vor (STILLGER 1972), der bis Hundsangen und Wirzenborn (NEUROTH & FISCHER 1979c) vordringt und im mittleren Lahntal bei Aumenau ausklingt (FUCKEL 1856, KALHEBER 1966).

Feuchte Eichen-Buchenwälder (Fago-Quercetum)

Auf nährstoffarmen und stark versauerten Böden finden sich Gesellschaften aus Buchen und Eichen, die eine floristische Affinität zu atlantischen Heiden besitzen (ELLENBERG 1982) und im Untersuchungsgebiet auch mit ihnen in Kontakt treten. Da die Standorte des Westerwaldes vor allem im Raum Linz-Asbach noch im subatlantischen Einflußgebiet liegen, kann die Assoziation als Ausläufer der Feuchten Eichen-Buchenwälder West- und Nordwestdeutschlands mit Vorkommen der Stechpalme *(Ilex aquifolium)* angesehen werden (TRAUTMANN 1966).

Das Fago-Quercetum des Westerwaldes wird in der Krautschicht durch das reiche Vorkommen des Pfeifengrases *(Molinia caerulea)* als Feuchtezeiger geprägt (vgl. ZENKER 1986), daneben durch Sphagnum-Arten und die atlantische Glockenheide *(Erica tetralix)* als Rest der früher hier großflächig existierenden Heidevegetation. In der Baumschicht tritt mit hoher Stetigkeit die Birke *(Betula pendula)* auf, in der Strauchschicht noch der Faulbaum *(Frangula alnus)*. Viele potentielle Standorte des Eichen-Buchenwaldes sind heute in Fichtenforste umgewandelt, so ein Biotop bei Komp, der ein Vorkommen des Siebensterns *(Trientalis europaea)* beherbergt (ENGEL 1980).

Bodensaurer Traubeneichenwald trockenwarmer Hänge (Luzulo-Quercetum petraeae)

Ebenfalls auf sehr nährstoffarmen und sauren Böden, im Gegensatz zum Eichen-Buchenwald aber ausschließlich in trockenwarmen Hanglagen, findet sich ein artenarmer Eichenwald. Aufgrund der ungünstigen Nährstoffverhältnisse und des niedrigen pH-Wertes des Bodens fehlen hier die Arten des Elsbeeren-Eichenwaldes, dafür herrschen neben wenigen Gefäßpflanzen, vor allem Moose und Flechten physiognomisch vor. Eine Strauchschicht ist nur spärlich entwickelt und hebt sich oftmals nicht deutlich ab, da auch die Baumschicht nur Krüppelwuchs zeigt. Der Bodensaure Traubeneichenwald tritt im Untersuchungsgebiet fast immer im Anschluß an Trockenrasen und Felsfluren auf und beherbergt daher gelegentlich Arten wie die Felsenbirne *(Amelanchier ovalis)* und den Blauschwingel *(Festuca pallens)* (z. B. lokalklimatisch begünstigte Standorte im Lahn- und Nistertal) (vgl. SCHMIDT-FASEL & SCHMIDT 1986).

In der Krautschicht zeigt er große Ähnlichkeit mit Hainsimsen-Buchenwäldern, da er durch das Vorkommen der Drahtschmiele *(Deschampsia flexuosa)*, der Weißlichen Hainsimse *(Luzula albida)* und der Heidelbeere *(Vaccinium myrtillus)* charakterisiert ist.

Wärmeliebende Elsbeeren-Eichenwälder (Lithospermo-Quercetum)

An ähnlichen Standorten wie der Bodensaure Traubeneichenwald, aber auf basenhaltigeren Böden mit günstigeren Nährstoffverhältnissen, trifft man das Lithospermo-Quercetum an.

Die Hauptverbreitung der Assoziation im Untersuchungsgebiet liegt wiederum im Lahntal. Es handelt sich hier um eine stark verarmte Ausprägung, welche nur noch die Elsbeere *(Sorbus torminalis)* sowie die Pfirsichblättrige Glockenblume *(Campanula persicifolia)* als Kennarten aufweist. Der namengebende Blaurote Steinsame *(Lithospermum purpureo-caeruleum)* kommt erst wieder im Rheintal (Arienfels, Erpeler Lay, MELSHEIMER 1884), im Siebengebirge (ROTH 1978) und in der Eifel (MELSHEIMER 1884, SCHUMACHER 1977) vor. SCHUMACHER (1977) bringt einige Aufnahmen aus der Sötenicher Kalkmulde/Eifel, in welchen Lithospermum purpureo-caeruleum mit hoher Artmächtigkeit vertreten ist. Inwieweit die Eifeler und Westerwälder Vorkommen noch dem Lithospermo-Quercetum zugeordnet werden können, das seinen Schwerpunkt in Süddeutschland hat, ist umstritten; es spricht aber das Auftreten von Sorbus torminalis für diese Zugehörigkeit, wenn es sich auch um eine verarmte Ausbildung handelt.

Bach-Erlen-Eschenwälder (Stellario-Alnetum glutinosae)

Bei dieser Gesellschaft handelt es sich um zeitweilig überflutete Auenwälder der breiteren Talbereiche. Sie steht im Untersuchungsgebiet an ihren naturnahen Standorten oft in Kontakt mit Schluchtwäldern (Aceri-Fraxinetum), so im Nistertal (vgl. auch BOHN 1981), oder mit feuchten Ausbildungen der Eichen-Hainbuchenwälder (Stellario-Carpinetum) der Talauen (LOHMEYER 1970). Allerdings sind die meisten Vorkommen heute landwirtschaftlicher Nutzung zum Opfer gefallen, zumal vor allem Weideflächen in den Bachtälern bis an die Ufer ausgedehnt werden. Naturnahe Biotope finden sich aber auch heute noch im Nistertal, im Holzbachtal, im Elbbachtal sowie im unteren Gelbachtal.

Die Baumschicht besteht aus Schwarzerlen *(Alnus glutinosa)* und Eschen *(Fraxinus excelsior)*, daneben gelegentlich aus durch die Forstwirtschaft künstlich eingebrachten Gehölzen, so der Grauerle *(Alnus incana)*, die im Westerwald keine natürlichen Vorkommen besitzt.

Die Strauchschicht ist oft sehr dicht entwickelt und artenreich. In der Krautschicht, die physiognomisch einen hohen Deckungsgrad besitzt, gedeihen nur Arten, die eine zeitweilige Überflutung vertragen. Im Untersuchungsgebiet treten neben der Assoziationskennart Hain-Sternmiere *(Stellaria nemorum)* zahlreiche montane Arten auf, so der Blaue Eisenhut *(Aconitum napellus)*, der Gelbe Eisenhut *(Aconitum vulparia)* und die Breitblättrige Glockenblume *(Campanula latifolia)*, die eine montane Ausprägung der Gesellschaft charakterisieren.

Auffällig ist ein hoher Anteil der Traubenkirsche *(Prunus padus)*, so daß manche Standorte den Aspekt eines Traubenkirschen-Erlen-Eschenwaldes (Pruno-Fraxinetum) wiedergeben. So nennt z.B. SCHNEDLER (1981) das Vorkommen des Pruno-Fraxinetum für den Westerwald. Auch die Autoren haben vergleichbare Biotope beobachtet, für die stellvertretend die folgende Aufnahme stehen soll:

Im Weierbach bei Oberdresselndorf, 520 m NN
Größe der Aufnahmefläche: 25 m²
Deckungsgrad Baumschicht: 80 %
Deckungsgrad Strauchschicht: 20 %
Deckungsgrad Krautschicht: 70 %

Baumschicht:
Prunus padus 3, *Fraxinus excelsior* 3, *Acer pseudoplatanus* 2, *Salix aurita* 1.
Strauchschicht:
Crataegus monogyna 1, *Ribes alpinum* 1.
Krautschicht:
Petasites albus 1, *Petasites hybridus* 1, *Typhoides arundinacea* 1, *Alliaria officinalis* +, *Poa nemoralis* +, *Corydalis cava* +, *Lamium galeobdolon* +, *Urtica dioica* +.

Die Vorkommen im Westerwald sind auf die Hochlagen beschränkt und weisen auch zahlreiche montane Arten auf *(Petasites albus, Campanula latifolia, Anthriscus nitida)*, die nicht dem Pruno-Fraxinetum zuzuordnen sind, das als reine Tieflagengesellschaft beschrieben wird (BOHN 1981). Es scheint sinnvoll, von einer Prunus padus-reichen Ausbildung des Bach-Erlen-Eschenwaldes zu sprechen.

Bach-Eschen-Erlen-Quellwälder (Carici remotae-Fraxinetum)

In den Quellregionen von Bächen tritt eine Gesellschaft auf, die durch Bestände der Winkelsegge *(Carex remota)* gekennzeichnet ist. Das Carici remotae-Fraxinetum findet sich in der regelmäßig überschwemmten Bachaue sowie an quellreichen Hängen und in Quellmulden. Die Baumschicht wird von Esche und Erle gebildet, wobei die Esche oft forstwirtschaftlich bedingt überwiegt.

In der Literatur existieren verschiedene Auffassungen über die natürliche Baumartenzusammensetzung. Während JAHN (1952), BURRICHTER (1953) und MOOR (1958) die Esche als dominierend bezeichnen, geben KNAPP (1958), LOHMEYER (1960), SAUER (1955) und RÜHL (1964) ein Vorherrschen der Erle an. In den untersuchten Beständen des Westerwaldes kommen in der Regel *Fraxinus excelsior* und *Alnus glutinosa* gemeinsam vor, aber auch beim Fehlen der Esche läßt sich die Assoziation aufgrund der Krautschicht meist eindeutig zuordnen.

Als floristische Besonderheit tritt im Bach-Eschen-Erlen-Quellwald bei Dierdorf der Riesenschachtelhalm *(Equisetum telmateia)* auf, der auch von OBERDORFER (1957) sowie BENNERT & KAPLAN (1983) als kennzeichnende Art beschrieben wird, dessen ökologische Amplitude aber weit über die Bachauenwälder hinausreicht. Daneben finden sich das Alpen-Hexenkraut *(Circea alpina)* und das Moos *Trichocolea tomentella*.

Das Carici remotae-Fraxinetum ist in der Regel nur als schmaler Bachsaum oder kleinflächig an Quellmulden ausgebildet und kann als kennzeichnend für die Quellregionen angesehen werden. Meist steht es in Kontakt zu anderen Waldgesellschaften, so dem Perlgras-Buchenwald, dem Hainsimsen-Buchenwald und Eichen-Hainbuchenwäldern. Durch gewässerbauliche Maßnahmen an den Oberläufen und Quellen ist die Assoziation heute im Rückgang begriffen.

Bergahorn-Eschenwälder (Aceri-Fraxinetum)

Im Westerwald gliedert sich der Bergahorn-Eschenwald in drei Assoziationen. Das Aceri-Fraxinetum ohne Differentialarten, welches lediglich durch seine Baumschicht charakterisiert ist, tritt, ähnlich wie die Bach-Erlen-Eschenwälder, als bachbegleitende Gesellschaft in Talmulden und Steiltälern auf, so im Nistertal und am Holzbach (LÖTSCHERT 1977). In der Baumschicht findet sich neben Bergahorn *(Acer pseudoplatanus)* und Esche *(Fraxinus excelsior)* auch die Bergulme *(Ulmus glabra)*, die als Verbandscharakterart gilt. Strauch- und Krautschicht sind ungewöhnlich reich entwickelt und ähneln physiognomisch dem Stellario-Alnetum. Zusätzlich erscheinen hier auch einige montane Arten, so *Aconitum napellus*, *A. vulparia* und *Campanula latifolia*.

Der Silberblatt-Bergahornwald (Lunario-Aceretum) besiedelt vergleichbare Biotope im Nistertal, läßt sich aber durch das Vorkommen des Silberblattes *(Lunaria rediviva)* vom Aceri-Fraxinetum abgrenzen. Er umfaßt auch Wuchsorte einiger floristischer Besonderheiten. Der Straußfarn *(Matteuccia struthiopteris)* kommt im Nistertal bei Nauroth (SCHUMACHER 1941) in schönen Beständen vor; ebenso der Scheidengoldstern *(Gagea spathacea)* (WIRTGEN 1899, DERSCH 1974). Sowohl *Gagea spathacea* als auch *Matteuccia struthiopteris* haben im Westerwald einen Verbreitungsschwerpunkt im Rheinischen Schiefergebirge.

Der Hirschzungen-Bergahornwald *(Phyllitido-Aceretum)* ist auf die Schluchtwälder des Lahntales und seiner Seitentäler beschränkt und durch das Vorkommen der Hirschzunge *(Asplenium scolopendrium)* und des Gelappten Schildfarnes *(Polystichum aculeatum)* gekennzeichnet (FISCHER & NEUROTH 1978a, 1978b), mit geringerer Stetigkeit trifft man auch *Lunaria rediviva* (NIEGEL & WIENHAUS 1976) an. In Engtälern siedelt das Phyllitido-Aceretum, dessen Strauchschicht nur gering ausgeprägt ist, während die Krautschicht hohe Deckungsgrade aufweist. Dort treten aufgrund der oft sehr guten Nährstoffverhältnisse zahlreiche Eu- und Mesotraphenten auf. Während sich die typische Ausbildung des Phyllitido-Aceretum auf Kalkstein findet (vgl. BECKHOFF & SEIFERT 1986), ist das Ausgangsgestein für die Standorte im Lahntal meist unterdevonischer Schiefer.

Sehr selten tritt im Westerwald ein Mischwald aus Linden und Ahorn auf, z. T. kleinflächig in Buchwaldbestände eingestreut. Er besiedelt skeletthaltige Böden mit meist felsigem Charakter. Diesen Waldtyp zuzuordnen ist nicht einfach, da er einerseits den oben beschriebenen Schluchtwäldern ähnelt, andererseits aber durch die dominierende Sommerlinde *(Tilia platyphyllos)* geprägt wird und so vielleicht ein verarmtes Aceri-Tilietum darstellt. Ähnliche Bestände beschreibt LICHT (1971) vom Lemberg. Die folgende Aufnahme dient als Beispiel für die Ausprägung im Westerwald:

Aubachtal NE Rabenscheid, 520 m NN
Größe der Aufnahmefläche: 100 m²
Deckungsgrad Baumschicht: 95 %
Deckungsgrad Strauchschicht: 20 %
Deckungsgrad Krautschicht: 80 %

Baumschicht:

A *Tilia platyphyllos* 3, V *Acer pseudoplatanus* 1, *Ulmus glabra* 1.

Strauchschicht:

K *Corylus avellana* 1, B *Prunus padus* 1, *Sorbus aucuparia* 1.

Krautschicht:

O *Mercurialis perennis* 2, *Dryopteris carthusiana* +, *Impatiens noli-tangere* +, B *Petasites albus* 3, *Urtica dioica* +, *Galium aparine* +, *Dryopteris dilatata* +, *Ribes alpinum* +, *Mnium undulatum* +, *Mnium hornum* +, *Mnium punctatum* +, *Thuidium tamariscinum* +, *Brachythecium rivulare* +, *Polytrichum formosum* +, *Plagiochila asplenioides* +, *Plagiochila porelloides* +.

Rasenschmielen-Bergahornmischwälder (Deschampsio caespitosae-Aceretum pseudoplatani)

Diese Gesellschaft wird ersmals von BOHN (1981) erwähnt und vom gleichen Autor (BOHN 1984) als Assoziation beschrieben. Sie ist neben den Vorkommen im Westerwald nur noch aus dem Vogelsberg, dem Knüll und der Rhön bekannt (BOHN 1981, 1984).

Die Baumschicht wird vom Bergahorn dominiert, die Erle *(Alnus glutinosa)* kommt nur an sehr feuchten Biotopen mit geringer Stetigkeit vor. Die Buche ist zwar fast immer beigesellt, vermag jedoch aufgrund der starken Bodenvernässung keine Optimalbestände zu bilden (vgl. BOHN 1984). In der Krautschicht sind die Rasenschmiele *(Deschampsia caespitosa)*, der Dornfarn *(Dryopteris carthusiana)* und der Breitblättrige Wurmfarn *(Dryopteris dilatata)* als Charakterarten anzusehen. Die Standorte des Rasenschmielen-Bergahorn-Mischwaldes liegen auf nährstoffarmen, sauren Gleyen und Pseudogleyen über Basalt. Zur Dokumentation wurden die typischen Standorte der Originalbeschreibung (Bermeshube bei Heisterberg) im Untersuchungsgebiet aufgesucht, daneben konnten aber auch noch einige weitere Vorkommen festgestellt werden.

Erlensumpf- und Erlenbruchwälder (Alnion glutinosae)

Grob gegliedert finden sich im Westerwald drei Typen von erlenreichen Sumpf- und Bruchwäldern. Diese treten hier auf nassen, nährstoffreichen, torfigen Naß- und Anmoorgleyen auf. Da faktisch keine andere einheimische Holzart noch auf derartig extremen Standorten wächst, bedient sich auch die Forstwirtschaft der

Schwarzerle *(Alnus glutinosa)* zur Bepflanzung; lediglich die gebietsfremde *Alnus incana* wird zusätzlich verwendet.

Im Erlenbruch der Verlängerten Segge (Carici elongatae-Alnetum glutinosae) findet man so gut wie keine Strauchschicht, dagegen ist die Krautschicht üppig entwickelt und von beträchtlichem Artenreichtum. Alle ihre Vertreter müssen in der Lage sein, Grundwasser und/oder längerfristige Überschwemmungsperioden zu ertragen. Physiognomisch auffällig sind die Bulten der Verlängerten Segge *(Carex elongata)*,, die als Kennart gilt. Daneben treten als floristische Besonderheiten das Alpen-Hexenkraut *(Circea alpina)*, die Drachenwurz *(Calla palustris)* (MELSHEIMER 1884, ROTH 1973), der Tannen-Bärlapp *(Huperzia selago)* (NEUROTH & FISCHER 1979a) an der Westerwälder Seenplatte und der Märzenbecher *(Leucojum vernum)* (ROTH 1981) bei Elkenroth auf.

Unter der Bezeichnung Rasenschmielen-Erlensumpfwald (Deschampsia caespitosa-Alnus glutinosa-Gesellschaft) werden Aufnahmen eines krautreichen Erlensumpfwaldes zusammengefaßt, in dem Kennarten weitgehend fehlen. Er weist Ähnlichkeiten mit der von BOHN (1981) genannten Crepis paludosus-Alnus glutinosa-Gesellschaft auf, jedoch tritt der Sumpf-Pippau *(Crepis paludosus)* stark zurück. Die Rasenschmiele *(Deschampsia caespitosa)* kann, wenn sie auch in allen Aufnahmeflächen zu finden ist, nur als schwache Kennart gelten.

Auch in dieser Gesellschaft gedeihen einige erwähnenswerte Besonderheiten, so in schönen Beständen der Riesenschachtelhalm *(Equisetum telmateia)* an der Kleinen Nister bei Nauroth. Der nächste Wuchsort liegt erst zwischen Kasbach und Ockenfels (MELSHEIMER 1884, LAVEN & THYSSEN 1959) in einem Stellario-Alnetum. Ebenfalls bei Nauroth erhielt sich das Moos *Trichocolea tomentella*, das in Rheinland-Pfalz als potentiell gefährdet einzustufen ist (DÜLL, FISCHER & LAUER 1983). Aus dem Hohen Westerwald nennen FASEL & SCHMIDT (1983) einen torfmoosreichen Erlenmoorwald, der am ehesten dem Carici laevigatae-Alnetum entspricht, wobei jedoch dessen Kennarten fehlen. Dieses Alnetum glutinosae sphagnetosum (FASEL & SCHMIDT 1983) kommt im Untersuchungsgebiet im Raum Daaden-Burbach-Lippe vor.

Als montane Gesellschaft ist der Schuppendornfarn-Sumpfpippau-Erlenbruchwald (Dryopteris dilatata-Crepis paludosa-Alnus glutinosa-Gesellschaft) anzusehen, der auf den Hohen Westerwald beschränkt ist. Neben der kennzeichnenden Schwarzerle *(Alnus glutinosa)* finden sich in der Baumschicht noch Esche *(Fraxinus excelsior)*, Bergahorn *(Acer pseudoplatanus)* und Vogelbeere *(Sorbus aucuparia)*. In der Krautschicht überwiegen Nässe- und Feuchtezeiger, so der Sumpfpippau *(Crepis paludosa)* und der Schuppendornfarn *(Dryopteris dilatata)*. Die nächsten bekannten Vorkommen der Gesellschaft liegen nach BOHN (1981) im Hohen Vogelsberg und in der Rhön.

Karpatenbirkenwald (Betuletum carpaticae)

Flächenhafte Birkenbruchwälder sind innerhalb des Untersuchungsgebietes bisher nur aus dem Hohen Westerwald bekannt. Sie besiedeln, ähnlich wie die Erlenbruchwälder, nasse Standorte über Moor- und Stagnogleyen, lassen sich aber floristisch durch das stete Vorkommen der Karpatenbirke *(Betula pubescens ssp. carpatica)* abgrenzen. Das Betuletum carpaticae ist aus Oberharz, Hochsauerland, Solling, Spessart und der Hohen Rhön beschrieben (RUNGE 1980), die Vorkommen im Westerwald (FASEL 1984) sind denen der Rhön (BOHN 1981) vergleichbar.

In der Strauchschicht der Gesellschaft finden sich oft die Eberesche *(Sorbus aucuparia)*, die Grauweide *(Salix cinerea)* und der Schneeball *(Viburnum opulus)*; in der Krautschicht treten Arten wie Waldsimse *(Luzula sylvatica)*, Waldgeißblatt *(Lonicera peryclymenum)*, Pfeifengras *(Molinia caerulea)*, Adlerfarn *(Pteridium aquilinum)* und Schattenblümchen *(Maianthemum bifolium)* dominierend in Erscheinung. Daneben wachsen hier zahlreiche Staunässezeiger *(Viola palustris, Cirsium palustre, Crepis paludosa, Juncus effusus, Caltha palustris, Sphagnum subsecundum)*, die den Birkenbruch-Charakter unterstreichen.

Der Karpatenbirkenwald ist eine seltene, pflanzengeographisch bemerkenswerte Vegetationseinheit des Untersuchungsgebietes. Freundlicherweise stellte Herr Peter FASEL einige seiner Vegetationsaufnahmen (FASEL 1984) zur Verfügung, wofür ihm noch einmal gedankt sei. Nach seinen Beobachtungen ist eine eindeutige Trennung zwischen Moorbirke *(Betula pubescens ssp. pubescens)* und Karpatenbirke *(B. pubescens ssp. carpatica)* nicht immer möglich, zumal auch Bastarde mit *Betula pendula* auftreten können.

3.2.3 Die Hauberge als Ersatzwaldgesellschaften

Am Nordabfall des Westerwaldes zur Sieg hin entstanden im Zusammenhang mit der Eisenverhüttung im Siegerland durch Niederwaldwirtschaft die Hauberge. Nach MEISEL-JAHN (1955) und BAUMEISTER (1969) sind die Haubergstandorte potentiell mit Hainsimsen-Buchenwäldern (Luzulo-Fagetum) als klimatischer Waldgesellschaft bestanden. Sie weichen aber heute in ihrer Artenzusammensetzung stark von den ursprünglichen Luzulo-Fageten ab, auch wenn sie noch einige Arten der Krautschicht gemeinsam haben, die eine Rekonstruktion der potentiell natürlichen Vegetation ermöglichen (TÜXEN 1950).

BAUMEISTER (1969) unterscheidet den Hasel-Hauberg und den Eichen-Birken-Hauberg, wobei er den letzteren als die verbreitetere Gesellschaft ansieht. Die folgende Aufnahme verdeutlicht die floristische Zusammensetzung dieses, von MEISEL-JAHN (1955) als Querceto-Betuletum bezeichneten Typs.

In der Gambach bei Burbach, 460 m NN
Größe der Aufnahmefläche: 100 m²
Deckungsgrad Baumschicht: 95 %
Deckungsgrad Strauchschicht: 20 %
Deckungsgrad Krautschicht: 70 %

Baumschicht:
Quercus robur 4, *Betula pendula* 2, *Quercus petraea* 1, *Sorbus aucuparia* 1.
Strauchschicht:
Acer pseudoplatanus 1, *Sorbus aucuparia* 1, *Frangula alnus* 1, *Rubus idaeus* +.
Krautschicht:
Deschampsia flexuosa 4, *Vaccinium myrtillus* 3, *Holcus mollis* 1, *Teucrium scorodonia* +, *Viola reichenbachiana* +, *Senecio fuchsii* +, *Maianthemum bifolium* +, *Dicranum scoparium* +, *Rubus idaeus* j +, *Sorbus aucuparia* j +, *Quercus robur* j +, *Acer pseudoplatanus* j +.

Die Hauberge sind heute, da die Niederwaldwirtschaft weitgehend aufgegeben wurde, in Gefahr, mit nicht standortsgemäßen Fichtenkulturen aufgeforstet zu werden. Da jene kulturhistorisch bemerkenswerte Pflanzengesellschaften darstellen, die die frühere Wirtschaftsweise widerspiegeln, sollte man versuchen, sie in dieser Form zu erhalten.

3.2.4 Waldfreie Nieder- und Zwischenmoore

Glockenheide-Moor (Ericetum tetralicis)

Diese Zwischenmoorgesellschaft oligotropher bis dystropher Bedingungen (ELLENBERG 1982) findet sich im atlantisch getönten Westerwald. Sie kommt im Untersuchungsgebiet - allerdings anthropogen begünstigt - nur an wenigen Stellen bei Asbach und Kircheib vor (ENGEL 1980; ROTH 1981). Hier treten einige gefährdete Gefäßpflanzen (KORNECK, LANG & REICHERT 1981) schwerpunktmäßig auf, so die Glockenheide *(Erica tetralix)*, der Beinbrech *(Narthecium ossifragum)*, der Lungenenzian *(Gentiana pneumonanthe)* und der Englische Ginster *(Genista anglica)*. Daneben wurde hier 1954 das pflanzengeographisch sehr bemerkenswerte Moos *Sphagnum strictum* gefunden (DÜLL 1984), welches aus der Bundesrepublik mit nur noch zwei weiteren Vorkommen in Nordrhein-Westfalen bekannt ist.

Bodensaures Braunseggenried (Caricetum fuscae)

Im Westerwald kommen anthropogen bedingt bodensaure Kleinseggenrieder an potentiellen Bruchwaldstandorten vor, die durch Mahd vor der Wiederbewaldung geschützt wurden (ELLENBERG 1982). Es handelt sich um Niedermoore auf staunassen, oligotrophen, stark sauren Naß- und Anmoorgleyen. Die Basensättigung der Böden des Braunseggenriedes ist meist gering bis sehr gering, der Gehalt an organischer Substanz ist mit einem Mittelwert von 13,6 % sehr hoch (BOEKER 1957). Aspektbestimmend ist die Braunsegge *(Carex fusca)* , daneben finden sich die Grausegge *(Carex canescens)*, das Hundsstraußgras *(Agrostis canina)*, das Schmalblättrige Wollgras *(Eriphorum angustifolium)*, das Sumpfblutauge *(Potentilla palustris)* und der Fieberklee *(Menyanthes trifoliata)* mit oft hohen Deckungsgraden.

Als floristische Besonderheit sei aus dem Untersuchungsgebiet die Blaue Himmelsleiter *(Polemonium caeruleum)* erwähnt, die neben ihren Vorkommen in Braunseggensümpfen vor allem in Ersatzgesellschaften des Filipendulon gedeiht. Die Verbreitung von *Polemonium caeruleum* im Westerwald wurde in den letzten Jahren mehrfach untersucht (FISCHER 1983, ROTH 1983), auch zur Soziologie liegen genauere Erhebungen vor (FISCHER 1983). Neben der relativ artenreichen Ausbildung findet sich im Hohen Westerwald eine montane Form, in welcher der Fieberklee *(Menyanthes trifoliata)* und das Sumpfveilchen *(Viola palustris)* stark zurücktreten, aber das Sumpfblutauge *(Potentilla palustris)* in fast allen untersuchten Flächen vorkommt.

Großseggenrieder (Magnocaricion)

Eutrophe Großseggengesellschaften, die ebenfalls den Niedermooren subsummiert werden, finden sich in der Regel im Kontakt mit stehenden Gewässern. Da alle Standorte vom Menschen künstlich angelegt wurden, gibt es keine potentiell natürlichen Großseggenrieder im Untersuchungsgebiet.

Zum Ufer hin stehen die Magnocariceten mit Kleinseggenrieden und Mädesüß-Ersatzgesellschaften in Kontakt, deren Arten teilweise als Begleiter in die Großseggenrieder eindringen. Die einzelnen Gesellschaften werden nach den jeweils dominierenden Arten charakterisiert, die meist bis zu 3/4 der Aufnahmeflächen decken. Im Westerwald sind dies die Schlanke Segge *(Carex gracilis)*, die Rispensegge *(Carex paniculata)*, die Schnabelsegge *(Carex rostrata)*, die Steifsegge *(Carex elata)* und die Spitze Segge *(Carex acutiformis)*. Das Caricetum elatae und das Caricetum acutiformis kommen fast nur an wenigen Stellen der Westerwälder Seenplatte vor und entsprechen in ihrer floristischen Zusammensetzung weitgehend dem Caricetum gracilis. Die Hauptverbreitung von Schlankseggen-, Schnabelseggen- und Rispenseggenried im Westerwald liegt ebenfalls an der Westerwälder Seenplatte mit ihren ausgedehnten Verlandungsgürteln (MÜLLER, RARING & RIEDL 1982, ROTH 1984). Aufgrund der eutrophen Bedingungen der Gesellschaften können sie auch noch an stärker verschmutzten Gewässern vorkommen.

Gerade an der Westerwälder Seenplatte stehen die Großseggenrieder in Kontakt mit kurzlebigen Zwergbinsen-Gesellschaften, die in ihrer Ausbildung einmalig für das Bundesgebiet sind. So konnte beispielsweise das Scheidenblütengras *(Coleanthus subtilis)* hier zum ersten Mal für die Bundesrepublik nachgewiesen werden (WOIKE 1963). Die Verbreitung und Soziologie dieser Phytocoenosen sind sehr gut untersucht (LÖTSCHERT 1977, MÜLLER, RARING & RIEDL 1982, FISCHER 1984a, RIEDL 1985, FISCHER 1986), so daß auf eine eigene Darstellung verzichtet wird.

3.2.5 Röhrichte

Glanzgrasröhrichte (Phalaridetum arundinaceae)

Die im Westerwald weit verbreiteten Glanzgrasröhrichte finden sich potentiell natürlich als schmale Säume an Bachbiotopen in Kontakt mit Stellario-Alneten und anderen bachbegleitenden Waldgesellschaften. Durch anthropogene Maßnahmen wird die Ausweitung des Phalaridetum arundinaceae auf brachgefallene Naßwiesen gefördert. Physiognomisch herrscht das Glanzgras *(Typhoides arundinacea)* vor und nur wenige Arten, so die Sumpf-Kratzdistel *(Cirsium palustre)*, die Waldsimse *(Scirpus sylvaticus)*, die Sumpfschafgarbe *(Achilla ptarmica)*, das Mädesüß *(Filipendula ulmaria)*, die Flatterbinse *(Juncus effesus)*, der Hohlzahn *(Galeopsis tetrahit)* und die Waldengelwurz *(Angelica sylvestris)* erreichen im vorliegenden Aufnahmematerial die Stetigkeiten IV und V.

Im Hohen Westerwald findet sich die artenarme montane Form, die beispielsweise durch das Vorkommen des Blauen Eisenhuts *(Aconitum napellus ssp. neomontanum)* gekennzeichnet ist. Als Stickstoffzeiger tritt die Brennessel *(Urtica dioica)* auf, die oft eine eigene Gesellschaft im Kontakt mit dem Phalaridetum arundinaceae bildet (vgl. RIEDL 1986).

Schilf- und Rohrkolbenröhrichte (Typho-Scirpetum lacustris)

Die Schilf- und Rohrkolbenröhrichte haben ihren Standort an stehenden Gewässern, die im Untersuchungsgebiet zwar natürlich nicht vorkommen, doch z. T. in der frühen Neuzeit schon angelegt, heute eine naturnahe Artenstruktur aufweisen.

Als Kennarten treten der Breitblättrige und der Schmalblättrige Rohrkolben *(Typha latifolia und T. angustifolia)* sowie die Seesimse *(Schoenoplectus lacustris)*, daneben nur noch die Flatterbinse *(Juncus effusus)* mit höherer Stetigkeit auf. Bestandsbildend und von hohem Deckungsgrad sind *Typha latifolia* und *T. angustifolia*, die das Bild der Gesellschaft prägen. Darüberhinaus finden sich an der Westerwälder Seenplatte auch noch fast reine Bestände des Schilfs *(Phragmites australis)*. Die Röhrichte treten in Kontakt mit Schwimmblattgesellschaften und Großseggenriedern, deren Arten als Begleiter teilweise mit in das Typho-Scirpetum eindringen.

Die anthropogenen Veränderungen der Landschaft, besonders der Tonabbau, haben zu einer Vermehrung der Röhricht-Standorte geführt, da *Typha latifolia* mit zu den ersten Besiedlern der Ufersäume in stillgelegten Tongruben gehört, wie noch genauer zu schildern sein wird.

Wasserschwaden-Röhrichte (Glycerietum maximae)

Der Wasserschwaden *(Glyceria maxima)* ist eine Art, die durch starke Eutrophierung begünstigt wird (ELLENBERG 1982). Er ist sehr expansiv und neigt zu Reinbeständen, die konkurrenzschwächere Arten verdrängen. Ursprünglich handelt es sich um ein bachbegleitendes Röhricht, das in gleicher Ausbildung auch an den Ufern stehender Gewässer auftritt. Darüberhinaus findet sich die Gesellschaft an Standorten des Filipendulion, wo sie mit diesen Ersatzgesellschaften in Kontakt steht. Im Westerwald ist das Glycerietum maximae vor allem im Raum Dierdorf-Selters verbreitet, aber insgesamt gesehen doch eine recht seltene Assoziation. Es ist durch *Glyceria maxima* gekennzeichnet; die übrigen Arten treten in den vorliegenden Aufnahmen mit nur geringer Stetigkeit auf.

3.2.6 Schwimmblattgesellschaften (Nymphaeion)

Die artenarmen Schwimmblattgesellschaften weisen als Begleiter zahlreiche Pflanzen des Uferröhrichts auf. Lediglich die Assoziationskennarten erreichen Deckungsgrade über 50 % und stellen so die Dominanten dar (ELLENBERG 1982).

Potentiell finden sich Schwimmblattgesellschaften nur in den Bach- und Flußsystemen des Untersuchungsgebietes. Diese früher sehr reichhaltigen Bestände sind durch Verschmutzung und gewässerbauliche Maßnahmen stark geschwunden und gehören heute zu den stark gefährdeten Pflanzenarten. In der Lahn treten noch Reste des einstigen Reichtumes auf, wie die Aufnahme einer verarmten Teichrosengesellschaft (Myriophyllo-Nupharetum) belegt:

Lahntal bei Löhnberg, ca. 130 m NN
Größe der Aufnahmefläche: 9 m²
Deckungsgrad: 60 %

Nuphar luteum 4, *Potamogeton pectinatus* 1, *Ranunculus fluitans* 1, *Sagittaria sagitifolia* +, *Butomus umbellatus* +, *Glyceria fluitans s.l.* +, *Equisetum fluviatile* +, *Juncus effusus* +.

In ähnlicher Vergesellschaftung gedeiht die Gelbe Teichrose *(Nuphar luteum)* noch an verschiedenen Standorten im Lahntal.

Laichkrautgesellschaft (Potamogeton natans-Gesellschaft)

Die Laichkrautgesellschaft stellt heute die häufigste Schwimmblattassoziation des Westerwaldes dar. Sie findet sich in guter Ausprägung neben Vorkommen in naturnahen Weihern vor allem in den Ton- und Quarzitgruben des Unteren Westerwaldes. Außer dem Schwimmenden Laichkraut *(Potamogeton natans)* treten nur der Wolfstrapp *(Lycopus europaeus)*, der Flutende Schwaden *(Glyceria fluitans s.l.)* und die Flatterbinse *(Juncus effusus)* als Begleiter aus den anschließenden Röhrichten, sowie das Alpen-Laichkraut *(Potamogeton alpinus)* als Ordnungs- und Klassenkennart mit höheren Stetigkeiten in den Aufnahmen auf.

Seerosengesellschaft (Nymphaeetum albae)

Die Weiße Seerose *(Nymphaea alba)*, die diese Assoziation charakterisiert, ist in ihrem primären Lebensraum im Lahntal längst erloschen, wurde aber an sekundären Standorten wie Quarzit- und Tongruben anthropogen eingebracht. Als autochthones Seerosenvorkommen wird aber noch das des Spießweihers bei Montabaur angesehen (JUNG 1832, FUCKEL 1856, CASPARI 1899, ROTH 1975), als ziemlich naturnah kann die Gesellschaftsausprägung an den Landshuber Weihern und bei Sessenhausen angesehen werden.

Wasserknöterich-Gesellschaft (Polygonum amphibium aquaticum-Gesellschaft)

Diese Assoziation fällt vor allem im Juli und August durch die zu dieser Zeit in voller Anthese befindlichen Wasserknöterich-Pflanzen (Polygonum amphibium aquaticum) auf, die meist bis zu 3/4 der Aufnahmefläche decken. *Polygonum amphibium* ist als einzige der genannten Gesellschaftskennarten in der Lage, längere Austrocknungsperioden zu überstehen und besiedelt daher auch temporäre Gewässer und sogar Ackerunkrautgesellschaften auf terrestrischen Standorten. Die Wasserknöterich-Schwimmblattgesellschaft weist große Ähnlichkeit mit der Laichkraut-Gesellschaft auf und ist von dieser nur durch das Vorkommen von *Polygonum amphibium* unterschieden.

3.2.7 Quellflurgesellschaften

Quellfluren treten meist kleinflächig im Bereich von Quelltöpfen in Kontakt mit weiteren standortgerechten Pflanzengesellschaften auf. Am häufigsten sind sie innerhalb von Erlenbrüchen oder bachbegleitenden Hainmieren-Erlenwäldern zu finden, besiedeln aber auch anthropogene Standorte. Neben diesen moosarmen Quellfluren an meist schattigen Standorten kann man an sonnenexponierten Quelltöpfen in der montanen Stufe Quellmoosgesellschaften beobachten (vgl. OBERDORFER 1977). Bedingt durch Entwässerung und die Umwandlung in Trinkwasser-Gewinnungsanlagen gehören die Quellgesellschaften heute zu den stark gefährdeten Phytocoenosen (KNAPP, JESCHKE & SUCCOW 1985).

Im folgenden sollen die für den Westerwald nachgewiesenen Phanerogamengesellschaften besprochen werden. Das im Lahntal und am Mittelrhein vorkommende Cratoneuretum filicino-commutati (FISCHER 1987b) soll hier unberücksichtigt bleiben.

Quellmoos-Bachquellkraut-Gesellschaft (Montio-Philonotidetum fontanae)

Diese montane Quellmoosgesellschaft findet sich vor allem im Hohen Westerwald, wo sie jedoch stark zurückgegangen ist. Größere Bestände treten nur noch im Buchhellertal (FASEL 1984), im Aubauchtal und auf der Fuchskaute auf, während sich kleinflächige Relikte mehrfach halten konnten. Die Gesellschaft ist durch das dominierende Auftreten von Bach-Quellkraut *(Montia fontana)* und Sumpf-Sternmiere *(Stellaria alsine)* gekennzeichnet. Daneben findet sich das an seiner Färbung leicht kenntliche Quellmoos *(Philonotis fontana)*. Das Montio-Philonotidetum fontanae steht in der Regel in Kontakt mit Niedermoorgesellschaften (Caricetum fuscae), die sich durch das hoch anstehende Grundwasser entwikkelten, oder Grünlandgesellschaften nasser und anmooriger Böden.

Milzkraut-Quellflur (Chrysosplenietum oppositifolii)

An beschatteten Quellen tritt diese, durch das Vorherrschen von Gegenblättrigem Milzkraut *(Chrysosplenium oppositifolium)* und Bitterem Schaumkraut *(Cardamine amara)* gekennzeichnete Gesellschaft auf. Im Westerwald findet sie sich vor allem in bachbegleitenden Erlenwäldern (Alnion glutinosae). Ein Verbreitungsschwerpunkt liegt im Hohen Westerwald. Naturnahe Vorkommen sind von den größten ursprünglichen Quelltöpfen des Untersuchungsgebietes im Naturschutzgebiet Bermeshube bekannt. Dort findet sich als floristische Besonderheit das Alpen-Hexenkraut *(Circea alpina)*.

Bitterschaumkraut-Waldschaumkraut-Quellflur (Cardamine amara flexuosa-Gesellschaft)

Diese Gesellschaft besiedelt ähnliche Biotope wie das Chrysosplenietum oppositifolii, neigt aber verstärkt zu anthropogenen Standorten. In Ermangelung wirklicher Kennarten führt OBERDORFER (1977) diese Quellfluren nur als ranglose Gesellschaft. Die vorliegenden Aufnahmen stammen von quelligen Waldwegen des Aubachtales. Das Gegenblättrige Milzkraut *(Chrysosplenium oppositifolium)* fehlt den untersuchten Beständen.

3.2.8 Ersatzgesellschaften des Grünlandes

Eine Gruppe von anthropogenen Gesellschaften, die sich anstelle von potentiell natürlichen Gesellschaften bilden konnte, ist heute als Refugium bedrohter Pflanzen und Tiere von großer Bedeutung. Es handelt sich um die Grünland-

Wiesen-Gesellschaften, die ihre Existenz unterhalb der Waldgrenze allein den Faktoren Viehweide und Mahd zu verdanken haben. Mit dem Brachfallen vollzieht sich automatisch eine Sukzession zu einem klimatischen Stadium, d. h. zu einem dem Standort entsprechenden Waldtyp.

Durch die Intensivierung der Landwirtschaft, durch zunehmende Entwässerung und durch die nicht standortgemäße Aufforstung mit Fichten ist ein Großteil der Grünlandgesellschaften gefährdet (vgl. KNAPP, JESCHKE & SUCCOW 1985). Selbst die noch ± intakten Standorte unterliegen einer potentiellen Gefährdung durch die einsetzende Sukzession. Aus naturschützerischen und kulturhistorischen Gründen muß man bemüht sein, eine bestehende Diversität und die durch typische Wirtschaftsweise geprägten Landschaftsteile (z. B. Borstgrasrasen des Hohen Westerwaldes) zu erhalten. Doch ist es nötig, dieser Sukzession durch Pflegemaßnahmen oder besser durch die Beibehaltung einer extensiven Bewirtschaftung entgegenzuwirken.

Die Grünlandvegetation des Rheinischen Schiefergebirges ist relativ gut untersucht, doch herrscht immer noch Unklarheit über die Einteilung. Eine Übersicht der Gesellschaften in der Hocheifel und ihrer Beziehungen zum Standort gibt BOHLE (1965), die verhältnismäßig intensiv genutzten Wiesen des mittleren Hunsrücks werden von BERNERT (1985) beschrieben.

Innerhalb der Mittelgebirge zeichnet sich der Westerwald durch eine kulturhistorisch bedingte Vielfalt der Grünlandgesellschaften aus, die in Eifel und Hunsrück nicht erreicht wird. Vor allem zeigt sich die Ähnlichkeit mit dem Hohem Vogelsberg und der Rhön, da viele der von BOHN (1981) für diese beiden Gebirge genannten Gesellschaften auch im Hohen Westerwald nachgewiesen werden konnten (vgl. FASEL 1984).

Die Grünlandvegetation ist Gegenstand zahlreicher pflanzensoziologisch-bodenkundlicher Arbeiten. Hier sei auf BOEKER (1957) verwiesen, der auch einige Beispiele aus dem Hohen Westerwald bringt. Ausschließlich mit dem Westerwald beschäftigen sich ROOS (1953) und WOLF (1979).

In der vorliegenden Arbeit soll, da die Grünland-Ersatzgesellschaften in den Catenen nur selten berücksichtigt werden konnten, nur eine kurze Übersicht gegeben werden. Diese ist insofern von Bedeutung, als gerade die Physiognomie des Hohen Westerwaldes entscheidend von Grünland geprägt ist. Neben den genannten Arbeiten wurde zur Einordnung und Benennung der Wiesenvegetation noch FOERSTER

(1983) herangezogen.

Borstgrasrasen (Polygalo-Nardetum)

Auf frischen bis trockenen, sauren, oligotrophen Böden tritt eine durch Weidewirtschaft und extensive Streunutzung bedingte Ersatzgesellschaft auf, die im Untersuchungsgebiet vor allem im Hohen Westerwald verbreitet ist, aber auch im Unteren Westerwald auf nährstoffarmen Wiesenstandorten sowie kleinflächig an Wegrändern vorkommt. Der Aspekt wird durch das Borstgras *(Nardus stricta)* und die Arnika *(Arnica montana)* bestimmt, welche einen niedrigen Rasen ohne konkurrenzstarke Gräser benötigt. *Arnica montana* besitzt im Westerwald an der Fuchskaute ihre größten Vorkommen im gesamten Rheinischen Schiefergebirge (FASEL 1981). Weitere wertvolle Restbestände finden sich bei Rabenscheid (LÖBER 1972, ROTH 1975a), wo als floristische Besonderheiten noch der Weißzüngel *(Leucorchis albida)* (FISCHER 1986) und die Hohlzunge *(Coeloglossum viride)* auftreten.

Die Borstgrasrasen sind heute in starkem Rückgang begriffen. Der frühere Artenreichtum läßt sich anhand der Literatur nachvollziehen. So waren die als Viehtriften genutzten Bestände des Hohen Westerwaldes Standorte von Feld-Enzian *(Gentianella campestris)* (ROOS 1953, dort irrtümlich als Deutscher Enzian G. germanica bezeichnet) und Hasenpfötchen *(Antennaria dioica)*.

Nach den Untersuchungen von BOEKER (1957) gehören die Borstgrasrasen und -heiden zu den Grünlandgesellschaften mit der geringsten durchschnittlichen Basensättigung (im Mittel 5,2 %, allgemein unter 10 %). Weiterhin zeichnen sich die Böden dieser Gesellschaft durch einen Reichtum an organischer Substanz aus, der nur von denen der Braunseggensümpfe übertroffen wird (im Mittel 12 %, nicht selten bis 20 %) (BOEKER 1957).

Wacholderheiden und Zwergstrauchheiden

Charakteristisch für das Landschaftsbild des Hohen Westerwaldes und seiner Nachbargebiete ist das Vorkommen von Wacholderheiden, die sich aufgrund der hier früher vorherrschenden Weidewirtschaft entwickeln konnten. Leider sind sie heute durch Aufforstungen mit Koniferen erheblich bedroht. Pflanzensoziologisch gehören sie meist zu den Borstgrasrasen, oft handelt es sich aber auch um lange brachliegende und stark verheidete Ausbildungen, die mosaikartig innerhalb der Polygalo-Nardeten liegen und den Zwergstrauchheiden zuzuordnen sind. Im Hohen Westerwald findet sich die Preißelbeer-Heidekraut-Bergheide (Vaccinio-Callunetum), deren floristische Zusammensetzung die folgende Aufnahme verdeutlicht:

"In der Gambach" bei Burbach, 420 m NN
Größe der Aufnahmefläche: 25 m²
Deckungsgrad: 100 %

DA Vaccinium vitis-idea 3, V, 0 *Calluna vulgaris* 1, *Lycopodium clavatum* +, K *Nardus stricta* 2, *Sarothamus scoparius* j +, *Galium hercynicum* +, *Arnica montana* +, *Potentilla erecta* +, *Polygala vulgaris* +, B *Vaccinium myrtillus* 2, *Juniperus communis* 3, *Holcus mollis* 1, *Deschampsia flexuosa* +, *Teucrium scorodonia* +, *Rumex acetosella* +, *Genista tinctoria* +, *Pleurozium schreberi* +, *Sorbus aucuparia* j +, *Quercus robur* j +, *Luzula multiflora ssp. congesta* +.

Typische Wacholderheiden finden sich heute im Westerwald noch bei Rabenscheid, auf der Fuchskaute, bei Westernohe und im Raum Burbach-Höhe.

Gesellschaft der Sparrigen Binse (Juncetum squarrosi)

Auf sauren, dystrophen, staunassen Böden tritt das seltene Juncetum squarrosi auf, welches meist in Kontakt mit Borstgrasrasen steht. Neben Vorkommen im Hohen Westerwald wächst es auch an feuchten Wegrändern der Montabaurer Höhe mit den Charakterarten Sparrige Binse *(Juncus squarrosus)* und Waldläusekraut *(Pedicularis sylvatica)*. Die Gesellschaft ist als stark gefährdet einzustufen (vgl. KNAPP, JESCHKE & SUCCOW 1985).

Binsenreiche Pfeifengraswiesen (Juncus-Molinia caerulea-Gesellschaft) und reine Pfeifengraswiesen (Molienetum caeruleae)

Auf sauren Böden treten nach ELLENBERG (1982) Junco-Molinieten auf, die als Sauerboden-Pfeifengraswiesen stärkere Anklänge an Borstgrasrasen zeigen. Sie stehen auf feuchten bis nassen Standorten, die extensiv als Streuwiesen, d. h. mit jährlich einer Mahd, bewirtschaftet werden. OBERDORFER (1983) stellte nun fest, daß unter der Bezeichnung Junco-Molinietum eine Reihe uneinheitlicher Gesellschaften subsummiert sind, die synsystematisch ihren Anschluß beim Juncion acutiflori finden, da es sich oft um ausgetrocknete Stadien der Waldbinsen-Wiese handelt, die mit den Pfeifengras-Wiesen basenreicher Standorte nur wenig gemein haben. Solche Juncus-Molinia-Gesellschaften treten auch im Westerwald auf und weisen neben der Trollblume *(Trollius europaeus)* und der Natternzunge *(Ophioglossum vulgatum)* (WOLF 1979) kaum weitere typische Molinion-Arten auf.

BOEKER (1957) stellte für die Böden der sauren Pfeifengraswiesen eine nur sehr geringe bis geringe Basensättigung (Mittelwert 22,3 %) und einen Gehalt an organischer Substanz von humos bis anmoorig fest.

FASEL (1984) beschreibt eine Ausbildung mit dem Nördlichen Labkraut *(Galium boreale)* und der Färberscharte *(Serratula tinctoria)* aus dem Buchheller-Quellgebiet, die zum Molinietum caeruleae zu stellen ist. Ähnliche Bestände konnten im Naturschutzgebiet Bermeshub bei Heisterberg aufgenommen werden. Das Molinietum caeruleae besiedelt nach OBERDORFER (1983) basenreiche Niedermoorböden in submontaner bis montaner Lage. Für das Untersuchungsgebiet konnten anmoorige Pseudogleye festgestellt werden.

FOERSTER (1983) stellt vergleichbare Ausbildungen aus dem Westerwald zur Knollendistel-Pfeifengraswiese (Cirsio tuberosi-Molinietum). Dies ist jedoch sicher nicht zutreffend, da das Cirsio tuberosi-Molinietum in der Regel auf kalkhaltige Auensedimente in Stromtälern und tieferen Lagen beschränkt ist und sich erst wieder in den Kalkmulden der Eifel findet. Zudem fehlen im Westerwald die Kennarten *Cirsium tuberosum* und *Inula salicina.*

Glatthafer- und Goldhaferwirtschaftswiesen (Arrhenatheretalia)

Die Glatthaferwiesen (Arrhenatheretum elatioris) gehören im Untersuchungsgebiet zu den häufigsten Grünlandgesellschaften, die sich im intensiv genutzten Fall durch ihre Artenarmut auszeichnen. Auf Brachestadien und bei extensiver Wirtschaftsweise nimmt jedoch die Diversität zu, wie die Vegetationsaufnahmen, die von solchen Standorten stammen, beweisen. Es sei hier nur an Orchideen wie das Gefleckte Knabenkraut *(Dactylorhiza maculata)* und die Grünliche Waldhyazinthe *(Platanthera chlorantha)* erinnert.

Die Basensättigung der Böden der Glatthaferwiesen ist nach den Untersuchungen von BOEKER (1957) mittel bis hoch, nicht selten sogar sehr hoch. Der Gehalt an organischer Substanz übersteigt selten 8 %, der Mittelwert liegt bei 5,6 %. Die Arrhenathereten finden sich meist auf frischen bis feuchten, selten trockenen, eutrophen Böden. Mit zunehmender Meereshöhe treten sie zurück, um im Hohen Westerwald fast vollständig zu verschwinden und den Goldhaferwiesen Platz zu machen (WOLF 1979), (RIEDL 1984).

Der Goldhafer *(Trisetum flavescens)* kann nur bedingt als Charakter- oder Differentialart der Goldhaferwiesen (Geranio-Trisetetum flavescentis) gelten, da er auch in Tieflagenausbildungen der Glatthaferwiesen vorkommt (ELLENBERG 1982), so im Mittelrheingebiet (FISCHER 1987a) und im Unteren Westerwald. Bezeichnend ist jedoch das Fehlen des Glatthafers sowie das Auftreten des Waldrispengrases *(Poa chaixii)* (KALHEBER 1982), der Trollblume *(Trollius europaeus)* und des Waldstorchschnabels *(Geranium sylvaticum)*, die in dieser Vergesellschaftung auch in der Hohen Rhön zu finden sind (BOHN 1981). RUNGE (1980) nennt für den Westerwald eine Trisetetum Subassoziation von Meum athamanticum, womit er sicherlich die Waldstorchschnabel-Goldhafer-Gesellschaft (Geranio-Trisetetum flavescentis) meint. Die Bärwurz *(Meum athamanticum)* tritt erst wieder im Hunsrück, im Taunus oberhalb von Kamp-Bornhofen und in der Eifel, so bei Blankenheim (ROCHE & ROTH 1975), auf. Die Böden des Geranio-Trisetetum verfügen nach BOEKER (1957) nur über geringe bis mittlere Basensättigungswerte, während der Gehalt an organischer Substanz häufig mehr als 12 % beträgt (im Mittel 8,7 %).

Die montanen, artenreichen Goldhaferwiesen sind heute insgesamt im Rückgang begriffen, da ihre Kennarten bei intensiver Bewirtschaftung verschwinden. Daher sind sie als stark gefährdete Pflanzengesellschaft anzusehen (vgl. KNAPP, JESCHKE & SUCCOW 1985).

Weidelgras-Weißklee- und Rotschwingel-Weiden (Lolio-Cynosuretum, Festuco-Cynosuretum)

Während die Glatthafer- und Goldhaferwiesen als Mahdwiesen genutzt werden, entwickeln sich an vergleichbaren Standorten bei extensiver Viehwirtschaft Gesellschaften mit Rotschwingel *(Festuca rubra)*, Kammgras *(Cynosurus cristatus)* und Weißklee *(Trifolium repens)*. In den tieferen Lagen des Westerwaldes findet sich die Weidelgras-Weißkleeweide (Lolio-Cynosuretum), die durch ein Vorherrschen von Deutschem Weidelgras *(Lolium repens)* gekennzeichnet ist. Die Böden dieses Weidentyps weisen mittlere bis hohe Basensättigungswerte auf (Mittel 68 %), während die Menge an organischer Substanz 10 % nur selten überschreitet (Mittelwert 6,4 %) (BOEKER 1957).

Im Hohen Westerwald tritt als montane Weidegesellschaft die Rotschwingelweide (Festuco-Cynosuretum) auf, die sich durch die Dominanz von Rotschwingel *(Festuca rubra)* und Zartem Straußgras *(Agrostis tenuis)* sowie das Vorkommen von Magerkeitszeigern wie Bibernelle *(Pimpinella saxifraga)*, Blutwurz *(Potentilla erecta)*, Thymian *(Thymus pulegioides)*, Kleinem Habichtskraut *(Hieracium pilosella)* und Acker-Witwenblume *(Knautia arvensis)* auszeichnet. Zu den Kennarten der Assoziation gehören die Frauenmantelsippen *(Alchemilla vulgaris agg.)*, von denen vorherrschend *Alchemilla monticola* und *A. xanthochlora* gefunden wurden, daneben Zittergras *(Briza media)* und Borstgras *(Nardus stricta)*.

Die Böden des Festuco-Cynosuretum verfügen über eine meist geringe bis mittlere Basensättigung (Mittelwert 44 %); die Menge an organischer Substanz liegt meist zwischen 4 und 12 % (Mittel 8,6 %) (BOEKER 1957).

Mädesüß-Gesellschaften (Filipendulion ulmariae)

Besonders nährstoffreiche Biotope, wie Ränder von Bächen und Wiesengräben (ELLENBERG 1982), werden vom Mädesüß *(Filipendula ulmaria)* besiedelt. Auch großflächig kann *Filipendula ulmaria* die Dominanz übernehmen, wobei es teilweise zu artenarmen Reinbeständen kommen kann, für die RIEDL (1984) den Namen Filipenduletum ulmariae vorschlägt. Meist aber finden sich in Begleitung des Mädesüß die Kennarten der typischen Filipendulion-Gesellschaften.

Baldrian-Himmelsleiter-Wiese (Valeriano-Polemonietum)

Die Baldrian-Himmelsleiter-Wiese (Valeriano-Polemonietum caerulei), eine vom Oberpfälzer Jura beschriebene Gesellschaft (OBERDORFER 1983), ist in ihrem Assoziationsrang nicht unumstritten. Da aber die Himmelsleiter *(Polemonium caeruleum)* in diesem Gebiet als territoriale Kennart zu betrachten ist, kann man sie zumindest als Gebietsassoziation gelten lassen. In ähnlicher Zusammensetzung findet sich die Himmelsleiter-Wiese auch im Westerwald, vor allem im Nistertal, aus dem *Polemonium caeruleum* schon lange bekannt ist (NEINHAUS 1866, WIRTGEN 1867, 1869). Da es sich nach Meinung der Autoren um autochthone Bestände handelt (FISCHER 1983), kann man die Gesellschaft ebenfalls als Valeriano-Polemonietum caerulei bezeichnen, zumal auch der Blaue Eisenhut *(Aconitum napellus ssp. neomontanus)* auftritt.

Sumpfstorchschnabel-Mädesüß-Gesellschaft (Filipendulo-Geranietum palustris)

Die meist bachbegleitende Sumpfstorchschnabel-Mädesüß-Gesellschaft (Filipendulo-Gernaietum palustris) fällt durch die hohe Stetigkeit und den Deckungsgrad des Sumpfstorchschnabels *(Geranium palustre)* auf, der dem Valeriano-Filipenduletum fehlt.

Baldrian-Mädesüß-Wiese (Valeriano-Filipenduletum)

Die Baldrian-Mädesüß-Wiese (Valeriano-Filipenduletum) tritt neben kleinflächigen, bachbegleitenden Vorkommen auch großflächig in Brachestadien auf. Im Gegensatz zu den Aufnahmen aus SW-Deutschland (OBERDORFER 1983) finden sich im Westerwald häufiger *Valeriana officinalis* statt *Valeriana procurrens*.

Insgesamt läßt sich sagen, daß alle drei vorkommenden Mädesüß-Gesellschaften eng verwandt und durch die Dominanz von *Filipendula ulmaria* und einiger weniger charakteristischer Begleiter ausgezeichnet sind. Sie stellen im Untersuchungsgebiet die häufigsten Feuchtwiesen-Gesellschaften dar.

Sumpfdotterblumen-Wiesen (Calthion palustris)

Auf feuchten bis nassen, eutrophen Standorten treten Gesellschaften auf, die sich oft durch die Dominanz der Waldsimse *(Scirpus sylvaticus)* und des Schlangen-Knöterichs *(Polygonum bistorta)* auszeichnen. Sie sind meist weniger floristisch als physiognomisch zu charakterisieren.

Kälberkropf-Knöterich-Feuchtwiese (Chaerophyllo-Polygonetum bistortae)

Die Kälberkropf-Knöterich-Wiese (HUNDT 1964, 1980) wurde für den Westerwald zum ersten Male von LÖTSCHERT (1977) aus dem Gebiet von Lippe belegt. Auch RIEDL (1984) nennt diese Grünlandgesellschaft für den Hohen Westerwald, jedoch ohne Fundortangabe. Es handelt sich hierbei um eine montane Assoziation, die sich durch den hohen Deckungsgrad des Behaarten Kälberkropfes *(Chaerophyllum hirsutum)* sowie des Schlangen-Knöterichs *(Polygonum bistorta)* auszeichnet. Als floristische Besonderheit findet sich in den aufgenommenen Beständen die Trollblume *(Trollius europaeus)*.

Kohldistel-Knöterich-Feuchtwiese (Polygonum bistorta-Cirsium oleraceum-Gesellschaft)

Im submontanen bis montanen Bereich des Westerwaldes gedeiht die Kohldistel-Knöterich-Feuchtwiese an eutrophen Standorten. Sie ist von den Kohldistelwiesen der tieferen Lagen (Angelico-Cirsietum oleracei), die im Westerwald nicht nachgewiesen wurden, zu unterscheiden (BOHN 1981). Die Kohldistel-Knöterich-Feuchtwiese ist durch *Cirsium oleraceum* in Verbindung mit montanen Stauden wie *Polygonum bistorta* gekennzeichnet und beherbergt als floristische Besonderheiten die Trollblume *(Trollius europaeus)* und den Blauen Eisenhut *(Aconitum napellus ssp. neomontanum)* sowie die Bachnelkenwurz *(Geum rivale)*.

Rasenschmielen-Knöterich-Feuchtwiese (Deschampsia caespitosa-Polygonum bistorta-Gesellschaft)

Im Hohen Westerwald tritt als häufigste Gesellschaft des Calthion auf Brachestadien mäßig nährstoffreicher, feuchter Wiesen die Deschampsia caespitosa-Polygonum bistorta-Gesellschaft auf. Diese Feuchtwiese ist vor allem negativ durch das Fehlen von ausgesprochenen Kennarten charakterisiert. Physiognomisch läßt sie sich leicht am hohen Deckungsgrad des Schlangenknöterichs *(Polygonum bistorta)* und der Rasenschmiele *(Deschampsia caespitosa)* erkennen. Sie ist meist großflächig ausgebildet und steht in Kontakt mit Niedermoorgesellschaften und Borstgrasrasen, zu welchen auch Übergänge existieren.

Silau-Feuchtwiese (Sanguisorbo-Silaetum silai)

Die Silau-Wiese tritt im Untersuchungsgebiet auf wechselfeuchten Standorten auf und ist von den Glatthafergesellschaften durch den hohen Anteil an Feuchwiesenarten sowie das reiche Vorkommen von *Silaum silaus* und *Sanguisorba officinalis* zu unterscheiden.

NOWAK & WEDRA (1985) beschreiben das Sanguisorbo-Silaetum aus dem Gladenbacher Bergland, welches früher zum Westerwald gezählt wurde und diesem östlich benachbart liegt. Die untersuchten Bestände im Westerwald zeichnen sich durch den Blütenreichtum im Sommer physiognomisch aus. Neben Silau *(Silaum silaus)* und Großem Wiesenknopf *(Sanguisorba officinalis)* herrscht der Echte Ziest *(Stachys officinalis)* vor. Die Silau-Wiese kommt vor allem im unteren Westerwald vor. Die Gesellschaft ist durch zunehmende Intensivierung der Wiesenkultur gefährdet.

Fadenbinsenwiese (Juncetum filiformis)

Die Fadenbinsenwiese ist durch das Massenvorkommen von *Juncus filiformis* gekennzeichnet, welches sich bevorzugt auf landwirtschaftlich genutzten Flächen entwickelt (vgl. OBERDORFER 1983). Besonders gut entwickelte Bestände finden sich auf regelmäßig gemähten Feuchtwiesen des Hohen Westerwaldes, doch auch vereinzelt im Unteren Westerwald (z.B. Gelbachtal bei Bladernheim).

Waldsimsen-Naßwiese (Scirpetum sylvatici)

Gekennzeichnet durch das dominante Vorkommen von *Scirpus sylvaticus* finden sich Waldsimsen-Naßwiesen meist nur kleinflächig in Kontakt mit weiteren Assoziationen des Calthion oder Filipendulion. Sie ertragen auch stärkere Beschattung und verarmen an solchen Standorten extrem.

Sumpfdotterblumenwiesen treten bevorzugt auf pseudovergleyten Braunerden, anmoorigen Gleyen oder Pseudogleyen auf. Diese Böden verfügen meist über eine mittlere bis hohe Basensättigung, die jedoch in Ausnahmefällen auch relativ niedrig sein kann. Der Gehalt an organischer Substanz liegt im Mittel bei 10 % (BOEKER 1957).

3.2.9 Tongruben als Standorte unter Betrachtung ihrer Sukzessionsvorgänge

Der menschliche Einfluß beschränkte sich nicht auf die Rodung der potentiell natürlichen Waldvegetation sowie die anschließende Inkulturnahme der Flächen, bei der zumindest auf Grünlandstandorten die edaphischen Faktoren weitgehend erhalten blieben und die Pflanzenwelt mitprägten, sondern führte auch zu großen Umformungen des Reliefs und der Abtragung der Böden durch den Abbau von Tonen, Kiesen und Bims. Da die Tongewinnung für den Westerwald eine der wichtigsten Grundlagen darstellt und als typisch für diese Region angesehen werden kann, soll die Bedeutung der Tongruben als Standorte bestimmter Vegetationseinheiten in diesem Abschnitt diskutiert werden, zumal hier ein Komplex von Biotopen geschaffen wurde, der nicht unberücksichtigt bleiben darf, da er einen großen Flächenanteil einnimmt.

Es sei hier idealisiert die Sukzession einer Tongrube geschildert. Diese Erkenntnisse basieren auf den vegetationskundlichen Untersuchungen des Verfassers in vier verschiedenen Tongruben unterschiedlichen Alters, welche in ausführlicher Form an anderer Stelle publiziert werden sollen.

Als Primärbesiedler des "nackten" Tones siedeln sich Huflattich *(Tussilago farfara)*, Vogelknöterich *(Polygonum aviculare)* und Melde *(Atripex patula)* an, die so ein Initialstadium des Poa-Tussilaginetum bilden. Als Begleiter folgen Bastard-Klee *(Trifolium hybridum)*, die Geruchlose Kamille *(Matricaria inodora)*, der Mittlere Wegerich *(Plantago intermedia)* und das Rispengras *(Poa compressa)*. Bedingt durch die Staunässe des Tons sammelt sich in Senken Wasser an, so daß hier Schwimmblatt- und Röhrichtgesellschaften gedeihen können. Im Uferbereich und an vernäßten Standorten siedeln sich zuerst Kryptogamen, darunter *Blasia pusilla*, *Riccardia chamaedryfolia*, *Riccardia incurvata* (FISCHER & NEUROTH 1980) und *Drepanocladus aduncus* an. Hier können dann erste Gefäßpflanzen wie das Hunds-Straußgras *(Agrostis canina)*, die Zarte Binse *(Juncus tenuis)*, die Glieder-Binse *(Juncus articulatus)* und das Sumpf-Weidenröschen *(Epilobium palustre)* Fuß fassen. Mit fortschreitender Sukzession entsteht eine Gesellschaft aus der Sumpf-Kratzdistel *(Cirsium palustre)*, dem Sumpf-Schachtelhalm *(Equisetum palustre)*, der Flatterbinse *(Juncus effusus)*, der Rasenschmiele *(Deschampsia caespitosa)*, dem Sumpf-Hornklee *(Lotus uliginosus)*, dem Behaarten Weidenröschen *(Epilobium hirsutum)* sowie *Agrostis canina* und *Juncus articulatus*; die ursprünglichen Moose, welche konkurrenzarmer Bedingungen bedürfen, sind von *Calliergonella cuspidata* verdrängt. Vereinzelt tritt schon Jungwuchs von Birke *(Betula pendula)*, Öhrchen-Weide *(Salix aurita)* und Schwarzerle *(Alnus glutinosa)* auf, die bei fortlaufender Verbuschung zu einem Waldstadium führen.

An den trockeneren Standorten der Tongrube siedelt neben Moosen und Flechten, vor allem *Polytrichum junipernum*, *Scleropodium purum* und *Ceratodon purpureus*, ein lückiger Rasen aus dem Schafschwingel *(Festuca ovina)*, dem Zarten Straußgras *(Agrostis tenuis)*, dem Kriechenden Klee *(Trifolium repens)*, dem Gemeinen Hornklee *(Lotus corniculatus)*, dem Acker-Schachtelhalm *(Equisetum arvense)*, dem Harz-Labkraut *(Galium harcynicum)*, dem Löwenzahn *(Leontodon hispidus)*, dem Roten Augentrost *(Odontites rubra)* und dem Tausendgüldenkraut *(Centaurium minus)*. *Centaurium minus* und *Odontites rubra* können geradezu als Charakterpflanzen der Tongruben gelten. Schließlich erscheinen noch der Glatthafer *(Arrhenatherum elatius)*, die Wiesen-Platterbse *(Lathyrus pratensis)*, das Jakobs-Greiskraut *(Senecio jacobea)*, das Weiche Labkraut *(Galium album)*, die Marguerite *(Leucanthmum vulgare)*, die Gemeine Kratzdistel *(Cirsium vulgare)*, das Weiche Honiggras *(Holcus lanatus)* und das Raygras *(Lolium perenne)* als Arten der Arrhenathereten und mit ihnen treten die ersten Birken und Weiden auf, bis ein von *Betula pendula* dominierter Wald hier stockt.

Von besonderer Bedeutung sind die Wasserflächen der Tongruben. Mit als Erstbesiedler tritt der Rohrkolben *(Typha latifolia)* auf, dann folgen die Sumpfsimse *(Eleocharis palustris)*, die Seesimse *(Schoenoplectus lacustris)* sowie *Juncus effusus*. Durch Wasservögel werden die Samen von Laichkräutern *(Potamogeton natans, Potamogeton pusillus, Potamogeton alpinus)* eingeschleppt, die hier Schwimmblattgesellschaften bilden. Am Ende der Sukzession finden sich vom Arteninventar vollständig entwickelte Röhrichte und Laichkrautgesellschaften, wie sie schon wurden.

Bei stärker oligotrophen Verhältnissen verläuft die Besiedlung der Wasserflächen etwas anders, wie das Beispiel der Tongruben zwischen Großholbach, Girod und Dreikirchen zeigt. Zwar treten hier auch *Typha latifolia*, *Juncus effusus* und andere Arten der Röhrichte auf, daneben konnte sich aber ein Schwingrasen aus der Knolligen Binse *(Juncus bulbosus)*, dem Schmalblättrigen Wollgras *(Eriophorum angustifolium)*, dem Sumpfveilchen *(Viola palustris)*, dem Knöterich-Laichkraut *(Potamogeton polygonifolius)* und den Moosen *Cladopodiella fluitans*, *Gymnocolea inflata*, *Sphagnum squarrosum*, *Sphagnum flexuosum* und *Drepanocladus flutians* ausbilden.

Die Tongruben des Westerwaldes stellen also wertvolle Refugien für Feuchtbiotopgesellschaften dar und sollten nur mit Vorsicht rekultiviert oder besser noch ihrer natürlichen Sukzession bis zu einem bestimmten Stadium überlassen werden. Um eine Bewaldung zu verhindern, sind jedoch Entbuschungsmaßnahmen in gewissem Umfange erforderlich.

Der botanischen steht die zoologische, vor allem wohl herpetologische Bedeutung der Gruben nicht nach. So finden hier zahlreiche Amphibien wie die Gelbbauchunke *(Bombina variegata)* und der Laubfrosch *(Hyla arborea)* (BRAUN 1979, GRUSCHWITZ 1981) geeignete Biotope.

4 Boden- und Vegetationsgeographie des Westerwaldes

Anhand von Landschaftsschnitten, die für ausgewählte Naturräume des Westerwaldes bezüglich ihrer Reliefform, Bodenbildung, Pflanzengesellschaft, Nutzung und ihres geologischen Aufbaus als charakteristisch erkannt wurden, wird versucht, die Beziehungen der einzelnen Kompartimente zueinander aufzuzeigen. Ihre Lage kann Abb. 19 entnommen werden. Die Bodenprofile geben Mächtigkeit, Bodentyp und Steingehalt (z. B. x'Bl: schwach steinige Lockerbraunerde), Schuttdeckengliederung (z. B. D-B: Deckschutt über Basisschutt) und die Horizontabfolge (z. B. Ah - Bv - II lCv) wieder. Die bodenartliche Zusammensetzung der Schuttdecken bzw. des Solums ist durch Signaturen verdeutlicht, deren Erklärung auf dem Faltblatt der Abbildung 19 nachzulesen ist. Die Numerierung der Bodenprofile entspricht - wenn nicht anders vermerkt - den parallelisierten Pflanzenaufnahmen.

4.1 Der Niederwesterwald

Als größte und vielgestaltigste naturräumliche Einheit nimmt er die westliche Hälfte des Westerwaldes ein. Im wesentlichen wird er vom eingerumpften paläozoischen Sockel aufgebaut. Die am häufigsten vorkommenden Gesteine sind die Tonschiefer der Siegener und Emser Stufe sowie die als Härtlingszüge herauspräparierten Quarzite. Untergeordnet treten noch Grauwacken und Sandsteine auf.

Weite Hochmulden, tertiär angelegte Flächenreste und meist quarzitische Bergrücken bestimmen das Reliefbild. Eingeschaltet sind Senken, die von tertiären Kiesen, Sanden und Tonen erfüllt, und durchweg von quartären Lockergesteinen überdeckt sind. Die Hochflächen (300 - 400 m) werden von z. T. scharf eingeschnittenen Tälern, die zur Lahn und zum Rhein streben, aufgegliedert. Die schnell wechselnden Standortsunterschiede spiegeln sich auch im engräumigen Nutzungswechsel von Wald, Grün- und Ackerland.

4.1.1 Emsbach - Gelbach - Höhen und unteres Lahntal

Das Landschaftsprofil der Abb. 3 a-c schneidet von West nach Ost den südlichen Westerwald, der durch Hochflächen um 300 m und einer Reihe von Quarzitrücken charakerisiert ist. Die höchste Erhebung stellt der Weiße Stein bei Welschneudorf mit 458 m ü. NN dar. Die der Lahn tributären Bäche (Emsbach, Gelbach) haben sich scharf in das devonische Gebirge eingeschnitten und teilweise Zwangsmäander ausgebildet (Unterlauf des Gelbaches). Milde Jahresdurchschnittstempe-

2 Melico-Fagetum

Melica uniflora IIc
Galium odoratum IIc
Moehringia trinervia IIc
Viola reichenbach. IIc
Poa nemoralis IIc
Hedera helix IIc
Carex sylvatica IId
Mycelis muralis IIIb
Oxalis acetosella IIIc
Geranium robertian. IIIc
Arum maculatum IIId
Circea lutetiana IIId
Fagus sylvatica
Sambucus nigra
Fraxinus excelsior j
Prunus avium j
Galeopsis tetrahit
Epilobium angustifolium
Epilobium montanum
Senecio fuchsii
Rubus idaeus

B: 95 %

St: 30 %

K: 80 %

1a Luzulo-Fagetum

Luzula albida IIb
Deschampsia flexuosa IIb
Carex pilulifera IIb
Milium effusum IIc
Dryopteris carthusiana IIIb
Pteridium aquilinum IIIb
Fagus sylvatica
Quercus robur
Senecio fuchsii
Maianthemum bifolium
Lonicera periclymenum
Frangula alnus j
Acer pseudoplatanus j

B: 90 %

K: 70 %

1b Melico-Fagetum

Melica uniflora IIc
Galium odoratum IIc
Viola reichenbach. IIc
Moehringia trinervia IIc
Lamium galeobdolon IId
Polygonatum multiflor. IId
Mercurialis perennis IId
Sanicula europaea IId
Oxalis acetosella IIIc
Athyrium filix-femina IIIc
Scrophularia nodosa IIIc
Fagus sylvatica
Quercus robur
Sambucus nigra j
Corydalis cava IIIe
Dentaria bulbifera IIc
Paris quadrifolia
Luzula pilosa IIc
Rubus idaeus

B: 95 %

K: 90 %

3 Melico-Fagetum

Convallaria majalis Ic
Melica uniflora IIc
Anemone nemorosa IIc
Hedera helix IIc
Polygonatum multiflor. IId
Scrophularia nodosa IIIc
Fagus sylvatica
Quercus robur
Prunus avium j
Acer pseudoplatanus j
Sorbus aucuparia j
Lonicera periclymenum
Phyteuma spicatum IIc

B: 95 %

K: 50 %

4a Querco-Carpinetum

Luzula albida IIb
Deschampsia flexuosa IIb
Polytrichum formosum IIb
Luzula sylvatica IIIc
B: 95 % K: 50 %

4b Querco-Carpinetum

Poa nemoralis IIc
Moehringia trinervia IIc
Milium effusum IIc
Galium sylvaticum IIc
Lamium galeobdolon IId
Geranium robertianum IIIc
Carpinus betulus
Quercus robur
Crataegus laevigata
Sambucus nigra j
Dryopteris filix-mas
Convallaria majalis IIc
Phyteuma spicatum IIc
Carex digitata IIc
Anemone nemorosa IIc
Viola reichenbachiana IIc

B: 95 %

St: 30 %

K: 90 %

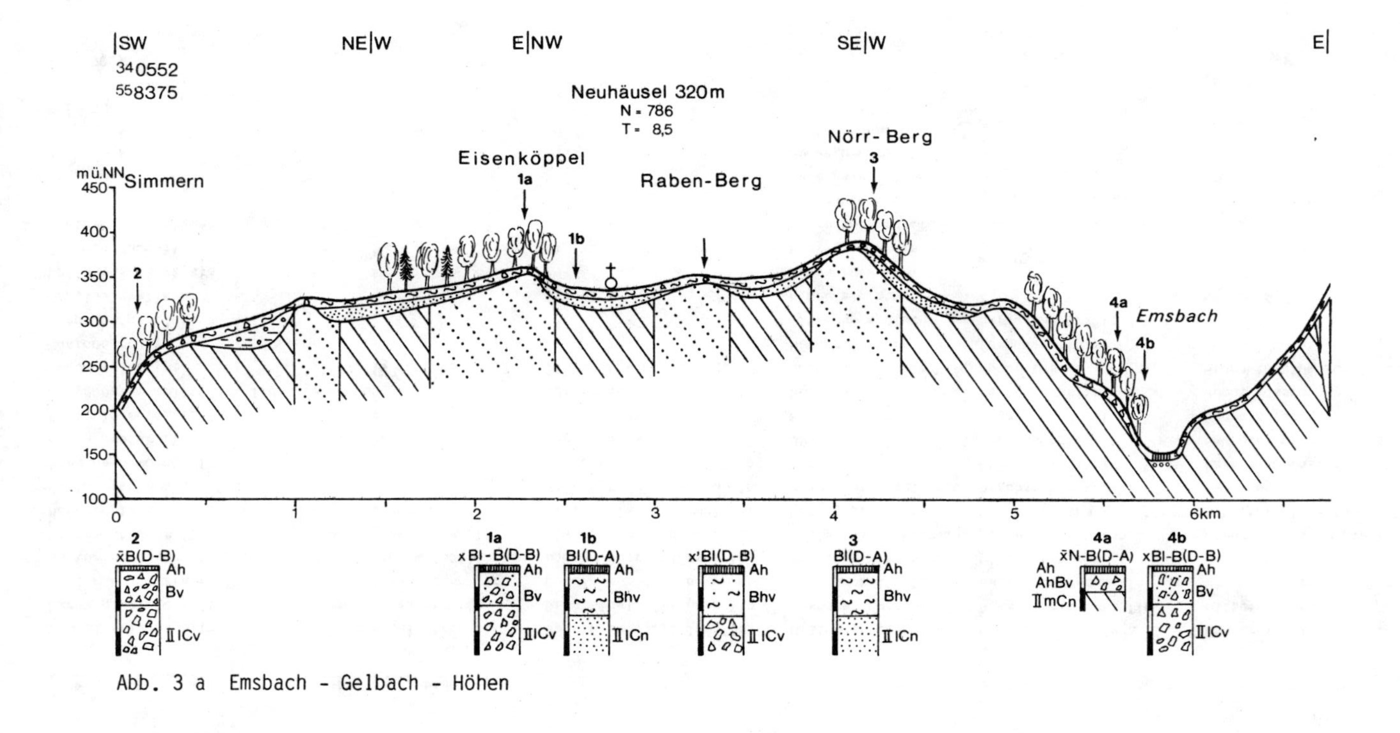

Abb. 3 a Emsbach - Gelbach - Höhen

5 Melico-Fagetum	6 Melico-Fagetum	7 Luzulo-Fagetum	8 Melico-Fagetum	9 Melico-Fagetum	10 Melico-Fagetum
Convallaria majalis Ic	Dentaria bulbifera IIc	Vaccinium myrtillus IIa	Milium effusum IIc	Dentaria bulbifera IIc	Dentaria bulbifera IIc
Carex pilulifera IIb	Anemone nemorosa IIc	Deschampsia flexuosa IIb	Anemone nemorosa IIc	Anemone nemorosa IIc	Milium effusum IIc
Dentaria bulbifera IIc	Lamium galeobdolon IId	Luzula albida IIb	Poa nemoralis IIc	Galium odoratum IIc	Viola reichenbach. IIc
Galium odoratum IIc	Polygonatum multiflor.IId	Hypnum cupressiforme IIb	Moehringia trinerv.IIc	Milium effusum IIc	Galium odoratum IIc
Milium effusum IIc	Oxalis acetosèlla IIIc	Plagiothecium denticul.IIb	Viola reichenbach.IIc	Viola reichenbach.IIc	Dryopteris dilatata IIIb
Moehringia trinerv. IIc	Fagus sylvatica	Dicranella heteromalle IIb	Luzula pilosa IIc	Oxalis acetosella IIIc	Athyrium filix-femina IIIc
Viola reichenbach. IIc	Quercus robur	Polytrichum formosum IIb	Polygonatum multifl. IId	Deschampsia caesp.IIIc	Fagus sylvatica
Anemone nemorosa IIc	Hedera helix IIc	Dryopteris dilatata IIIb	Oxalis acetosella IIIc	Fagus sylvatica	Sorbus aucuparia
Vicia sepium IIc	Luzula pilosa IIc	Fagus sylvatica	Fagus sylvatica	Quercus robur	Sambucus nigra
Sanicula europaea IId	Sorbus aucuparia	Quercus robur	Quercus robur	Senecio fuchsii	Senecio fuchsii
Polygonatum multiflor. IId	Sambucus nigra	Sorbus aucuparia	Sorbus aucuparia	Lonicera periclymenum	Rubus idaeus
Fagus sylvatica	Digitalis purpurea	Dicranum montanum	Sambucus nigra	Rubus idaeus	Brachythecium rutabulum
Quercus robur			Viburnum opulus	Sambucus nigra	
Carpinus betulus			Ribes alpinum	Sorbus aucuparia j	
Corylus avellana			Rubus idaeus		
Crataegus laevigata			Stellaria media		
Senecio fuchsii			Hieracium umbellatum		
Lonicera periclymenum			Maianthemum bifolium		
			Galeopsis tetrahit		
			Senecio fuchsii		
			Lonicera periclymen.		
B: 95 %	B: 95 %	B: 95 %	B: 95 %	B: 95 %	B: 90 %
St: 30 %			St: 20 %	St: 20 %	St: 30 %
K: 70 %	K: 70 %	K: 70 %	K: 80 %	K: 60 %	K: 70 %

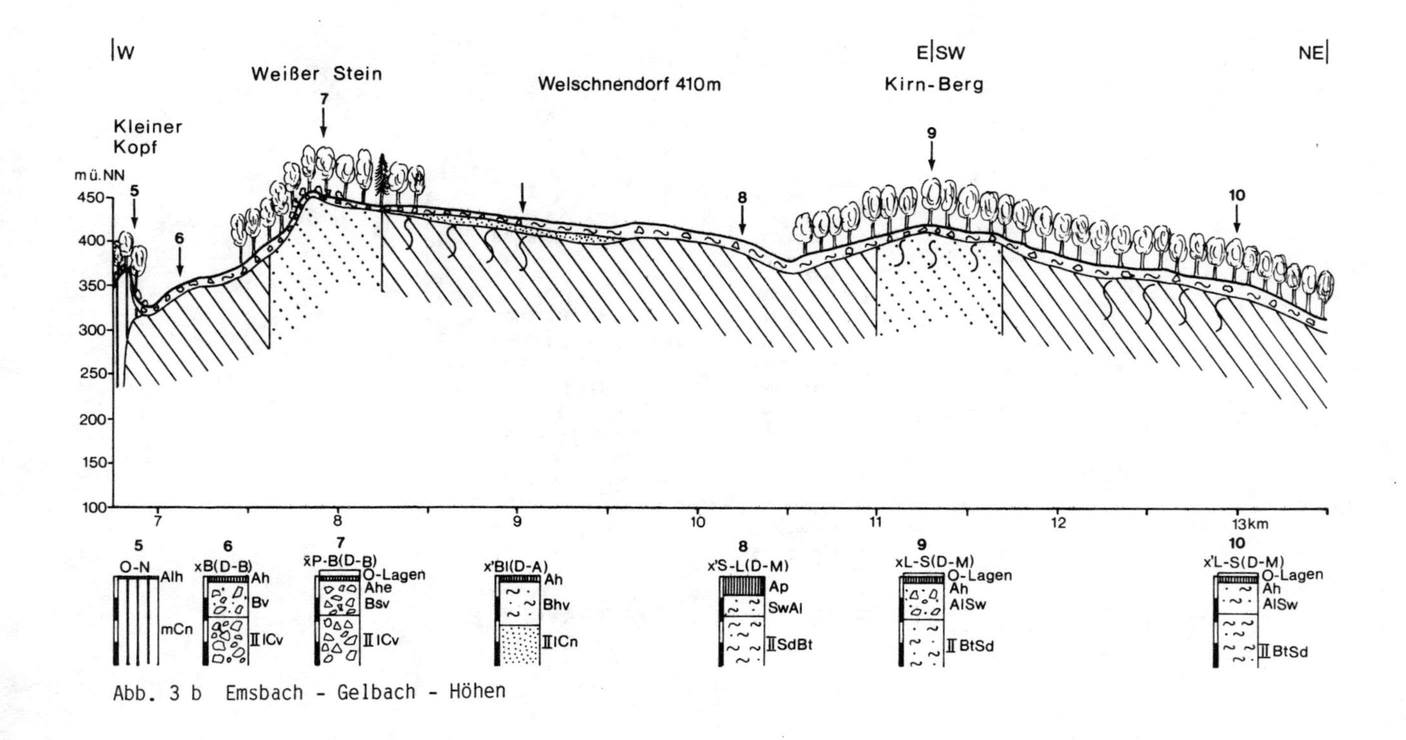

Abb. 3 b Emsbach - Gelbach - Höhen

<u>13 Luzulo-Fagetum</u>

Luzula albida IIb
Carex pilulifera IIb
Dicranella heteromalla IIb
Polytrichum formosum IIb
Plagiothecium denticul.IIb
Hypnum cupressiforme IIb
Atrichum undulatum IIc
Fagus sylvatica
Digitalis purpurea
Lophocolea heterophylla
Carex flava agg.

B: 90 %

K: 40 %

<u>14 Luzulo-Fagetum</u>

Luzula albida IIb
Deschampsia flexuosa IIb
Dicranella heteromalla IIb
Atrichum undulatum IIc
Carex sylvatica IId
Dryopteris carthusiana IIIb
Deschampsia caespitosa IIIc
Carex remota IVc
Fagus sylvatica
Picea abies
Fraxinus excelsior j
Oxyrhynchium hians

B: 90 %

K: 60 %

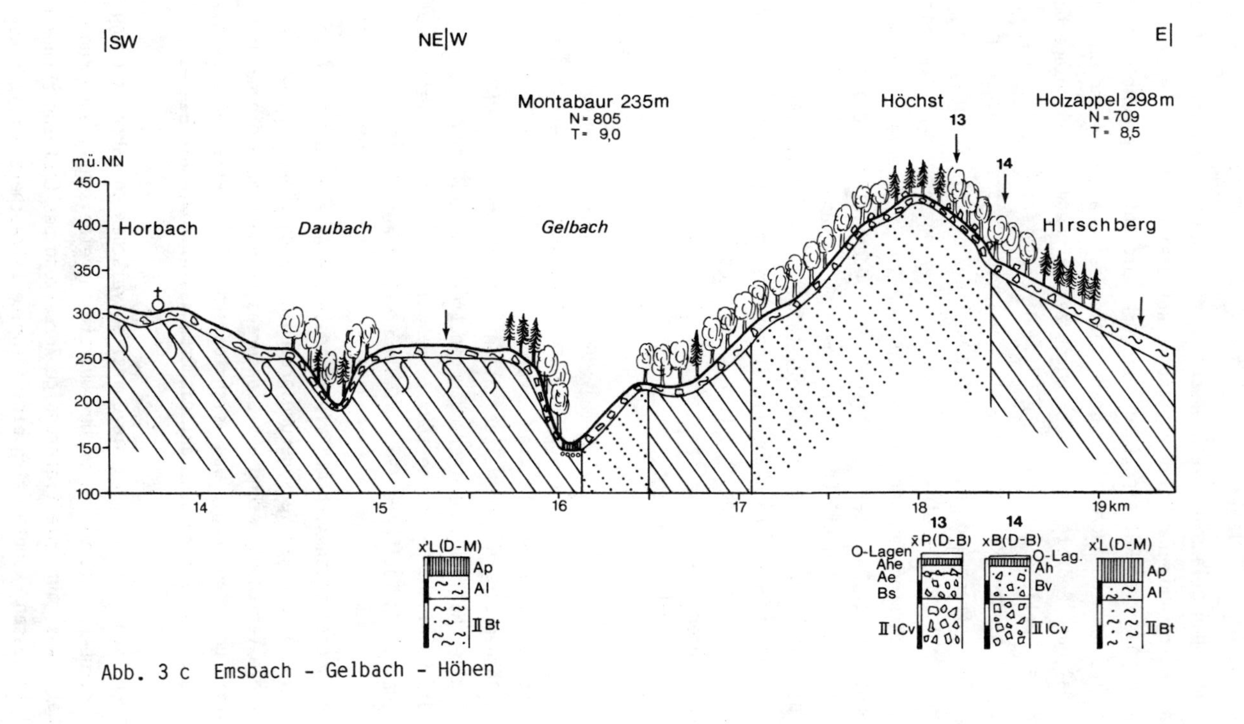

Abb. 3 c Emsbach - Gelbach - Höhen

raturen (8,5 - 9,0 °C) und Niederschläge um 800 mm kennzeichnen die klimatischen Rahmenbedingungen.

Die Quarzitkuppen erlauben, die hier besonders engen Beziehungen zwischen geologischem Untergrund und Pflanzenstandort aufzuzeigen. In der Regel sind aufgrund der exponierten Reliefposition der gegen die Abtragung sehr widerständigen Quarzite nur geringmächtige Schuttdecken auf den Kuppen und Rücken anzutreffen. Da das Gestein nur sehr grob zerfällt und die Höhenlage bzw. die Steilheit des Reliefs kaum Anreicherung von Feinmaterial (z. B. Löß, Lößlehm) erlaubte, entstanden skelettreiche, stark wasserdurchlässige Böden, die ausgesprochen nährstoffarm und sauer sind (Standorte 7,14). In der Gipfelregion des Höchst (St. 13) führte dies sogar zur Podsolierung des Bodens, was mit einem weitgehenden Nährstoffverlust sowie Eisen- und Aluminiumverlagerung im Oberboden verbunden ist. Charakteristisch für diese Böden ist die Ausbildung der Humusform als Moder mit deutlichen Übergängen zum Rohhumus, da diese Böden nicht mehr in der Lage sind, die jährlich anfallende Laub- und Nadelstreu zu mineralisieren. Standort 14 wird ebenfalls dieser Bodengruppe zugerechnet, obgleich Schiefer im Untergrund ansteht. Doch wurde dieses Gestein von quarzitreichen Schuttdecken überwandert, die den Standort extrem verschlechtern, was auch die Pflanzengesellschaft wiedergibt.

Schon physiognomisch fällt in dem artenarmen Luzulo-Fagetum das Fehlen einer deutlich ausgeprägten Strauchschicht, der häufig geringe Deckungsgrad in der Krautschicht und der Reichtum an Kryptogamen, vor allem von Moosen, auf. Den Hainsimsen-Buchenwäldern am Weißen Stein (St.7) und Höchst (St. 13) fehlen praktisch alle Nährstoffanzeiger, dagegen treten den dystrophen Verhältnissen angepaßt die Weißliche Hainsimse *(Luzula albida)*, die Drahtschmiele *(Dechampsia flexuosa)* und die Heidelbeere *(Vaccinium myrtillus)* auf.

Ökologisch höchst bedenklich muß die fortgesetzte Aufstockung mit Fichte gesehen werden, da sie den Versauerungsprozeß der Böden forciert. Gefährlich ist nicht nur die Verschlechterung des Standortes, sondern auch die dadurch ausgelöste Aluminiumverlagerung, was sich toxisch auf die Pflanzendecke auswirkt, aber auch über das Sickerwasser auf das Grundwasser sowie die Bäche.

Abweichungen von dieser für die Quarzite typischen Charakterisierung deuten sich am Kirnberg (St. 9) an, wo der Quarzit nur eine sehr flache Kuppe ausgebildet hat, was auf die tiefgründige Zersetzung des Gesteins zurückzuführen ist. Infolgedessen konnte sich eine feinmaterialreichere Schuttdeckenabfolge entwickeln, die aber unter Staunässe leidet. Trotz seines höheren Lößlehmanteiles und seiner Tiefgründigkeit ist der Standort versauert, da das Bodenwasser während der Naßphasen vor allem in der kühl-feuchten Jahreszeit reduzierende Bedingungen schafft und zur Auswaschung der Alkali und Erdalkali beiträgt. Die Bodenverschlechterung ist jedoch noch nicht so weitreichend wie bei den Podsolen, so daß sich eine günstigere Humusform (Moder mit Übergängen zu Mull) ausbildete, und ein artenarmes Melico-Fagetum zuläßt.

Eine gewisse überregionale Besonderheit, die im Niederwesterwald jedoch eine weite Verbreitung besitzt, stellen die Böden im westlichen Teil des Profils dar, die als Lockerbraunerden (Bl: St. 1a + b, 3) bezeichnet werden. Hier erlangt der z. T. metermächtige, jungpleistozäne Laacher Bimstuff entscheidenden Einfluß auf die Bodenbildung. Es verbessert die Standorte vor allem in den lößlehmarmen Quarzitschuttdecken, da bei seiner Verwitterung eine feinmaterialreiche Matrix entsteht, die sich durch ihre auffallende Lockerheit auszeichnet. Damit verbunden ist eine hohe Wasseraufnahme- und -rückhaltefähigkeit und günstige Durchlüftung. Dies spiegeln die relativ artenreichen Melico-Fageten der Standorte 1b und 3 wider. Edaphisch schlechtere Bedingungen liegen am Eisenköppel (St. 1a) vor, wo die Tuffe nicht anstehen, sondern der Quarzitschuttdekke beigemischt sind. Es ist zwar auch nur ein Luzulo-Fagetum ausgebildet, doch weist es eine anspruchsvollere Krautschicht auf als die vergleichbaren, aber tuffarmen Standorte am Weißen Stein (St. 7) und Höchst (St. 13) auf.

Die Lockerbraunerden sind i. d. R. sehr sauer, besitzen aber eine hohe Austauschkapazität. Allerdings ist diese nur sehr gering basengesättigt. D. h., die Böden könnten große Mengen an Nährstoffen aufnehmen und austauschen, weisen aber nur mangelhafte Gehalte an Alkali und Erdalkali auf. Der Grund ist darin zu suchen, daß nährstoffhaltige Minerale (z. B. Braune Hornblenden) von den aus vulkanischem Glas (z. B. Obsidian) hervorgegangenen amorphen Tonmineralen (Allophan) ummantelt und konserviert werden, so daß eine Basen- und Nährstoffnachlieferung durch fortschreitende Silikatverwitterung stark gehemmt ist. Andererseits werden aber auch die Humussubstanzen nicht ausgewaschen, sondern im Solum dieser Braunerden immobilisiert, was den humosen Unterboden (Bhv) erklärt. Die hervorragende Eignung der Lockerbraunerden als Waldstandorte muß in erster Linie auf ihre physikalischen Eigenschaften (optimale nutzbare Feldkapazität, gute Durchlüftung) zurückgeführt werden.

Die bislang beschriebenen Standorte sind vornehmlich aufgrund ihrer Böden bewaldet. Hinzu tritt noch die klimatische Ungunst, da die Quarzite i. d. R. erhobene Relieformen bilden.

Anders dagegen die weitverbreiteten Schiefer, die die tieferen, abtragungsärmeren Reliefpositionen einnehmen. Hier sind auch vielfach vollständige Schuttdeckenabfolgen mit hohem Lößlehmgehalt zu beobachten (St. 8, 10). Vor allem wenn die Schiefer tonig verwittert sind, neigen die Böden - begünstigt durch typische Reliefpositionen (Unterhang, Ebene) - zur Staunässebildung, was ihre Eignung als Ackerland gewöhnlich einschränkt. An steileren Hängen fehlt dagegen der Mittelschutt fast immer, und der Lößlehmanteil am Feinboden geht deutlich zurück. Da im Untergrund der frische Schiefer ansteht, steigt der Steingehalt der Schuttdecken stark an. Die Böden haben sich am Hang, da auch der Schieferzersatz fehlt, zu gut dränierten Braunerden entwickelt, die in der Regel etwas nährstoffärmer sind als auf den staunassen Flächen die lößlehmreichen Pseudogley-Parabraunerden. Die typische Waldgesellschaft ist das artenarme Melico-Fagetum (St. 6, 8, 10). Im Steiltal des Emsbaches (St. 4a + b) ist zwar ein kleinräumiges Querco-Carpinetum ausgebildet, dessen Krautschicht aber je nach Gründigkeit und Solummächtigkeit des Bodens in seiner Zusammensetzung stark schwankt. Die artenreichste und anspruchsvollste Braunerde konnte am Abhang zum Rheintal (St. 2) beobachtet werden, wo zweifellos der Einfluß des milden Klimas des mittelrheinischen Beckens sich noch auswirkt. Neben einer reich entwickelten Krautschicht findet sich auch eine Strauchschicht mit Holunder *(Sambucus nigra)*, Weißdorn *(Crataegus laevigata)* und Hasel *(Corylus avellana)*, die auf günstige Nährstoff- und Bodenwasserverhältnisse schließen lassen. An typischen Basenzeigern treten neben dem Perlgras *(Melica uniflora)* noch Waldmeister *(Galium odoratum)*, die dreinervige Miere *(Moehringia trinervia)*, das Waldveilchen *(Viola reichenbachiana)*, die Waldsegge *(Carex sylvatica)*, der Aronstab *(Arum maculatum)*, sowie das Hexenkraut *(Circea lutetiana)* auf.

Abschließend sei der Kleine Kopf (St. 5) angesprochen, der sich als herauspräparierter Andesit-Kegel eindrucksvoll über das Emsbach-Tal erhebt. An seinen steilen Flanken konnten sich nur ganz geringmächtige Schuttreste, fast ohne Feinmaterial erhalten. In Kuppennähe bildete sich ein Syrosem-Ranker, der hangabwärts allmählich in eine Ranker-Braunerde übergeht. Hier gedeiht ein artenreiches Melico-Fagetum, in dem einige ausgesprochene Basenanzeiger wie Waldmeister *(Galium odoratum)* und Sanikel *(Sanicula europaea)* vorkommen. Die extremen Reliefverhältnisse, die skelettreichen und geringmächtigen Böden und die damit verbundene starke Trockenheit erlauben nur einen Deckungsgrad der Krautschicht von ca. 70 %, was für einen Perlgras-Buchenwald untypisch ist.

Das steile Kastental des Gelbaches weist aufgrund seiner Nähe zum klimatisch begünstigten Lahntal Pflanzengesellschaften auf, die für den Westerwald als einzigartig einzustufen sind. Im Profil 4 (Abb. 4) sind zwei Standorte beschrieben (St. 11,12), die sich aufgrund ihrer besonderen Reliefposition und dem Kleinklima auszeichnen. Auf der Hangschulter (St. 12) entwickelelte sich auf einer flachgründigen, skelettreichen Ranker-Braunerde ein artenarmes Querco-Carpinetum, eine wärmeliebende Waldgesellschaft, die vom Lahntal in die Unterläufe von Gelbach und Emsbach hineingreift. Die Artenarmut dürfte hier wieder edaphisch bedingt sein.

Abweichend davon trifft man im Engtal selbst auf schattige, luftfeuchte Standorte (S.11), die die Ausbildung eines artenreichen Ahorn-Eschen-Schluchtwaldes erlauben. Hangwasserzufuhr und geringe Verdunstung sorgen für ein feuchtes, aber weder durch anhaltende Staunässe noch durch stehendes Grundwasser beeinflußtes Millieu.

Zusammenfassend läßt sich im südlichen Westerwald eine weitgehende Übereinstimmung von Reliefform, Ausprägungsgrad und Zusammensetzung der Schuttdecken, von Bodenbildung und deren bedeutsamste Parameter sowie den Waldgesellschaften feststellen. Während im Westen der Laacher Bimstuff den Einfluß des tieferen Untergrundes ganz oder teilweise aufhebt, pausen sich im östlichen Teil die Eigenschaften der anstehenden Festgesteine stärker durch. Die Täler werden zusätzlich noch kleinklimatisch beeinflußt. Während die ertragsschwachen Böden der Quarzitrücken bewaldet sind, dominiert auf den Schiefern die Landwirtschaft. Nicht eindeutig sind die Lockerbraunerdegebiete einzustufen, da sie z. T. noch neuzeitlich unter Pflug genommen wurden (Hugenotten in Welschneudorf und Neuhäusel).

Klimatisch und pflanzensoziologisch ist das Untere Lahntal mit dem Emsbach und Gelbach eng verbunden. Es weist allerdings noch höhere Jahresdurchschnittstemperaturen (9,0 - 9,5°C) und geringere Niederschläge (640 - 660 mm) auf, so daß Weinanbau möglich ist. Die breit angelegten altpleistozänen Terrassen sind überwiegend lößbedeckt und landwirtschaftlich genutzt, während im Steiltal der Wald dominiert. Geologisch hebt sich das Lahntal mit seinen Massenkalken und Diabastuffen gegen den Westerwald deutlicher ab.

Die Abb. 5a stellt einen extrem trockenen Standort auf devonischem Massenkalk bei Fachingen vor. Bodenkundlich ist er als Syrosem anzusprechen, der einen lückigen, allenfalls 1 cm mächtigen Humushorizont aufweist. Die hier vor-

11 Aceri-Fraxinetum

Viola reichenbachiana IIc
Poa nemoralis IIc
Hedera helix IIc
Anemone nemorosa IIc
Moehringia trinervia IIc
Mercurialis perennis IId
Lamium galeobdolon IId
Oxalis acetosella IIIc
Geranium robertianum IIIc
Athyrium filix-femina IIIc
Arum maculatum IIId
Paris quadrifolia IIId
Adoxa moschatellina IIId
Ficaria verna IIId
Mnium undulatum IIId
Corydalis cava IIIe
Gagea lutea IIIe
Chrysosplenium opposit.IVd-e
Asplenium scolopendrium B
Polystrichum aculeatum B
Gymnocarpium dryopteris B
Lunaria rediviva B
Cystopteris fragilis B
Acer pseudoplatanus
Fraxinus excelsior
Ulmus glabra
Carpinus betulus
Quercus robur
Cardamine impatiens

B: 90 %

St: 20 %
K: 70 %

12 Querco-Carpinetum

Melampyrum pratense IIa
Lychnis viscaria Ic
Genista pilosa Ic
Asplenium septentrionale Ic
Anthericum liliago Id-e
Leucobryum glaucum IIa
Deschampsia flexuosa IIb
Polytrichum formosum IIb
Carpinus betulus
Quercus petraea
Parmelia conspersa

B: 80 %

K: 50 %

16b Cephalanthero-Fagetum

Carex montana Ic
Campanula persicifolia Ic
Melica uniflora IIc
Vicia sepium IIc
Hedera helix IIc
Viola reichenbachiana IIc
Galium sylvaticum IIc
Galium odoratum IIc
Lamium galeobdolon IId
Geum urbanum IId
Cephalanthera damasonium IIe
Porella platyphylla IIe
Geranium robertianum IIIc
Alliaria petiolata F
Fagus sylvatica
Acer campestre
Quercus petraea
Veronica chamaedrys
Neckera complanata
Fragaria vesca
Plagiochila porelloides

B: 95 %

K: 70 %

15 Festuca-Erysimum odoratum-Gesellschaft

Festuca pallens Ic
Sedum album Ic
Sedum rupestre Ic
Potentilla verna Ic
Arabis hirsuta Ic
Asplenium ceterach Ic
Erysimum odoratum Id-e
Rhytidium rugosum Id-e
Abietinella abietina Id-e
Orthotrichum anomalum Id-e
Tortula muralis Id-e
Grimmia ovalis Id-e
Stachys recta
Centaurea scabiosa
Campanula rotundifolia
Sedum sexangulare
Galium verum
Inula conyza
Origanum vulgare
Cardaminipsis arenosa
Dianthus carthusianorum
Helianthemum nummularium
Scleranthus perennis

K: 50 %

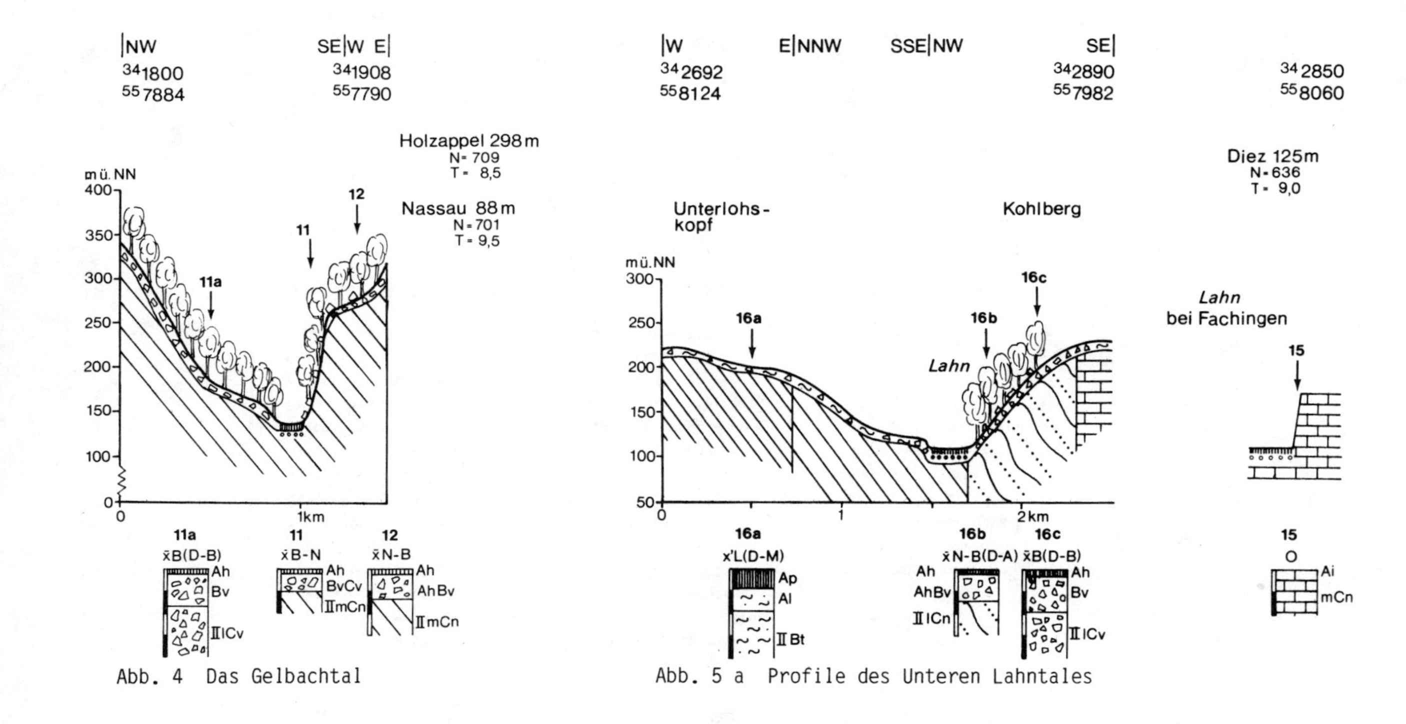

Abb. 4 Das Gelbachtal

Abb. 5 a Profile des Unteren Lahntales

<u>20b Luzulo-Fagetum</u>

Luzula albida IIb
Dicranella heteromalla IIb
Poa nemoralis IIc
Milium effusum IIc
Atrichum undulatum IIc
Moehringia trinervia IIc
Carex sylvatica IId
Geum urbanum IId
Athyrium filix-femina IIIc
Deschampsia caespitosa IIIc
Carex remota IVc
Alliaria petiolata F
Fagus sylvatica
Rubus fruticosus

B: 95 %

K: 40 %

<u>19 Aceri-Fraxinetum</u>

Moehringia trinervia IIc
Lamium galeobdolon IId
Viola reichenbachiana IIc
Luzula sylvatica IIc
Mercurialis perennis IId
Galium odoratum IId
Leucojum vernum IIIe
Corydalis cava IIIe
Asplenium scolopendrium B
Polystichum aculeatum B
Fraxinus excelsior
Lunaria rediviva B
Paris quadrifolia IIId
Ficaria verna IIId
Athyrium filix-femina IIIc
Acer pseudoplatanus
Quercus petraea
Carpinus betulus

B: 98 %

K: 80 %

<u>18 Artemisio-Melicetum ciliatae</u>

Melica ciliata Ic
Sedum album Ic
Festuca pallens Ic
Sedum rupestre Ic
Asplenium ceterach Ic
Biscutella laevigata Ic
Lactuca perennis Ic
Rhytidium rugosum Id
Pleurochaete squarrosa Id
Reboulia hemisphaerica Id

K: 50 %

<u>17 Lithospermo-Quercetum</u>

Sorbus torminalis Ic
Campanula persicifolia Ic
Deschampsia flexuosa IIb
Viola reichenbachiana IIc
Stellaria holostea IIc
Melica uniflora IIc
Mycelis muralis IIIb
Quercus petraea
Carpinus betulus
Scilla bifolia

B: 90 %

St: 30 %

K: 40 %

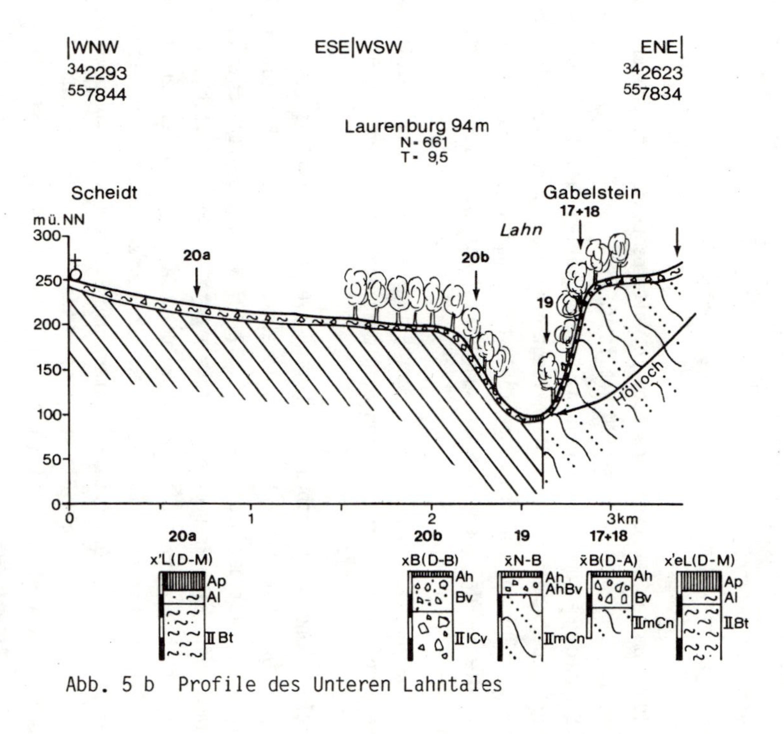

Abb. 5 b Profile des Unteren Lahntales

herrschende Festuca-Erysimum odoratum-Gesellschaft ist den Xerothermtrockenrasen am Mittelrhein nah verwandt, zeichnet sich aber durch das Vorkommen des wohlriechenden Schotendotters *(Erysimum odoratum)* aus. An Gefäßpflanzen treten neben Sukkulenten wie *Sedum album* und *Sedum rupestre* vor allem ausdauernde Spaltenbewohner sowie 1-2jährige Kräuter auf, die an die Trockenheit des Standortes auf verschiedene Art und Weise angepaßt sind. Physiognomisch treten die Moose in den Vordergrund, die am Aufbau des Ai-Horizontes entscheidend beteiligt sind. Unter ihnen finden sich abgesehen von *Erysimum odoratum* die einzigen ausgesprochenen Kalkzeiger *(Abietinella abietina, Rhytidium rugosum, Orthotrichum anomalum, Fortula muralis* und *Grimmia ovalis)*.

Einen Flußkilometer weiter schneidet ein weiteres Landschaftsprofil (Abb. 5a) das Lahntal. Der bewaldete steile Prallhang wird von Diabastuffen aufgebaut, die von Schuttdecken überlagert werden, die im steilen Mittelhang auf ca. 0,3 m Mächtigkeit ausdünnen. Bodenkundlich liegt eine flachgründige, mäßig trockene, aber sehr gut nährstoffversorgte, neutrale bis schwach alkalische Ranker-Braunerde vor, die aus dem oberhalb anstehenden Massenkalk um Kalkbruchstücke angereichert wurde. An diesem Standort (16b) stockt ein thermophiler Kalkbuchenwald. Am Gegenhang konnte aufgrund der geringeren Hangneigung (Gleithang) und der Lösse eine Parabraunerde entstehen, die ackerbaulich genutzt wird.

Diese relief- und sedimentabhängige Nutzungsverteilung ist auch im Profil Abb. 5b von der Ortschaft Scheidt zum Gabelstein zu beobachten. Floristisch besonders interessant ist der Gabelstein (St. 17,18) wo im skelettreichen Deckschutt über Diabastuff eine Braunerde entwickelt ist. Als Waldgesellschaft erscheint eine warm-trockene Variante der Eichenwälder, deren besonderes Kennzeichen das Vorkommen thermophiler Gebüsche ist. Als Charakterarten dieser Eichen-Elsbeerenwälder (Lithospermo-Quercetum) fungiert die Elsbeere *(Sorbus torminalis)* sowie die pfirsichblättrige Glockenblume *(Campanula persiafolia)*. In dem anschließenden potentiell natürlich waldfreien Felsstandorten findet sich in etwa die gleiche Artenzusammensetzung wie an Standort 15. An Besonderheiten kommen noch das Brillenschötchen *(Biscutella laevigata)* sowie die Moose *Plenrochaete squarrosa* und *Reboulia hemisphaerica* hinzu. Ausgesprochene Kalkanzeiger treten hier stark in den Hintergrund. Am Fuße des Gabelsteins mündet das Hölloch in einem steilen Kerbtal in die Lahn. Auf einer Ranker-Braunerde stockt ein artenreicher Ahorn-Eschen-Schluchtwald. Weniger der Bodentyp und das Ausgangsgestein als vielmehr das schattige, luftfeuchte Kleinklima erlauben angesichts des nährstoffreichen Bodens diese Waldgesellschaft. Bezeichnend ist das Auftreten zahlreicher Farnarten, von denen besonders die Hirschzunge *(Asplenium (=Phyl-*

litis) scolopendrium) und der Gelappte Schildfarn *(Polystrichum aculeatum)* als Schluchtwaldpflanzen und Zeigerarten luftfeuchter Standorte hervorzuheben sind. Typisch für derartige Biotope ist auch das Vorkommen von Frühjahrsgeophyten wie dem Märzenbecher *(Lencojum vernum)*, der im Lahntal wiederholt vorkommt, sowie dem Hohlen Lerchensporn *(Corydalis cava)*. Beide Arten gelten als Nährstoff- und Basenzeiger.

Am Gegenhang konnte sich über den Schiefern ein feinmaterialarmer Deckschutt über Basisschutt bilden (St. 20), wo sich eine mäßig saure Braunerde mit einem Hainsimsen-Buchenwald entwickelte.

Die vorgestellten Profile des Lahntales repräsentieren Standorte, die eher zu den extrazonalen und azonalen Waldgesellschaften zählen als zur Zonalgesellschaft. Dieser entspricht am ehesten Standort 20. Relief und Ausgangsgestein sind aber so typisch für das Lahntal, daß gerade die Vielfalt zum Charakteristikum dieses Naturraumes wird.

4.1.2 Montabaurer Höhe

An die Emsbach-Gelbach-Höhen schließt sich nach Norden das Quarzitmassiv der Montabaurer Höhe (546 m ü. NN) an. Das Profil der Abbildung 6a - b verläuft in nördliche Richtung durch die Ransbacher Mulde, einer tektonisch abgesenkten Scholle, um jenseits der Ortschaft wieder Anschluß an den Quarzitrücken des Bernushains zu finden. Erfaßt wird noch die flachwellige Landschaft am Saynbach und die Randbereiche der Herschbacher Senke. In diesem Landschaftsausschnitt dominieren die Schiefer im Untergrund.

Die höchste Erhebung des Niederwesterwaldes, die Montabaurer Höhe, wird im Osten und Norden von einer schwach konkav abfallenden Fußfläche umgeben, die zur Montabaurer Senke hin (Osten) von z. T. mächtigen Bimstufflagen bedeckt wird. Da die Boden- und Pflanzengesellschaften an der Ostabdachung bereits beschrieben wurden (SABEL, K.J. & E. FISCHER, 1984), sei an dieser Stelle auf eine Wiederholung verzichtet. Daher setzt das Profil 6b auch im Bereich der nach Norden abfallenden Fußfläche an. Hier sind im steilen Hangbereich saure skelettreiche Braunerde-Podsole (St. 65) entwickelt, die nur ein artenarmes Luzulo-Fagetum mit den charakteristischen Säurezeigern wie Heidelbeere und Drahtschmiele zulassen. Kennzeichnend für derartige Standorte sind vor allem die Kryptogamen. So kommen hier als Azidophyten verschiedene Rentierflechtenarten vor *(Cladonia pyxidata, Cladonia mitis u. a.)*, daneben aber auch säurezeigende

69 Luzulo-Fagetum

Luzula albida IIb
Deschampsia flexuosa IIb
Galium hercynicum IIb
Teucrium scorodonia IIb
Polytrichum formosum IIb
Dicranella heteromalle IIb
Hypnum cupressiforme IIb
Luzula pilosa IIc
Dryopteris carthusiana IIIb
Athyrium filix-femina IIIc
Deschampsia caespitosa IIIc
Juncus effusus Vc
Fagus sylvatica
Agrostis tenuis
Dryopteris filix-mas

B: 95 %

K: 70 %

68a Luzulo-Fagetum

Vaccinium myrtillus IIa
Galium hercynicum IIb
Stellaria holostea IIc
Milium effusum IIc
Atrichum undulatum IIc
Mycelis muralis IIIb
Lamium galeobdolon IId
Carex sylvatica IId
Dryopteris carthusiana IIIb
Lysimachia nemorum IIIb
Oxalis acetosella IIIc
Athyrium filix-femina IIIc
Deschampsia caespitosa IIIc
Glechoma hederacea IIIc
Impatiens noli-tangere IVc
Fagus sylvatica
Carpinus betulus
Quercus robur
Corylus avellana
Galeopsis tetrahit
Lonicera periclymenum
Senecio fuchsii
Maianthemum bifolium
Rubus fruticosus
Stachys sylvatica

B: 95 %
K: 70 %

67 Luzulo-Fagetum

Vaccinium myrtillus IIa
Luzula albida IIb
Deschampsia flexuosa IIb
Polytrichum formosum IIb
Pteridium aquilinum IIIb
Deschampsia caesp. IIIc
Fagus sylvatica
Lepidozia reptans
Ptilidium pulcherrimum
Metzgeria furcata

B: 95 %

K: 60 %

66 Luzulo-Fagetum

Vaccinium myrtillus IIa
Luzula albida IIb
Polytrichum formosum IIb
Poa nemoralis IIc
Deschampsia caesp. IIIc
Agrostis tenuis
Fagus sylvatica
Dicranoweisia cirrata
Orthodicranum montanum

B: 95 %

K: 50 %

65 Luzulo-Fagetum

Cladonia pyxidata Ia
Vaccinium myrtillus IIa
Dicranum scoparium IIa
Deschampsia flexuosa IIb
Galium hercynicum IIb
Dicranella heteromalla IIb
Polytrichum formosum IIb
Fagus sylvatica
Picea abies
Pohlia nutans

B: 95 %

K: 50 %

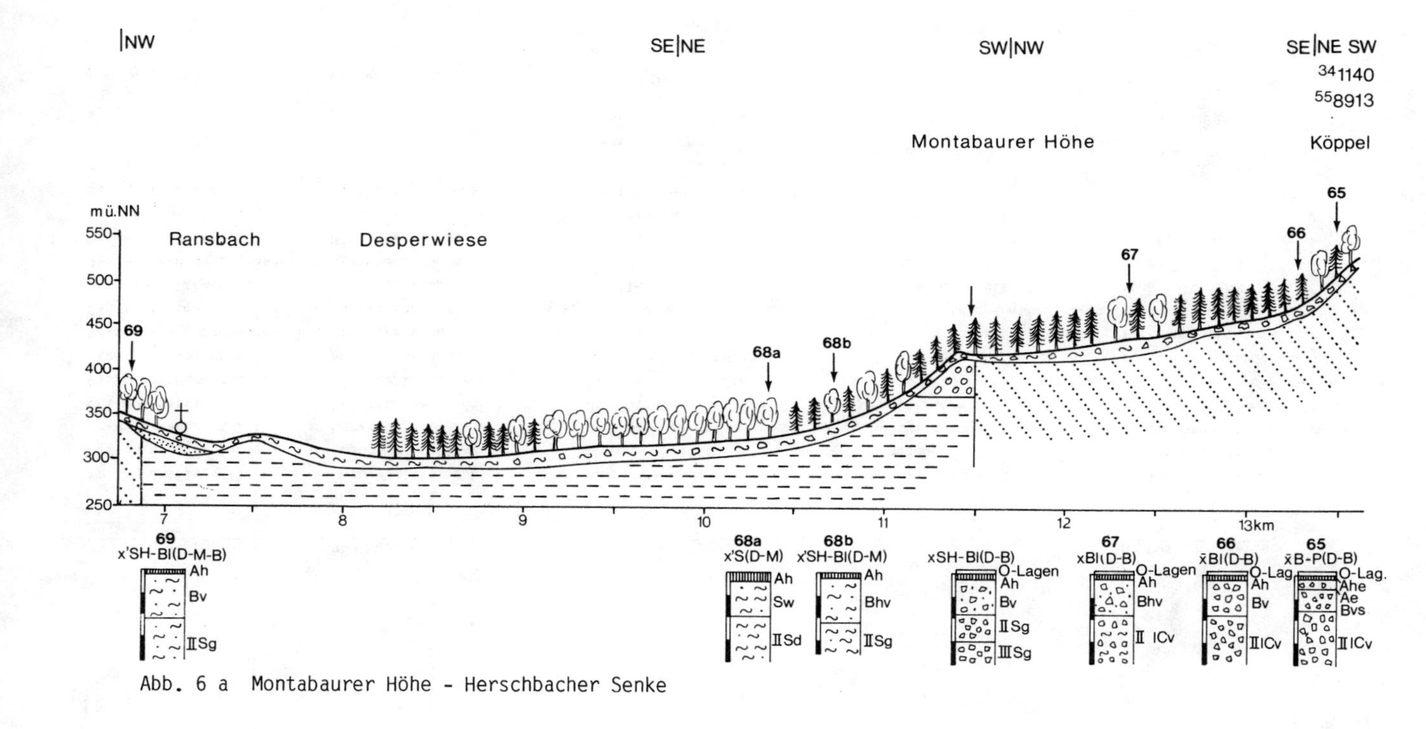

Abb. 6 a Montabaurer Höhe - Herschbacher Senke

73 Luzulo-Fagetum melicetosum	74 Luzulo-Fagetum	72 Luzulo-Fagetum	71 Luzulo-Fagetum	70 Luzulo-Fagetum
Melica uniflora IIc	Luzula albida IIb	Luzula albida IIb	Luzula albida IIb	Luzula albida IIb
Milium effusum IIc	Deschampsia flexuosa IIb	Carex pilulifera IIb	Deschampsia flexuosa IIb	Deschampsia flexuosa IIb
Anemone nemorosa IIc	Carex pilulifera IIb	Lonicera periclymenum IIb	Galium hercynicum IIb	Galium hercynicum IIb
Galium odoratum IIc	Polytrichum formosum IIb	Polytrichum formosum IIb	Polytrichum formosum IIb	Polytrichum formosum IIb
Viola reichenbachiana IIc	Dicranella heteromalla IIb	Milium effusum IIc	Dryopteris carthusiana IIIb	Dicranella heteromalla IIb
Stellaria holostea IIc	Anemone nemorosa IIc	Dryopteris carthusiana IIIb	Pteridium aquilinum IIIb	Dryopteris carthusiana IIIb
Dryopteris carthusiana IIIb	Dryopteris carthusiana IIIb	Athyrium filix-femina IIIc	Athyrium filix-femina IIIc	Pteridium aquilinum IIIb
Oxalis acetosella IIIc	Oxalis acetosella IIIc	Deschampsia caespitosa IIIc	Deschampsia caespitosa IIIc	Juncus effusus Vc
Athyrium filix-femina IIIc	Fagus sylvatica	Oxalis acetosella IIIc	Oxalis acetosella IIIc	Fagus sylvatica
Deschampsia caespitosa IIIc	Lysimachia nummularia	Fagus sylvatica	Fagus sylvatica	Agrostis tenuis
Fagus sylvatica	Rubus fruticosus	Quercus robur	Hypnum cupressiforme IIb	Gnaphalium sylvaticum
Luzula pilosa	Lonicera periclymenum	Dryopteris filix-mas	Atrichum undulatum	
Carex pilulifera IIb	Digitalis purpurea	Lonicera periclymenum		
Mnium hornum		Calamagrostis epigeios		
		Senecio fuchsii		
		Acer pseudoplatanus j		
B: 95 %	B: 95 %	B: 90 %	B: 95 %	B: 90 %
K: 70 %	K: 60 %	K: 70 %	K: 60 %	K: 60 %

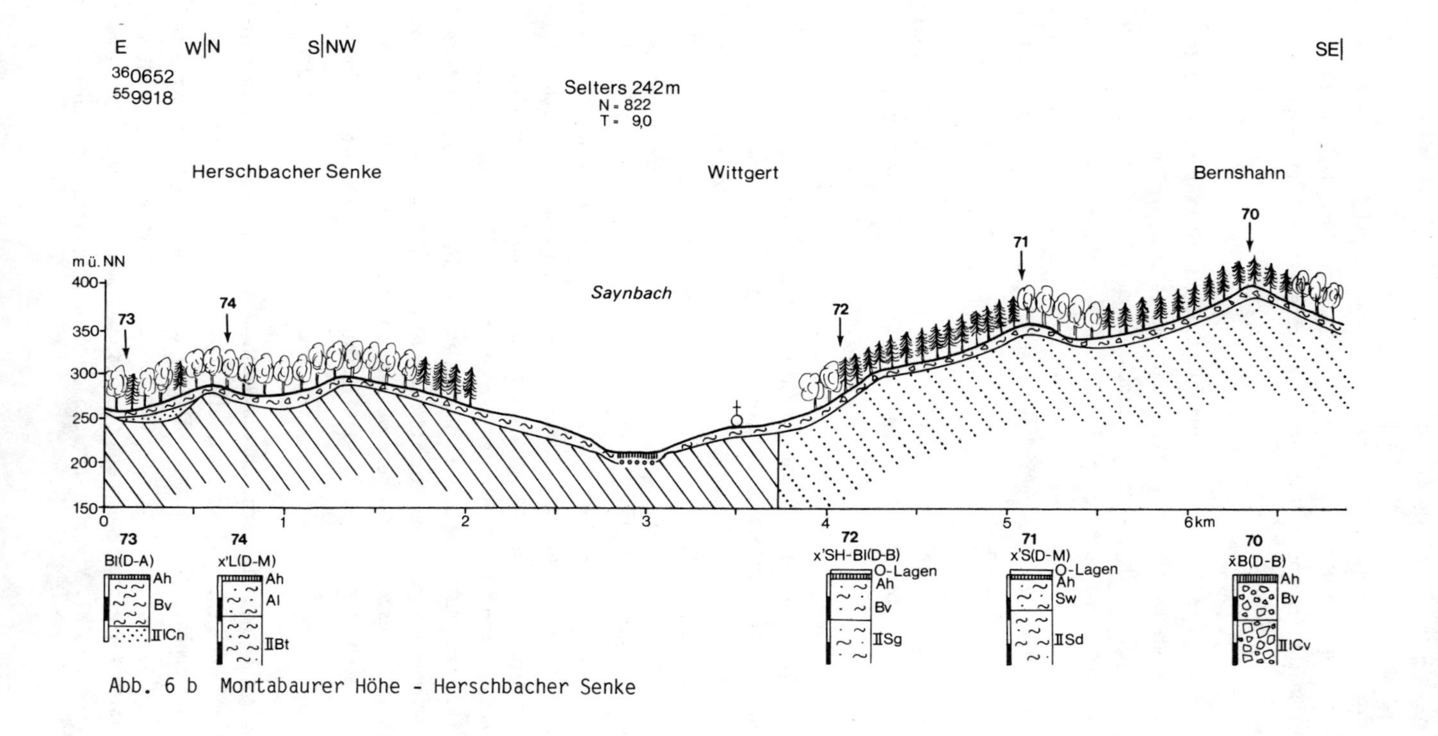

Abb. 6 b Montabaurer Höhe - Herschbacher Senke

Moose *(Dicranum scoparium, Dicranella heteromalla* und *Polytrichum formosum).* Innerhalb der an sich geringen Bedeckung der Krautschicht (ca. 50 %) erreichen sie meist beachtlich hohe Anteile und prägen so auch die Physiognomie des Standortes.

Auf der Fußfläche selbst nimmt mit Abstand zum rückwärtigen Steilhang der Steingehalt im Deckschutt, dem Hauptdurchwurzelungsbereich, ab, dagegen der Anteil des Laacher Bimstuffes am Feinboden schnell zu, so daß saure, basenarme Lockerbraunerden dominieren (St. 66,67), die nur eine artenarme Krautschicht besitzen. Wie schon erwähnt, lassen diese Standorte aber Wälder mit guten Wuchsleistungen zu, so daß die weitgehende Koniferenbestockung als nicht standortsgerecht anzusehen ist.

Im Übergang zur Ransbacher Mulde treten grundfeuchte Böden auf (St. 68b), die zu langfristig vernäßten Stauwasserböden (Pseudogleye, St. 68a) überleiten. Der Deckschutt weist i. d. R. eine hohe Feinmaterialkomponente auf, an der neben Laacher Bimstuff auch Lößlehm vertreten ist. Die Staunässe ist aber auf die im Untergrund anstehenden, sickerwasserstauenden Tone zurückzuführen. Der Hainsimsen-Buchenwald ist aufgrund des standortverbessernden Lößlehmgehaltes im Oberboden und der Tiefgründigkeit der Böden wesentlich artenreicher als an der Montabaurer Höhe selbst. Die verbesserten Wuchsbedingungen drücken sich auch in der Humusform (Moder mit Übergang zu Mull) aus, die das Vorkommen von Arten wie Sternmiere *(Stellaria holostea)*, Flattergras *(Millium effusum* Goldnessel *(Lamium galeobdolon)*, Waldsegge *(Carex sylvatica)*, Gundermann *(Glechoma hederacea)* und Großes Springkraut *(Impatiens noli-tangere)* ermöglicht. Auch der deutlich erhöhte Deckungsgrad der Krautschicht beweist die verbesserten edaphischen Bedingungen. Da der Bereich der Desperwiese heute kaum sinnvoll landwirtschaftlich zu nutzen ist, sind Wälder angebracht. Doch muß der hohe Fichtenanteil bemängelt werden, da sie als Flachwurzler ihre Wurzelteller fast ausschließlich im jahreszeitlich nahezu wassergesättigtem Oberboden (SW-Horizont) ausgebildet haben und bei Sturm sich leicht aus ihrer Verankerung reißen und umstürzen.

Im Anstieg zum Bernushain nördlich von Ransbach treten wieder hangfeuchte Lokkerbraunerden auf (St. 69), die nur ein artenarmes Luzulo-Fagetum tragen, das bergwärts mit zunehmender Feinmaterialverarmung im Deckschutt in der Artenzahl noch weiter eingeengt ist (St. 70). Der Abhang zum Sayntal ist geprägt von relativ feinmaterialreichen Böden auf Quarzit, was weniger auf die Lößlehmkomponente der Oberböden als vielmehr auf den sandigen Quarzitzersatz zurückzuführen ist (St. 71,72). Allen 4 Standorten gemeinsam ist das Auftreten einiger anspruchsvollerer Bodenpflanzen, die an der Montabaurer Höhe fehlen. Neben der ausgesprochenen Azidophyten wie Weiße Hainsimse *(Luzula albida)* und Drahtschmiele *(Deschampsia flexuosa)*, die den dystrophen Gesamteindruck bestätigen, können auch Arten wie Dornfarn *(Dryopteris carthusiana)*, Frauenfarn *(Athyrium filix-femina)*, Behaarte Hainsimse *(Luzula pilosa)*, Flattergras *(Milium effusum)* und Sauerklee *(Oxalis actosella)* zur Differenzierung und als Zeiger partiell günstigerer Nährstoff- und Feuchteverhältnisse dienen. Auch die in der Regel höhere Bedeckung der Krautschicht gegenüber der Montabaurer Höhe unterstreicht die insgesamt besseren Standortverhältnisse.

Etwas trockenere Standorte sind im Randbereich der Herschbacher Senke zum Märkerwald anzutreffen (St. 73), was sich in der Humusform (mullartiger Moder) ausdrückt. Dies wird durch das Auftreten des Buschwindröschens *(Anemone nemorosa)* in der Krautschicht bestätigt. An Standort 73 setzt sich dieser Trend verstärkt fort, da zusätzlich noch Flattergras, Waldmeister, Waldveilchen und Labkraut hinzutreten. Höherer Lößlehmanteil und aufgearbeitete Schiefer des Untergrunds, neben Laacher Bimstuff reichern den Nährstoffgehalt der Böden an, heben den pH-Wert und lassen die Ausbildung von besseren Moder-Humusformen mit Übergängen zum Mull zu.

Vergleichbar mit dem Landschaftsprofil des südlichen Niederwesterwaldes (Abb. 3a - c) werden die höchsten Erhebungen von Quarzit aufgebaut, wo an steilen Hängen sehr saure, skelettreiche und nährstoffarme Böden überwiegen, die artenarme Luzulo-Fageten tragen (Montabaurer Höhe). Wenn sich die Bodenwasserverhältnisse durch höheren Feinbodenanteil verbessern, gedeihen auch anspruchsvollere Pflanzen (N-Abdachung Bernushain). Die Standorte auf Schiefer sind dagegen wesentlich besser einzuschätzen, da sie primär einen höheren Nährstoffgehalt und aufgrund der geringeren Höhe und Flachwelligkeit auch einen höheren Lößlehmanteil im Boden aufweisen. Die staunassen Standorte in der Ransbacher Mulde sind nicht auf erhöhte Niederschläge, sondern auf die unterlagernden, schwer wasserdurchlässigen Tone zurückzuführen. Abschließend sei noch auf den Laacher Bimstuff verwiesen, der im Fußflächenbereich der Montabaurer Höhe sowie im Anstieg zum Bernushain eine wichtige Rolle spielt. Abhängig von den genannten Faktoren treten Waldgesellschaften mit Perlgras *(Melica uniflora)*, die als Übergänge zum Melico-Fagetum zu werten sind, in den vom Bimstuff beeinflußten Standorten auf, während die von azidophilen Moosen und Flechten dominierten Gesellschaften die Steilhänge und Kuppen bedecken.

22 Luzulo-Fagetum

Luzula albida IIb
Holcus mollis IIb
Deschampsia flexuosa IIb
Dicranella hetermomalla IIb
Polytrichum formosum IIb
Hypnum cupressiforme IIb
Milium effusum IIc
Ilex aquifolium IIIb
Dryopteris carth. IIIb
Pteridium aquilinum IIIb
Fagus sylvatica
Lonicera periclymenum
Rubus idaeus
Luzula multiflora

B: 95 %
St: 40 %
K: 50 %

21 Luzulo-Fagetum

Luzula albida IIb
Holcus mollis IIb
Carex pilulifera IIb
Dicranella heteromalla IIb
Polytrichum formosum IIb
Milium effusum IIc
Ilex aquifolium IIIb
Oxalis acetosella IIIc
Athyrium filix-femina IIIc
Carex remota IVc
Gymnocarpium dryopteris B
Fagus sylvatica
Acer pseudoplatanus j
Rubus idaeus
Rubus fruticosus

B: 95 %
St: 40 %
K: 50 %

20 Valeriano-Filipenduletum

Deschampsia caespitosa IIIc
Impatiens noli-tangere IVc
Filipendula ulmaria Vc
Cirsium palustre Vc
Lythrum salicaria Vc
Angelica sylvestris Vc
Lysimachia vulgaris Vc
Juncus effusus Vc
Valeriana officinalis Vd-e
Typhoides arundinacea Vd-e
Scutellaria galericulata VId-e
Equisetum fluviatile VId-e
Equisetum palustre
Molinia caerulea
Scirpus sylvaticus Vd-e
Sparganium erectum
Stachys palustris
Juncus conglomeratus
Galium palustre
Galeopsis tetrahit
Juncus acutiflorus
Eupatorium cannabinum

K: 100 %

23 Melico-Fagetum

Melica uniflora IIc
Stellaria holostea IIc
Galium odoratum IIc
Moehringia trinervia IIc
Hedera helix IIc
Milium effusum IIc
Anemone nemorosa IIc
Lamium galeobdolon IId
Polygonatum multiflor. IId
Impatiens parviflora IId
Oxalis acetosella IIIc
Athyrium filix-femina IIIc
Fagus sylvatica
Quercus robur
Carpinus betulus
Sambucus nigra
Corylus avellana
Senecio fuchsii
Rubus idaeus
Galeopsis tetrahit
Ribes uva-crispa

B: 95 %
St: 30 %
K: 70 %

24 Melico-Fagetum

Milium effusum IIc
Galium odoratum IIc
Poa nemoralis IIc
Viola reichenbachiana IIc
Anemone nemorosa IIc
Dryopteris carthusiana IIIb
Oxalis acetosella IIIc
Athyrium filic-femina IIIc
Deschampsia caespitosa IIIc
Fagus sylvatica
Sambucus nigra j
Fraxinus excelsior j
Acer pseudoplatanus j
Digitalis purpurea
Galeopsis tetrahit
Dryopteris filix-mas
Senecio fuchsii
Prunus avium j
Brachythecium rutabulum

B: 95 %
K: 30 %

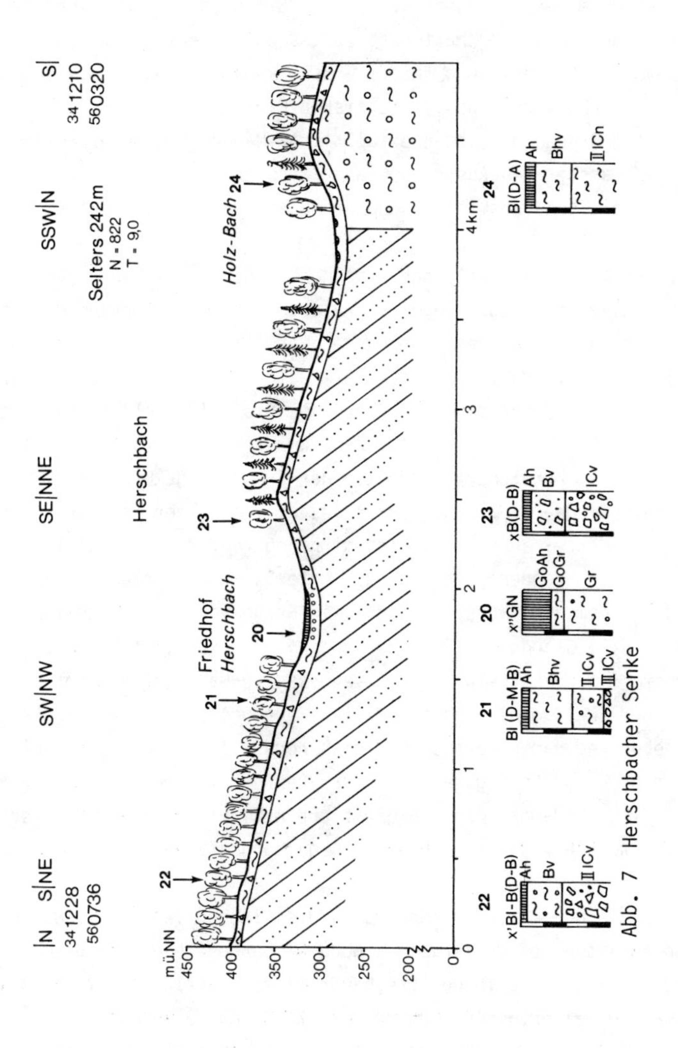

Abb. 7 Herschbacher Senke

4.1.3 Herschbacher Senke

Östlich des Märker Waldes schließt sich die Herschbacher oder Dierdorfer Senke an, die sich durch ihre geringe Höhenlage (275-325 m ü.NN) und weitverbreiteter Landwirtschaft von den Waldlandschaften abhebt. Die Randbereiche der Senke werden noch von devonischen Gesteinen (hier: Grauwacken) aufgebaut, die jedoch im Zentrum tektonisch abgesenkt und mit tertiären Kiesen, Sanden sowie Tonen mit zwischengeschalteten Braunkohleflözen erfüllt ist. Während des Pleistozäns wurden noch Tuffe des Laacher See-Ausbruchs, aber auch Lösse sedimentiert, die vor allem das Zentrum der Senke auskleiden und die Basis der Landwirtschaft bilden.

Das Landschaftsprofil der Abbildung 7 schneidet dezentral den nordöstlichen Rand der Naturraumeinheit aus Mangel an Waldstandorten im Zentrum der Senke. Standort 22, noch im Bereich der Rahmenhöhen, stellt eine lockerbraunerdeähnliche Braunerde dar mit hohem Bimsanteil im Solum, die zu Standort 21 hin in eine mächtige humose Lockerbraunerde übergeht. Die Waldgesellschaft wird von einer Krautschicht begleitet, die zum Zentrum der Senke hin mit einigen anspruchsvolleren Arten bereichert wird, wie der Frauen- und Eichenfarn und die Winkelsegge. Daß gerade hier eine höhere Anzahl von Zeigerarten frischer bis sehr frischer Standorte auftreten, ist nicht nur auf den bimshaltigen Deckschutt zurückzuführen, sondern auch auf den unterlagernden feinmaterialreichen Mittelschutt, der zudem als Nährstoffspender in Frage kommt. Hohe Lößlehmanteile kennzeichnen die Standorte St. 23 und 24, die zu einer vergleichsweise günstigen Humusform führen (F-Mull). Das verbesserte Nährstoffangebot spiegelt sich auch in der Waldgesellschaft (Melico-Fagetum) und in der Krautschicht wider, in der neben dem namengebenden Perlgras noch Waldmeister, Efeu, Flattergras, Buschwindröschen, Springkraut und Frauenfarn vertreten sind. Der hohe Bimsgehalt an St. 24 dämpft die Üppigkeit und Artenvielfalt der Krautschicht gegenüber St. 23, wo ein wesentlich höherer Bedeckungsgrad erreicht wird.

Sehr typisch für die Herschbacher Senke sind die flachen Talmulden, die uns in anderen Teillandschaften des Westerwaldes noch wiederholt begegnen werden. Beispielhaft sei der Standort 20 in unmittelbarer Nähe des Friedhofs in Herschbach vorgestellt. Der ganzjährig hohe Grundwasserstand führte zu einer Naßgleybildung mit einer mächtigen Feuchtmoderauflage, die einen mäßig sauren Standort anzeigt. Als potentiell natürliche Waldgesellschaft ist hier das Stellario-Alnetum glutinosae zu erwarten, welches aber durch eine anthropogen bedingte Baldrian-Mädesüß-Hochstaudenflur ersetzt wird. Kennzeichnend sind das Mädesüß *(Filipendula ulmaria)*, der Blutweiderich *(Gythrum salicaria)*, die Wald-Engelwurz *(Angelica sylvestris)*, der Gilbweiderich *(Lysimachia vulgaris)* und der Baldrian *(Valeriana officinalis)*, die auf schwach saure, mehr oder minder nährstoffreiche Bodenverhältnisse schließen lassen. Als Nährstoffzeiger sind das Rohrglanzgras *(Typhoides arundinacea)*, das Helenkraut *(Scutellaria galericulata)* und der Schlamm-Schachtelhalm *(Equisetum fluviatile)* zu erwähnen. Es ist aber nicht eindeutig zu klären, ob nicht ein Teil der Nährstoffe direkt oder indirekt durch menschliches Handeln in die Landschaft eingebracht wurden.

4.1.4 Montabaurer Senke

Zwischen dem Quarzitmassiv der Montabaurer Höhe und dem basaltischen Oberwesterwald ist die Montabaurer Senke zwischengeschaltet, die nach Süden Anschluß an die devonisch aufgebauten Emsbach-Gelbach-Höhen besitzt. Es handelt sich um eine tektonisch stark zerstückelte Scholle, die mit tertiären Tonen und Kiesen erfüllt ist, die von einer Vielzahl kleiner vulkanischer Kuppen und Rücken durchragt wird. Vor allem im Nordwesten und Südosten bildet auch das paläozoische Basement den Untergrund. Landschaftstypisch sind die weiten Dellen und Mulden des dichten Gewässernetzes, die von flachen, niedrigen Wasserscheiden getrennt werden, die 350 m Höhe selten überschreiten. Im Regen- und Windschatten westlicher Winde gelegen, fallen im Jahresdurchschnitt nur ca. 800 mm Niederschlag bei ca. 9,0°C, so daß die ackerbauliche Nutzung dominiert und der Wald auf die Basaltkuppen bzw. höher gelegenen Schiefergebirgsteile beschränkt ist.

Das Profil 8a-b verläuft am nordöstlichen Rande der Senke in nordwest-südöstlicher Richtung.

Im Wald zwischen Siershahn und Hosten ist tiefgründig zersetzter Quarzit aufgeschlossen (St. 25), der von mehreren Schuttdecken überwandert ist. Der Deckschutt setzt sich daher aus dem sauren, nährstoffarmen Zersatz und Laacher Bims zusammen. Der Lößlehmanteil ist eher gering einzuschätzen. Die dicht gelagerten tieferen Schuttdecken werden zusätzlich durch Haftnässemerkmale beeinflußt, so daß der Standort als sehr sauer und basenarm einzuschätzen ist. Dies belegt auch das artenarme Luzulo-Fagetum. Am Unterhang tritt eine Verbesserung des Bodenwasserhaushaltes auf (St. 26), die Haftnässe spielt keine Rolle mehr. Zudem dürften neben Laacher Bimstuff und Tertiärzersatz auch höhere Lößlehmanteile sich standortverbessernd ausgewirkt haben. Die Unterschiede zu St. 25 zeigen sich in der Krautschicht, wo etwas anspruchsvollere Pflanzen wie Frauenfarn und Sauerklee sowie Rasenschmiele, Flatterbimse und Winkelsegge, die bereits wech-

25 Luzulo-Fagetum

Luzula albida IIb
Deschampsia flexuosa IIb
Dicranella heteromalla IIb
Polytrichum formosum IIb
Dryopteris carthus. IIIb
Juncus effusus Vc
Fagus sylvatica
Agrostis tenuis
Quercus robur

B: 95 %

K: 50 %

26 Luzulo-Fagetum

Luzula albida IIb
Carex pilulifera IIb
Dicranella heteromalla IIb
Polytrichum formosum IIb
Dryopteris carthus. IIIb
Pteridium aquilinum IIIb
Oxalis acetosella IIIc
Athyrium filix-fem. IIIc
Deschampsia caesp. IIIc
Carex remota IVc
Juncus effusus Vc
Fagus sylvatica
Rubus idaeus
Lonicera periclymenum
Rubus fruticosus
Dryopteris filix-mas

B: 99 %

K: 70 %

27 Melico-Fagetum

Milium effusum IIc
Galium odoratum IIc
Viola reichenbach. IIc
Lamium galeobdolon IId
Impatiens parviflora IId
Polygonatum multiflor. IId
Mycelis muralis IIIb
Oxalis acetosella IIIc
Arum maculatum IIId
Circea lutetiana IIId

B: 99 % K: 80 %

28 Luzulo-Fagetum

Luzula albida IIb
Deschampsia flexuosa IIb
Polytrichum formosum IIb
Dryopteris carthus. IIIb
Dryopteris dilatata IIIb
Fagus sylvatica

B: 99 %

K: 60 %

29 Melico-Fagetum

Melica uniflora IIc
Milium effusum IIc
Viola reichenbach. IIc
Lamium galeobdolon IId
Mercurialis perennis IId
Glechoma hederacea IIIc
Ficaria verna IIId
Arum maculatum IIId
Gagea lutea IIIe
Aegopodium podagraria IIIe
Fagus sylvatica
Acer pseudoplatanus
Crataegus laevigata
Quercuc robur
Sambucus racemosa
Senecio fuchsii
Ribes uva-crispa

B: 99 %

K: 90 %

30a Melico-Fagetum

Luzula albida IIb
Melica uniflora IIc
Galium odoratum IIc
Viola reichenbach. IIc
Milium effusum IIc
Poa nemoralis IIc
Deschampsia caesp. IIIc
Athyrium filix-fem. IIIc
Oxalis acetosella IIIc
Scrophularia nodosa IIIc
Gagea lutea IIIe
Fagus sylvatica
Senecio fuchsii
Fraxinus excelsior j
Brachypodium sylvaticum
Stachys sylvatica

B: 95 %

K: 60 %

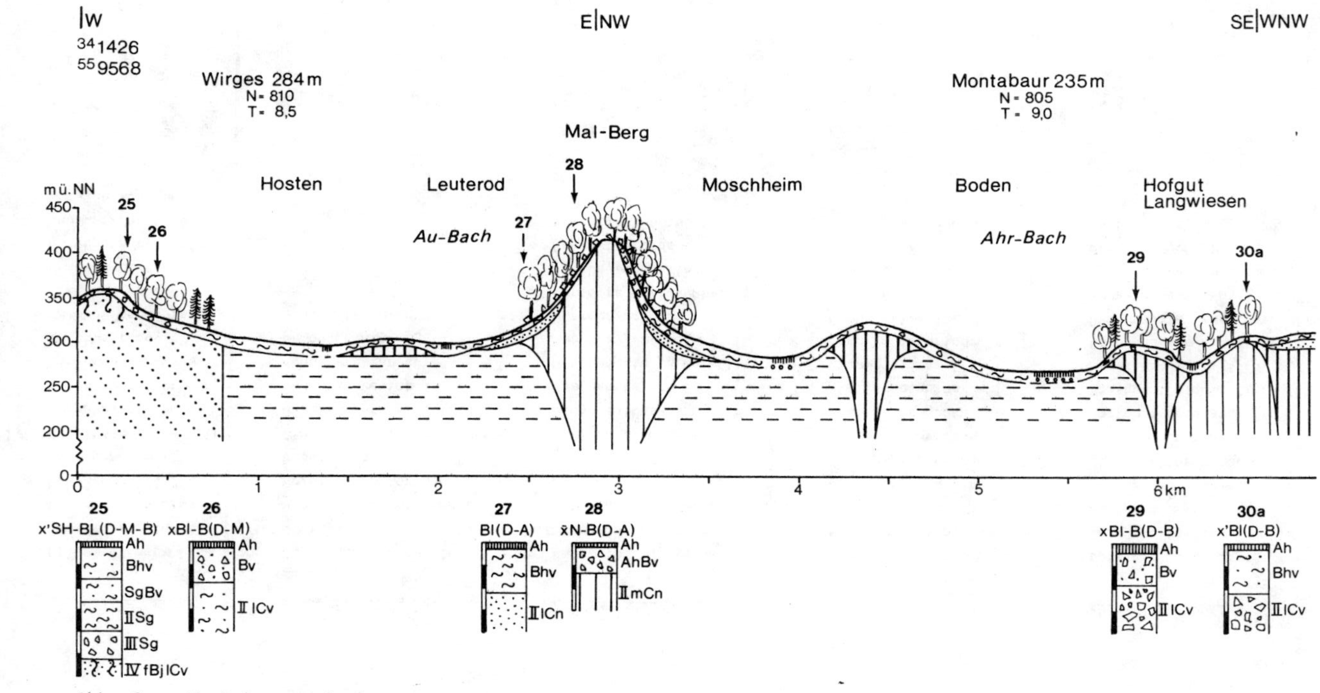

Abb. 8 a Montabaurer Senke

31 Melico-Fagetum

Milium effusum IIc
Galium odoratum IIc
Viola reichenbach. IIc
Poa nemoralis IIc
Geum urbanum IId
Mycelis muralis IIIb
Scrophularia nodosa IIIc
Fagus sylvatica
Sambucus racemosa
Quercus robur
Lapsana communis
Fragaria vesca
Rubus fruticosus
Galeopsis tetrahit
Lonicera periclymenum
Corylus avellana

B: 95 %

K: 70 %

32 Luzulo-Fagetum

Carex pilulifera IIb
Digitalis purpurea IIb
Hypnum cupressiforme IIb
Polytrichum formosum IIb
Dryopteris carthus. IIIc
Athyrium filix-fem. IIIc
Oxalis acetosella IIIc
Fagus sylvatica
Rubus fruticosus
Sambucus nigra j
Digitalis purpurea

B: 95 %

K: 40 %

33 Luzulo-Fagetum

Vaccinium myrtillus IIa
Deschampsia flexuosa IIb
Carex pilulifera IIb
Polytrichum formosum IIb
Luzula pilosa IIc
Stellaria holostea IIc
Viola reichenbach. IIc
Poa nemoralis IIc
Deschampsia caesp. IIIc
Fagus sylvatica
Quercus robur
Lonicera periclymenum
Sorbus aucuparia j
Rubus fruticosus
Agrostis tenuis
Mnium hornum

B: 95 %

K: 60 %

34 Luzulo-Fagetum

Vaccinium myrtillus IIa
Melampyrum pratense IIa
Luzula albida IIb
Holcus mollis IIb
Deschampsia flexuosa IIb
Viola reichenbach. IIc
Anemone nemorosa IIc
Stellaria holostea IIc
Luzula pilosa IIc
Moehringia trinervia IIb
Fagus sylvatica
Quercus robur
Sambucus nigra
Frangula alnus
Rubus fruticosus
Rubus idaeus
Lonicera periclymenum
Galeopsis tetrahit
Epilobium montanum

B: 90 %

St: 30 %

K: 80 %

35 Luzulo-Fagetum

Luzula albida IIb
Deschampsia flexuosa IIb
Hypnum cupressiforme IIb
Polytrichum formosum IIb
Viola reichenbach. IIc
Anemone nemorosa IIc
Atrichum undulatum IIc
Polygonatum multiflor. IId
Mycelis muralis IIIb
Scrophularia nodosa IIIc
Deschampsia caespitosa IIIc
Carex remota IVc
Fagus sylvatica
Senecio fuchsii
Sambucus nigra j

B: 95 %

K: 70 %

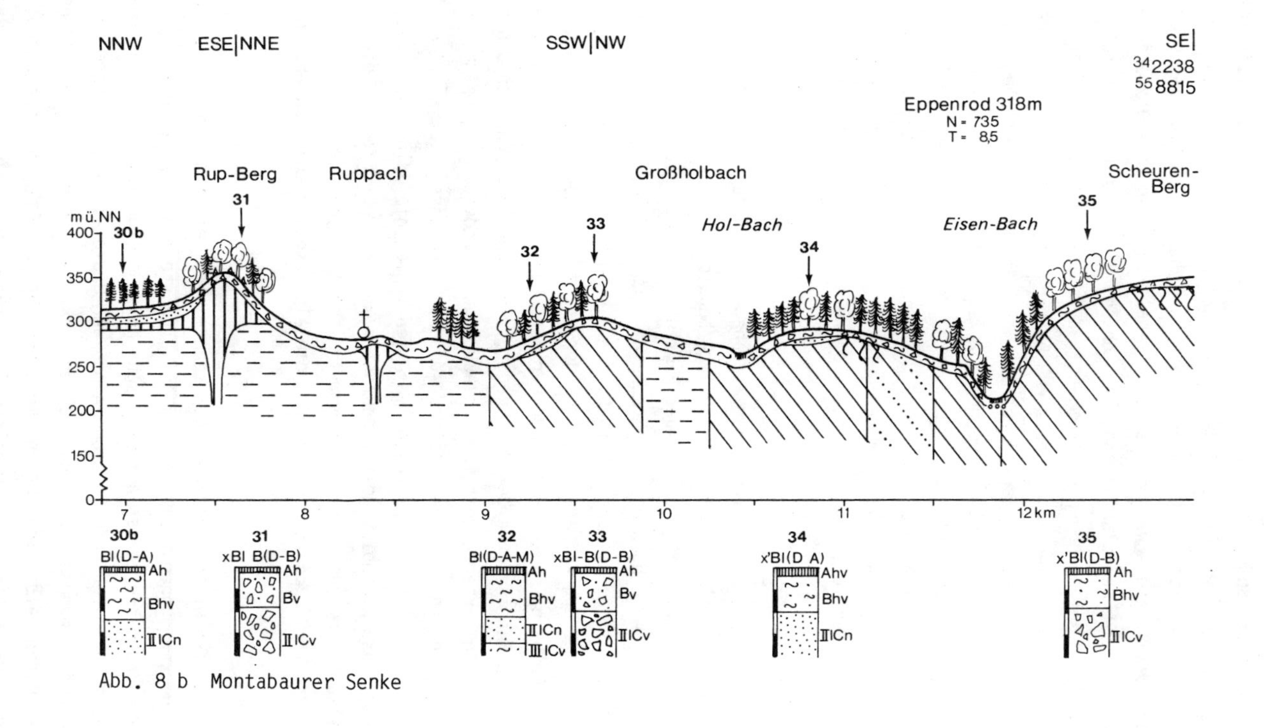

Abb. 8 b Montabaurer Senke

selfeuchten Standorte andeuten, auftreten. Pseudovergleyte und in Bachnähe grundwasserfeuchte Böden sind in erster Linie in den durchweg waldfreien Talzügen anzutreffen, wo Grünlandnutzung vorherrscht. Überwiegend an den leicht hängigen Wasserscheiden mit ihrer besseren Dränage wird Ackerbau betrieben; dabei wird bewußt ein etwas höherer Steingehalt im Boden in Kauf genommen. Generell weisen die periglazialen Deckschichten, die vielfach zur Parabraunerde verwittert sind, einen hohen Lößlehmgehalt auf, aber auch der Laacher Bimstuff spielt noch eine Rolle. Sein Anteil erhöht sich sehr schnell am Unterhang der Vulkankuppen, wo er an den Flanken mehrere Meter Mächtigkeit erlangen kann. Angesichts der geringen Fernlößverwehung zur Zeit der Deckschuttbildung (Jüngere Tundrenzeit) und der äolischen Umlagerung des lokalen Feinmaterials, was in erster Linie der allerödzeitliche Laacher Bimstuff darstellte, verwundert die weite Verbreitung von Lockerbraunerden in der Montabaurer Senke nicht. Lediglich in den weiten Talzügen, wo der lößlehmreiche Mittelschutt verbreitet ist, tritt der Einfluß der vulkanischen Asche im Oberboden zurück.

Als landschaftliches Wahrzeichen der Montabaurer Senke überragt der 422 m hohe Mal-Berg, ein Phonolithkegel, der gänzlich bewaldet ist, das Umland. An seinem Unterhang (St. 27) hat sich Laacher Bimstuff akkumuliert, so daß eine steinfreie, sehr schwach humose Lockerbraunerde sich bildete. Sicherlich sind auch Lößlehmanteile im Solum eingearbeitet, der die ansonsten typische Nährstoffarmut und Versauerung kompensiert. Im Gegensatz zu den sehr sauren Lockerbraunerden der Gelbach-Emsbach-Höhen und der Montabaurer Höhe mit ihren artenarmen Luzulo-Fageten kann am Fuße des Mal-Berges, wie schon in der Herschbacher Senke beobachtet, ein artenreicher Perlgras-Buchenwald gedeihen, der sich vor allem physiognomisch durch die hohen Bestände des Flattergrases *(Milium effesum)* auszeichnet. An besonders anspruchsvollen Arten kommen die Goldnessel *(Lanium galeobdolon)*, das kleinblütige Springkraut *(Impatiens parviflora)*, die Vielblütige Weißwurz *(Polygonatum multiflorum)*, der Aronstab *(Arum maculatum)* sowie das Hexenkraut *(Circea latetiana)* vor, die als ausgesprochene Basenzeiger gelten.

Im extrem steilen Mittel- und Oberhang konnte sich der Bims nicht erhalten, und die Schuttdecken dünnen teilweise bis auf eine steinige Reststreu aus (St. 28). Die Ranker-Braunerde weist nur eine sehr geringe Gründigkeit (ca. 30 cm) auf, und bei weitgehend fehlendem Feinboden muß der Boden als nährstoffarm und trokken bezeichnet werden. Infolgedessen entwickelte sich nur ein sehr artenarmer Hainsimsen-Buchenwald, in dessen Krautschicht neben der namengebenden *Luzula albida* und der Drahtschmiele *(Deschampsia flexuosa)* nur noch das Frauenhaarmoos

(Polytrichum formosum) sowie die beiden Farne *Dryopteris carthusiana* und *dilatata* auftreten, die eher als Säurezeiger zu werten sind. Anspruchsvollere Zeigerpflanzen fehlen dem Standort 28 vollständig.

An den Standorten 29 und 30a findet sich wieder ein Perlgras-Buchenwald, was auf nährstoffreichere Böden mit mullartigen Humusformen schließen läßt. Gerade der Giersch und Wald-Gelbstern fordern nitratreiche, frisch bis feuchte, gut durchlüftete, lockere Böden. Die Nährstoffe liefern die der Schuttdecke beigemischten Basalt- und Phonolithbruchstücke, sowie der Löß, während der gute Bodenwasser- und Bodenlufthaushalt auf den hohen Gehalt an vulkanischer Asche zurückzuführen ist. Der Unterschied der beiden Standorte zeigt sich im Dekkungsgrad der Krautschicht, der St. 29 heraushebt. Dies dürfte mit dem höheren Basaltanteil im Deckschutt zu erklären sein. Steigt er iedoch zu sehr auf Kosten des Feinbodenanteils an, verschlechtern sich die Standortsverhältnisse, da vor allem der Wasserhaushalt negativ betroffen ist (St. 31).

Zwischen den Ortschaften Ruppach und Großholbach steht im Untergrund wieder Schiefer an, dessen primärer Nährstoffgehalt deutlich hinter dem des Basaltes zurückbleibt. Folglich sind davon auch die überlagernden Schuttdecken betroffen, in denen Untergrundgestein aufgearbeitet ist. Zudem ist den Standorten 32 und 33 ein hoher Bimsanteil beigemischt. Die Lockerbraunerde von St. 32 weist eine besonders artenarme Krautschicht auf mit einem nur geringen Deckungsgrad. In St. 33 ist der Schieferanteil erhöht, was zu einer reicheren und dichteren Krautschicht führte.

Ein ähnlicher Vergleich ist auch zwischen den Standorten 34 und 35 möglich, wobei letzterer einen höheren Schieferanteil aufweist. Während an Standort 34 ausgesprochene Säureanzeiger wie Heidelbeere und Wiesenwachtelweizen vorkommen und anspruchsvollere Arten in den Hintergrund treten, zeichnet sich der Standort 35 durch die Vielblütige Weißwurz *(Polygonatum multiflorum)*, den Mauerlattich *(Mycelis muralis)*, die Rasenschmiele *(Deschampsia caespitosa)* und die Winkelsegge *(Carex remota)* aus, die auf vergleichsweise günstige Nährstoffverhältnisse schließen lassen.

Zusammenfassend stellt sich die klimabegünstigte Montabaurer Senke als ein Naturraum dar, der eine Vielzahl von Gesteinen aufweist, deren Einfluß auf die Vegetationsstandorte durch die Zusammensetzung der Deckschichten gesteuert wird. Während auf den Quarziten saure, artenarme Biotope entstehen, werden diese durch den Laacher Bimstuff eher verbessert. Dies trifft nicht für die Schiefergebiete im Süden der Senke zu, da sie primär nährstoffreicher sind , aber Laacher Bimstuff eher anspruchslosere Arten zuläßt. Generell sind jedoch an allen Standorten Hainsimsen-Buchenwälder typisch. Melico-Fageten (Perlgras-Buchenwälder) sind als potentiell natürliche Waldgesellschaft auf den vulkanischen Festgesteinen anzunehmen, da hier dem Deckschutt zusätzlich z. T. basaltbürtiger Flugstaub oder sogar tertiäre Basalttuffe beigemischt sind, die vor allem das Nährstoffangebot wesentlich erhöhen. Lediglich die extrem flachgründigen und skelettreichen Böden über basaltischem Gestein lassen nur artenarme Waldgesellschaften zu.

4.1.5 Niederwesterwälder Hochmulde

Den nördlichsten Teil des Niederwesterwaldes nimmt eine flachwellige Hochfläche ein, die als Niederwesterwälder Hochmulde bezeichnet wird. Obgleich sie eine vergleichbare geographische Höhenlage wie die Montabaurer und Herschbacher Senke aufweist, wird sie doch bei niedrigeren Jahresdurchschnittstemperaturen stärker beregnet, da ihr bei überwiegend nordwestlichen Winden der Regenschatteneffekt fehlt. Das subatlantisch getönte Klima, das mit Annäherung an den Oberwesterwald im Osten noch feuchter wird, spiegelt sich auch in den Biotopen wider, wo mäßig frische bis frische Standorte weite Areale einnehmen. Vegetationskundlich wird der Klimaraum durch das südlichste Auftreten von Beinbrech *(Narthecium ossifragum)* bestätigt. Der geologische Unterbau besteht aus z. T. tertiär zersetzten Schiefern, die die Staunässetendenz der Böden verstärken.

Das Landschaftsprofil der Abbildung 9a-b schneidet die westliche Mulde von Nordwesten nach Südosten und setzt in den Quellenmulden der Nebengerinne des Hauf-Baches an. Hier treten Grundwasserböden auf, die bis zu 20 cm mächtige, saure Humushorizonte und einen Oxidationshorizont ausgebildet haben, der aufgrund seiner Mächtigkeit (ca. 1 m) eine starke Grundwasserschwankung belegt (St. 53 a). Die auftretenden Sphagnum-Arten deuten sogar auf eine initiale Vermoorung hin. Kennzeichnend für den Standort sind Säurezeiger, die dem atlantisch-subatlantischen Florenelement angehören. Es handelt sich um Arten der atlantischen Heidemoore, wie Glockenheide *(Erica tetralix)*, Beinbrech *(Narthecium ossifragnum)*, Lungenenzian *(Gentiana pneumonanthe)* und Dichtes Torfmoos *(Sphagnum compactum)*, die hier teilweise an ihrer Arealgrenze stehen.

Im bewaldeten Hang liegen dagegen saure Braunerden vor (St. 53 b), die die für sie typischen Moder-Humusauflagen besitzen. Die Hanglage, aber auch der gut durchlässige Untergrund verhindern Staunässe, fördern jedoch auch angesichts der hohen Niederschläge die Nährstoffauswaschung und Versauerung. Heidelbeere und gewöhnliches Besenmoos sind die Vertreter dieser sauren Standorte, während der Salbei-Gamander das Niederschlagsregime charakterisiert. Die Pflanzengesellschaft des Eichen-Buchenwaldes (Fago-Querectum) ist im Westerwald auf derartige Biotope beschränkt und wird vor allem auch durch das Pfeifengras *(Molinia caerula)* im Aspekt entscheidend geprägt.

Standort 54 darf für die ackerbaulich genutzten Flächen als repräsentativ gelten. Auf den lößlehmreichen Schuttdecken konnte sich hier eine Parabraunerde entwickeln, die bereits deutliche Übergänge zum Pseudogley aufweist. Ihr Nährstoffangebot sowie die Bodenreaktion dürften dadurch nicht unerheblich verschlechtert worden sein. Den edaphischen Bedingungen entsprechend ist ein artenreicher Hainsimsen-Buchenwald entwickelt, in dem auch *Ilex aquifolium* als ein für den nordwestlichen Niederwesterwald typischer Strauch auftritt. Neben der Stechpalme finden sich wohl eine ganze Reihe von anspruchsvolleren Arten, die sich aufgrund der noch relativ günstigen Humusform hier ansiedeln konnten. Zu nennen sind Hoher Schwingel *(Festuca altissima)*, Wald-Knäuelgras *(Dactylis polygama)*, Waldsegge *(Carex sylvatica)*, Rasenschmiele *(Deschampsia caespitosa)*, Frauenfarn *(Athysium filix-femina)* und Sauerklee *(Oxalis acetosella)*.

Stellenweise sind die Schiefer von Basalten durchschlagen worden, die sich schwach über die Umgebung herausheben. In hängigem Gelände entstanden steinreiche Braunerden, die trockener und nährstoffreicher als die Schieferbraunerden sind. Die Waldgesellschaft des Standortes 55 belegt dies im Vergleich zu Standort 56, wo trotz höherem Lößlehmanteil Pflanzen mit geringeren Nährstoffansprüchen dominieren. Während auf dem Basalt ausgesprochene Nährstoffzeiger wie Goldnessel *(Lamium galeobdolon)* und Waldsegge *(Carex sylvatica)* auftreten, herrschen auf dem Schiefer Arten wie Heidelbeere *(Vaccinium myrtillus)*, Wiesen-Wachtelweizen *(Melampyrum pratense)*, Drahtschmiele *(Deschampsia flexuosa)* und das Große Gabelzahnmoos *(Dicranum scoparium)* vor. Die genannten Pflanzen gelten als Zeiger sehr saurer, nährstoffarmer Böden.

Standorte besonderer Art entwickeln sich in Auen und Bachrändern (St. 56 b, 57), wo meist sehr junge Böden mit unterschiedlich hohen Grundwasserständen aus Substraten, die im Einzugsbereich der Gewässer erodiert und in der Aue wieder sedimentiert wurden, verbreitet sind. Luft- und Bodenwasserhaushalt sind i. d. R. in diesen Böden, wenn das Grundwasser nicht zu nahe unter der Geländeoberfläche steht, als gut einzuschätzen. Auch die Nährstoffversorgung darf gewöhnlich als positiv umschrieben werden, da die Sedimente primär recht viele Nähr-

53a Ericetum tetralicis

Molinia caerulea IVa-b
Erica tetralix IVa-b
Narthecium ossifragum IVa-b
Sphagnum papillosum IVa-b
Sphagnum compactum IVa-b
Gentiana pneumonanthe IVa-b
Sphagnum palustre IVa-b
Salix aurita j
Betula pendula j
Trichophorum caespitosum
ssp. germanicum

K: 95 %

53b Fago-Quercetum

Vaccinium myrtillus IIa
Dicranum scoparium IIa
Deschampsia flexuosa IIb
Teucrium scorodonia IIb
Polytrichum formosum IIb
Dicranella heteromalla IIb
Blechnum spicant IIIa
Pteridium aquilinum IIIb
Dryopteris carthusiana IIIb
Ilex aquifolium IIIb
Molinia caerulea IV a-b
Polytrichum commune Va
Fagus sylvatica
Quercus robur
Betula pendula
Frangula alnus
Equipactis hellborine IIc
Sphagnum recurvum
Mnium hornum
Lophocolea heterophylla

B: 95 %

St: 30 %

K: 60 %

54 Luzulo-Fagetum

Carex pilulifera IIb
Dicranella heteromalle IIb
Polytrichum formosum IIb
Poa nemoralis IIc
Festuca altissima IIc
Dactylis polygama IIc
Carex sylvatica IId
Ilex aquifolium IIIb
Dryopteris carthusiana IIIb
Lysimachia nemorum IIIb
Deschampsia caespitosa IIIc
Athyrium filix-femina IIIc
Oxalis acetosella IIIc
Fagus sylvatica
Quercus robur
Sambucus racemosa
Senecio fuchsii
Rubus fruticosus
Lonicera periclymenum
Betula pendula j
Dryopteris filix-mas
Digitalis purpurea

B: 95 %
St: 30 %
K: 40 %

55a Luzulo-Fagetum

Deschampsia flexuosa IIb
Hieracium sylvaticum IIb
Plagiothecium laetum IIb
Viola reichenbachiana IIc
Poa nemoralis IIc
Lamium galeobdolon IId
Carex sylvatica IId
Dactylis polygama IIc
Moehringia trinervia IIc
Mycelis muralis IIIb
Geranium robertianum IIIc
Fagus sylvatica
Carpinus betulus
Quercus robur
Senecio fuchsii
Dryopteris filix-mas
Rubus fruticosus
Lapsana communis
Mnium hornum

B: 95 %

K: 70 %

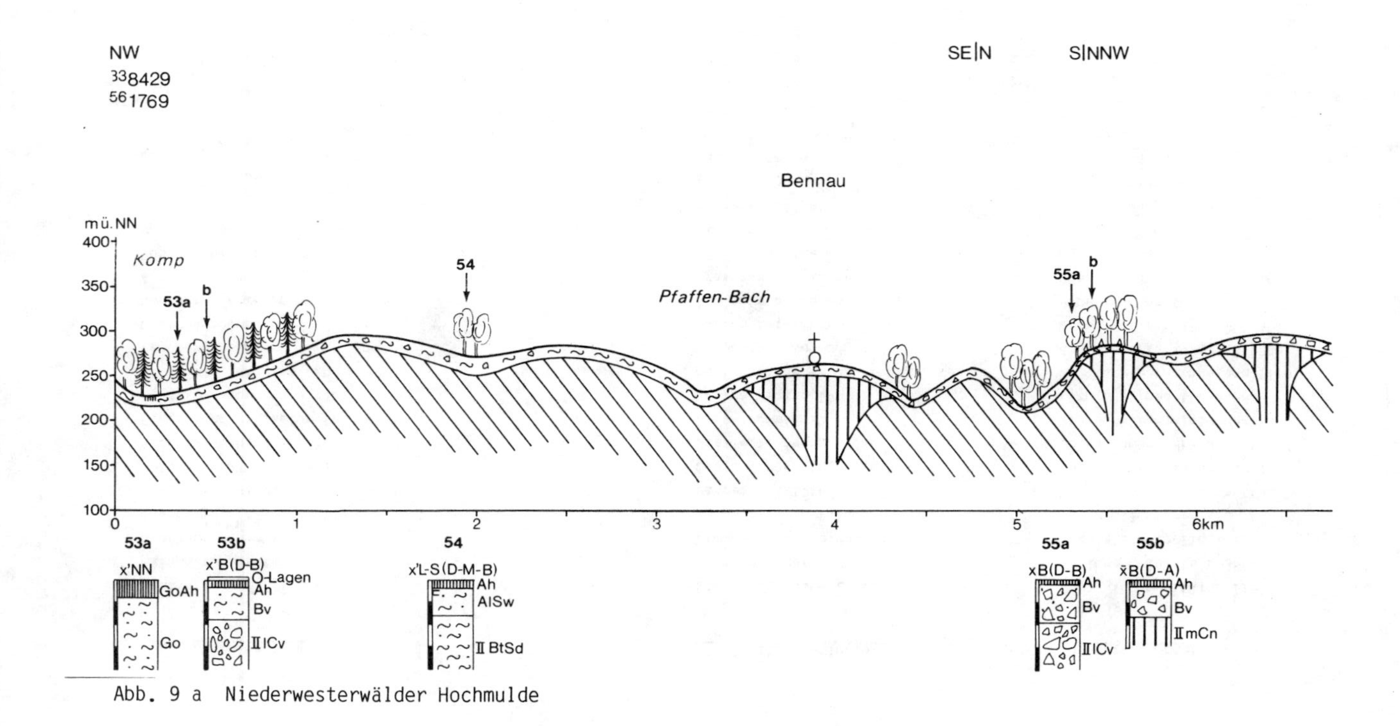

Abb. 9 a Niederwesterwälder Hochmulde

56a Luzulo-Fagetum

Vaccinium myrtillus IIa
Melampyrum pratense IIa
Dicranum scoparium IIa
Deschampsia flexuosa IIb
Hieracium sylvaticum IIb
Polytrichum formosum IIb
Dicranella heteromalla IIb
Plagiothecium laetum IIb
Teucrium scorodonia IIb
Stellaria holostea IIc
Fagus sylvatica
Quercus robur
Lonicera periclymenum
Agrostis tenuis
Rubus fruticosus
Mnium hornum

B: 95 %

K: 70 %

57 Stellario-Alnetum

Stellaria holostea IIc
Anemone nemorosa IIc
Lamium galeobdolon IId
Ajuga reptans IIIc
Circea lutetiana IIId
Corydalis solida IIIe
Stellaria nemorum IVc
Carex remota IVc
Urtica dioica IVc
Matteuccia struthiopteris IVd-e
Chrysosplenium opposit. VId-e
Circea intermedia IVd-e
Alliaria petiolata F
Fraxinus excelsior
Corylus avellana
Alnus glutinosa
Acer pseudoplatanus
Carpinus betulus
Galium aparine
Rubus fruticosus
Sambucus nigra

B: 90 %

K: 80 %

58 Luzulo-Fagetum

Vaccinium myrtillus IIa
Calluna vulgaris IIa
Luzula albida IIb
Carex pilulifera IIb
Deschampsia flexuosa IIb
Lysimachia nemorum IIb
Polytrichum formosum IIb
Diplophyllum albicans IIb
Luzula pilosa IIc
Dryopteris carthusiana IIIb
Athyrium filix-femina IIIc
Fagus sylvatica
Hypericum perforatum
Quercus robur
Agrostis tenuis
Rubus fruticosus
Acer pseudoplatanus j
Pellia epiphylla

B: 95 %

K: 60 %

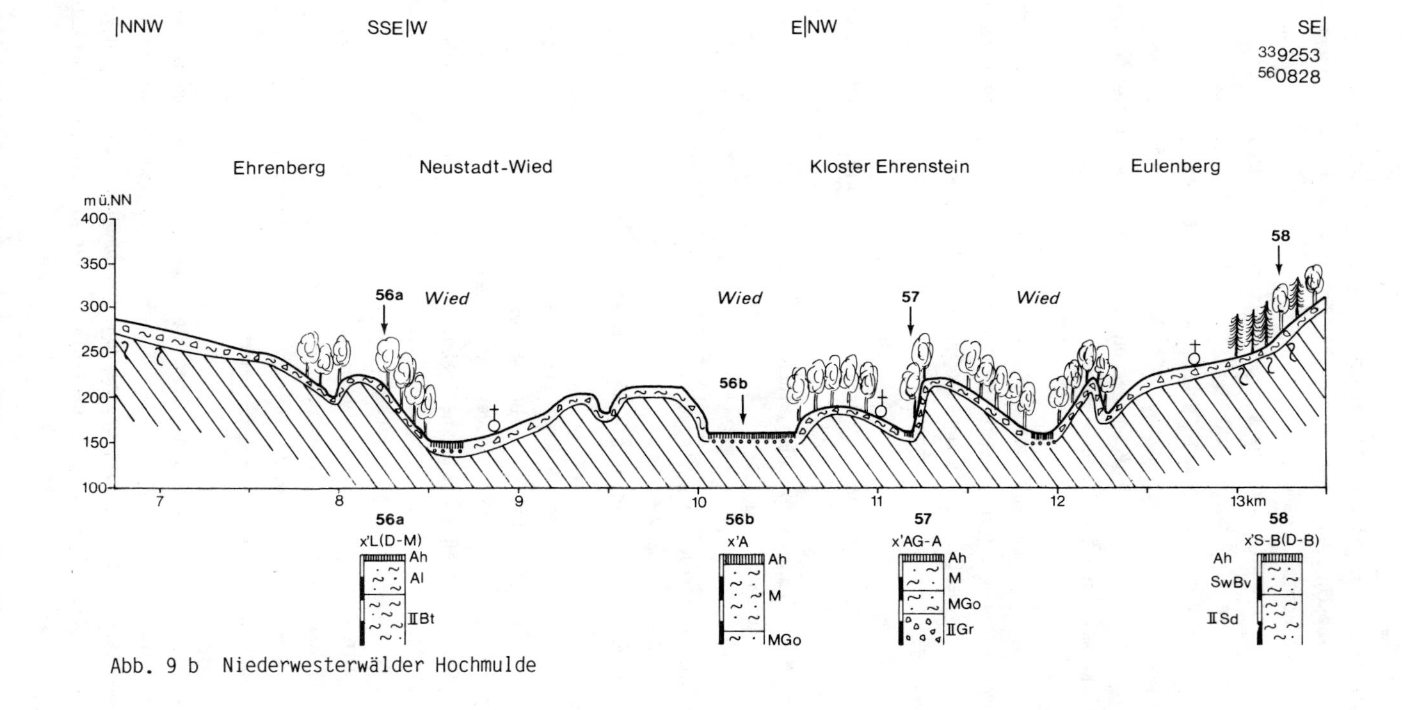

Abb. 9 b Niederwesterwälder Hochmulde

stoffe mitbringen und Alterungsprozesse der Böden noch nicht eingesetzt haben. Die Vegetationsbeschreibung (St. 57) bestätigt dies mit ihrem Artenreichtum und hohem Bedeckungsgrad. Es handelt sich um einen Hainsternmieren-Erlenwald (Stellario-Alnetum), der als typische Vegetationsform der Bachauen des Westerwaldes anzusehen ist. In der Krautschicht herrschen Nährstoffzeiger, z. T. ausgesprochene Stickstoffindikatoren wie Brennessel *(Urtica dioica)* und Lauchranke *(Alliaria petolata)* vor. Bezüglich des Stickstoffes kann aber ein anthropogener Eintrag nicht ganz ausgeschlossen werden. Bemerkenswert ist ferner das reichhaltige Vorkommen des Straußfarnes *(Mattenccia struthiopteris)*.

Im Anstieg zum Märkerwald verarmen die Waldstandorte wieder (St. 58) und weisen einen bodensauren Hainsimsen-Buchenwald aus. Vor allem das Auftreten von Heidelbeere und Heidekraut belegen neben dem geringen Bedeckungsgrad die geringe Basensättigung und saure bis sehr saure Bodenreaktion. Der Bodentyp ist gekennzeichnet durch umgelagertes, tertiär vorverwittertes Schiefermaterial, das zwar einen hohen Feinbodenanteil aufweist, das aber kaum Alkali und Erdalkali besitzt. Zudem haben die Untergrundverdichtung in Form des Gesteinszersatzes und die hohen Niederschläge zu einer Staunässe geführt, die zusätzlich zur Standortsverschlechterung beiträgt.

4.1.6 Zusammenfassung Niederwesterwald

Zusammenfassend ist der Niederwesterwald bodengeographisch zu gliedern in:

- sehr saure, schuttreiche Podsole und Braunerden in den Hochlagen der Montabaurer Höhe und den Emsbach-Gelbach-Höhen, wo die devonischen Quarzite die höchsten Erhebungen bilden. Da der Lößlehmgehalt der Schutte mit Höhenlage und Steilheit des Reliefs schnell abnimmt und sich der gesteinsspezifische Chemismus bei hohen Niederschlägen bodenversauernd auswirkt, sorgt stellenweise der jungpleistozäne Laacher Bimstuff für eine Standortsverbesserung besonders hinsichtlich des Bodenwasser- und -lufthaushaltes. Trotzdem lassen die Böden nur einen artenarmen Hainsimsen-Buchenwald zu, in dem Säurezeiger wie Heidelbeere, Wiesen-Wachtelweizen, Drahtschmiele und Großes Gabelzahnmoos stark vertreten sind.

- Eine weitere Gruppe von Böden nehmen die großflächig tiefgründig zersetzten Schiefer ein. Je nach Höhenlage, Niederschlagsregion und Anteil äolischer Fremdkomponenten konnten sich Braunerden, Parabraunerden und pseudovergleyte Böden entwickeln. Die ausgedehnten Flächen der Westerwälder Hochmulde, der

Sayn-Wied-Hochfläche und der Kannenbäcker Hochfläche weisen feinmaterialreiche, aber durch Staunässe und Beimengung von Schieferzersatz basenarme, saure Böden auf, die ebenfalls von Hainsimsen-Buchenwäldern bestockt werden, für die i. d. R. neben Hainsimse *(Luzula albida)* verschiedene Farne *(Athyrium filix-femina, Dryopteris carthusiana)*, Sauerklee *(Oxalis acetosella)* und Waldveilchen *(Viola reichenbachiana)* kennzeichnend sind. Heute dominiert auf diesen Standorten die Grünlandnutzung.

In hängigen Reliefpositionen überwiegen dagegen trockenere, aber auch skelettreichere Braunerden mit nur geringem Zersatzanteil. Sofern der Steingehalt nicht allzu hoch ist, werden die Böden ackerbaulich bewirtschaftet. Vegetationskundlich sind die Standorte von einem Luzulo-Fagetum geprägt, in dem auch anspruchsvollere Arten wie die Vielblütige Weißwurz *(Polygonatum multiflorum)*, der Mauerlattich *(Myalis muralis)*, Sauerklee *(Oxalis acetosella)* und Buschwindröschen *(Anemone nemorosa)* vertreten sind.

- Die Senken des Niederwesterwaldes sind charakterisiert von lockerbraunähnlichen Böden, deren Ausgangssubstrat teils reiner Trachyttuff (Laacher Bims), aber auch Basalttuff sein kann. In diesem Falle ist der Standort basenreicher und weniger sauer, ohne die positiven Eigenschaften im Hinblick auf Wasser- und Lufthaushalt zu verlieren. Die Krautschicht ist durch Arten wie Flattergras *(Milium effusum)*, Weiches Honiggras *(Holcus mollis)*, Winkelsegge *(Carex remota)* und Waldveilchen *(Viola reichenbachiana)* bezeichnet. Ackerbau wird aber nur bei höherem Lößlehmanteil im Oberboden betrieben, ansonsten dominieren Forste. Dies gilt auch für die Braunerden an Basaltkegeln und -rücken, wo vor allem die Steilheit des Reliefs Forstwirtschaft nahelegt, obgleich die Böden nährstoffreich sind. Dominante Waldgesellschaften sind daher artenreichere Hainsimsen-Buchenwälder sowie Perlgras-Buchenwälder unterschiedlicher Ausprägung.

- Auf den Standorten mit Ton im Untergrund schränkt die Staunässe die Ertragsfähigkeit ein und Grünlandnutzung überwiegt. Das Vegetationsbild ist durch Versauerung, Basenauswaschung und mangelhaftem Wasser- und Lufthaushalt gekennzeichnet. An Waldgesellschaften herrscht das Luzulo-Fagetum vor, was z. T. auch artenreich ausgebildet sein kann. Bei mehr oder minder extensiver Grünlandnutzung haben sich saure Calthon-Wiesen entwickelt.

- Als ackerbaulich optimal stehen im Westerwald die Parabraunerden aus Löß/Lößlehm da, die am weitesten in der Montabaurer und Herrschbacher Senke verbreitet sind. An Waldgesellschaften überwiegen artenreiche Perlgras-Buchenwälder, die sich durch Basen- und Nährstoffanzeiger auszeichnen. Naturnahe Standorte sind aufgrund der Dominanz der Landwirtschaft sehr selten.

4.2 Der Oberwesterwald

Eine auch räumliche Zwischenstellung zwischen dem basaltischen Hohen Westerwald und dem devonischen Niederwesterwald bzw. dem Gladenbacher Bergland im Osten nimmt der Oberwesterwald ein. Halbkreisförmig umschließt er den Hohen Westerwald im Osten, Süden und Westen in einer Höhenlage von 350-500 m. Im Westen und Süden wird er im wesentlichen von vulkanischen Gesteinen aufgebaut, die von Nister und Elb-Bach z. T. bis auf den devonischen Sockel zerschnitten sind. Im Osten zur Dill dagegen wurde die Basaltbedeckung fast gänzlich abgetragen und das devonische Gestein wieder freigelegt. Die Niederschläge steigen von 850 mm im Regenschatten des Hohen Westerwaldes im Osten, über 900 mm im Süden bis auf 1000 mm im Westen (Luv-Lage).

4.2.1 Südlicher Oberwesterwald

Der südliche Oberwesterwald ist ein kuppiges, stark zertaltes Bergland, in dem die Basaltkuppen und -rücken besonders hervortreten. Typisch sind die engen, schluchtartigen, bewaldeten Täler im Übergang vom Basalt zum Schiefer. Flache Mulden bilden sie dagegen im Ton, wo dann Grünlandnutzung überwiegt. Die flachen Kuppen und leicht hängigen Geländeabschnitte werden für den Ackerbau bevorzugt, da Lößlehm und Basaltgrus das Nährstoffangebot vergrößern und die Reliefposition trotz erhöhter Niederschläge für eine gute Dränage sorgt. Die kegelförmigen Basaltstiele sowie die Massive sind wieder bewaldet.

Das Landschaftsprofil der Abbildung 10 a - b beginnt nahe Westerburg, schneidet sowohl Basaltrücken als auch große Massive (Watzenhahn) und reicht bis an die Grenze des Hohen Westerwaldes.

Der Perlgras-Buchenwald an Standort 35 deutet mit seinem Artenreichtum und dem hohen Bedeckungsgrad der Krautschicht eine gute bis sehr gute Nährstoffversorgung an. Typisch sind das Auftreten von Waldmeister, dem Waldveilchen, Aronstab, Goldhahnenfuß und Lerchensporn. Daneben wachsen auch Stickstoffzeiger wie Brennessel, Giersch und Ruprechtskraut, was allerdings auch auf einen gewissen anthropogenen Einfluß schließen läßt. Die Bodenbildung an dem steilen, südwestexponierten Hang ist eine Braunerde aus lößlehmreichem Deckschutt über verfestigtem tertiären Trachyttuff, was die gute Nährstoffversorgung bestätigt.

In völligem Kontrast dazu muß der Standort 36 a gesehen werden, wo eine sehr steinige Lockerbraunerde aus Laacher Bimstuff-reichem Deckschutt entstanden ist. Die Waldgesellschaft kann als ausgesprochen artenarm bezeichnet werden und unterscheidet sich nicht von den gleichartigen Böden der Montabaurer Höhe. Das Querprofil durch das Elb-Bachtal (St. 36 a-d) ist zugleich auch eine für den Oberwesterwald charakteristische Bodencatena. In Leelage, am steilen ostexponierten Hang konnte Laacher Bimstuff sedimentiert werden, der später in den Deckschutt eingearbeitet und mit dem Frostschutt des basaltischen Oberhanges vermischt wurde. Der solifluidale Transport des Basaltschuttes kam aber über dem Bimstuff schnell zum Erliegen, so daß der Unterhang (St. 36 b) von einer feinmaterialreichen Lockerbraunerde bedeckt ist. Die geringe Basensättigung und die starke Versauerung des Bodens lassen nur eine Gründlandwirtschaft zu. Am Gegenhang, in der Luv-Position, fehlt der Bims in größerer Mächtigkeit und die Schuttdecken setzen sich aus Lößlehm sowie Ton, der den Basalt unterlagert, zusammen. Infolgedessen weist der Unterboden einen hohen Tongehalt auf. Da im konkaven Unterhang noch mit Zuzugwasser aus dem Mittelhang zu rechnen ist, ist die Ausbildung eines Pseudogleys verständlich (St. 36 c), der hangaufwärts in eine Parabraunerde (St. 36 d) übergeht. Landwirtschaftlich wird nur noch dieser Standort genutzt, während das Grünland der Pseudogleye der Sozialbrache anheimfällt. Mit dem Basalt im Untergrund erhöht sich die Hangverteilung, und die Schuttdecken werden schnell steinreicher. Auf dem relativ ebenen Massiv (St. 37) sind dann wieder feinmaterialreichere Böden anzutreffen, die aber zur Pseudovergleyung neigen. Die Staunässe hat zu einer starken pH-Wert-Absenkung und zu Nährstoffverlusten geführt. Überdies leiden diese Böden unter einem unausgeglichenen Bodenwasser- und -lufthaushalt, so daß sich nur ein mesotropher, an Flattergras reicher Perlgras-Buchenwald entwickelte. In der Krautschicht dominieren Waldsegge *(Carex sylvatica)*, die Vielblütige Weißwurz *(Polygonatum multiflorum)* und die Waldgerste *(Hordelymus europaeus)*. Ausgesprochene Basenzeiger fehlen jedoch. Die vorhandenen Waldmeisterbestände zeigen allenfalls partiell günstigere, aber dennoch nur mesotrophe Verhältnisse an, während das Vorkommen von *Alliaria petiolata* vermutlich anthropogen bedingt ist.

Der Osthang des Watzenhahns zum Elb-Bach erlaubte aufgrund seiner Steilheit nur die Ausbildung steiniger Schuttdecken mit hohem Laacher Bimsanteil, aber auch basaltischer Aschen. Daher zeichnet sich diese Lockerbraunerde (St. 38) durch einen höheren Artenreichtum aus als St. 36 a.

35 Melico-Fagetum

Melica uniflora IIc
Galium odoratum IIc
Viola reichenbachiana IIc
Poa nemoralis IIc
Carex sylvatica IId
Geum urbanum IId
Geranium robertianum IIIc
Arum maculatum IIId
Ranunculus auricomus IIId
Ficaria verna IIId
Adoxa moschatellina IIId
Corydalis cava IIIe
Aegopodium podagraria IIIe
Urtica dioica IVc
Fagus sylvatica
Quercus robur
Ribes uva-crispa
Sambucus racemosa
Fraxinus excelsior
Dryopteris filix-mas
Corylus avellana
Acer pseudoplatanus
Brachypodium sylvaticum

B: 95 %

K: 80 %

36a Luzulo-Fagetum

Holcus mollis IIb
Teucrium scorodonia IIb
Poa nemoralis IIc
Epipactis helleborine IIc
Fagus sylvatica
Sambucus racemosa
Rubus fruticosus
Veronica chamaedrys

B: 95 %

K: 30 %

37 Melico-Fagetum

Milium effusum IIc
Viola reichenbachiana IIc
Galium odoratum IIc
Poa nemoralis IIc
Carex sylvatica IId
Polygonatum multiflorum IId
Hordelymus europaeus IId
Oxalis acetosella IIIc
Scrophularia nodosa IIIc
Athyrium filix-femina IIIc
Alliaria petiolata F
Fagus sylvatica
Quercus robur
Stachys sylvatica
Festuca gigantea
Dryopteris filix-mas
Rubus fruticosus
Senecio fuchsii
Galeopsis tetrahit
Brachypodium sylvaticum

B: 95 %

K: 80 %

38 Melico-Fagetum

Dentaria bulbifera IIc
Viola reichenbachiana IIc
Milium effusum IIc
Oxalis acetosella IIIc
Athyrium filix-femina IIIc
Scophularia nodosa IIIc
Mycelis muralis IIIb
Dryopteris dilatata IIIb
Impatiens noli-tangere IVc
Fagus sylvatica
Senecio fuchsii
Rubus fruticosus
Galeopsis tetrahit
Dryopteris filix-mas

B: 95 %

K: 60 %

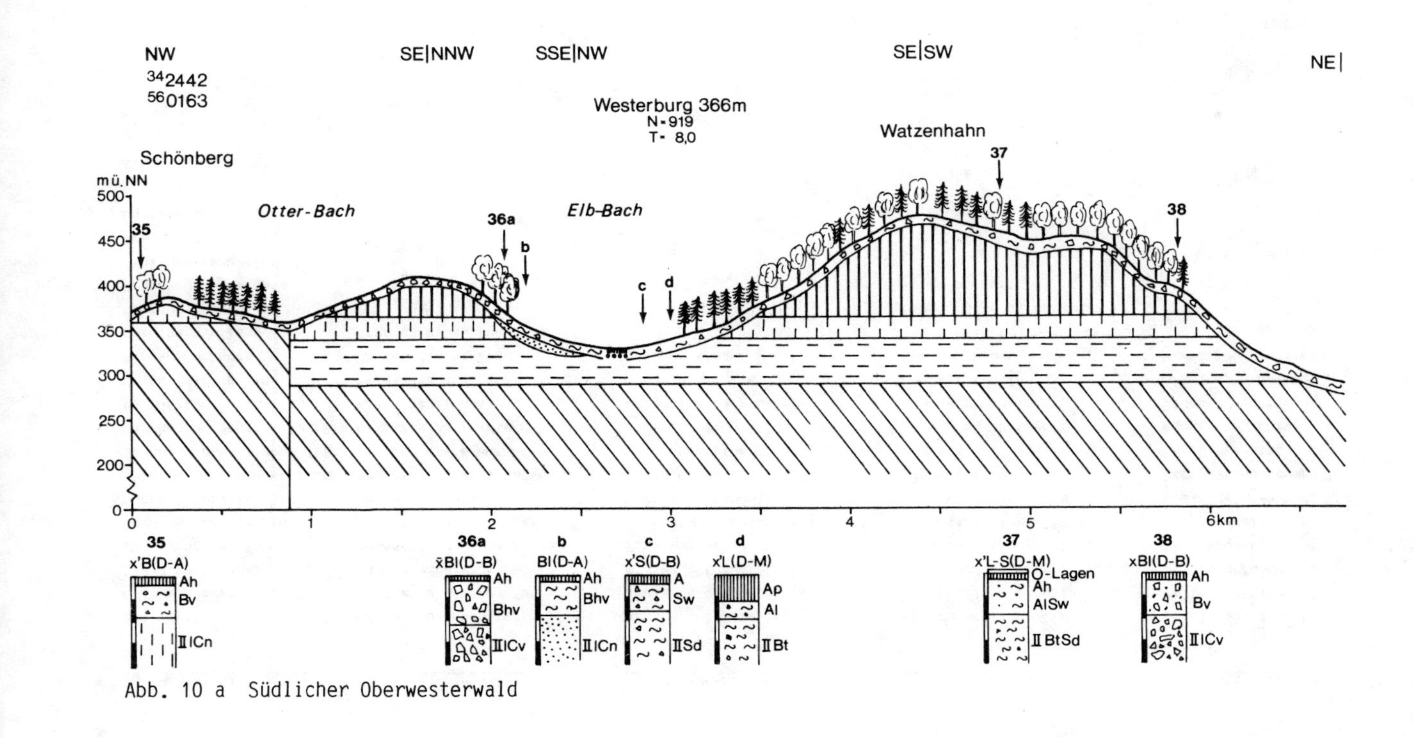

Abb. 10 a Südlicher Oberwesterwald

40 Alnion glutinosae

Milium effusum IIc
Galium odoratum IIc
Viola reichenbach. IIc
Geum urbanum IId
Carex sylvatica IId
Mycelis muralis IIIb
Dryopteris carthus. IIIb
Geranium robertianum IIIc
Aegopodium podagraria IIIe
Melandrium rubrum IVc
Urtica dioica IVc
Alnus glutinosa
Corylus avellana
Quercus robur
Crataegus laevigata
Fraxinus excelsior
Brachypodium sylvaticum
Lapsana communis

B: 95 %

K: 90 %

41 Stellario-Alnetum

Aegopodium podagraria IIIe
Stellaria nemorum IVc
Lamium maculatum IVc
Melandrium rubrum IVc
Impatiens noli-tangere IVc
Campanula latifolia IVc
Angelica sylvestris Vc
Cirsium oleraceum Vd-e
Alliaria petiolata F
Alnus glutinosa
Petasites hybridus
Urtica dioica IVc
Stachys sylvatica

B: 99 %

St: 20 %

K: 70 %

42 Melico-Fagetum

Melica uniflora IIc
Viola reichenbach. IIc
Milium effusum IIc
Poa nemoralis IIc
Mercurialis perennis IId
Lamium galeobdolon IId
Glechoma hederacea IIIc
Arum maculatum IIId
Ficaria verna IIId
Corydalis cava IIIe
Fagus sylvatica
Quercus robur

B: 99 %

K: 80 %

43 Aceri-Fraxinetum

Melica uniflora IIc
Dryopteris carthusian.IIIb
Dryopteris dilatata IIIb
Athyrium filix-fem. IIIc
Arum maculatum IIId
Corydalis cava IIIe
Ficaria verna IIId
Ulmus glabra
Acer pseudoplatanus
Fraxinus excelsior
Fagus sylvatica
Quercus robur
Dryopteris filix-mas
Plagiochila porelloides
Mnium hornum

B: 95 %

St: 30 %

K: 70 %

44 Melico-Fagetum

Luzula albida IIb
Melica uniflora IIc
Milium effusum IIc
Galium odoratum IIc
Poa nemoralis IIc
Viola reichenbach. IIc
Dactylis polygama IIc
Fagus sylvatica
Rubus fruticosus
Senecio fuchsii
Fraxinus excelsior j
Hieracium umbellatum

B: 95 %

K: 60 %

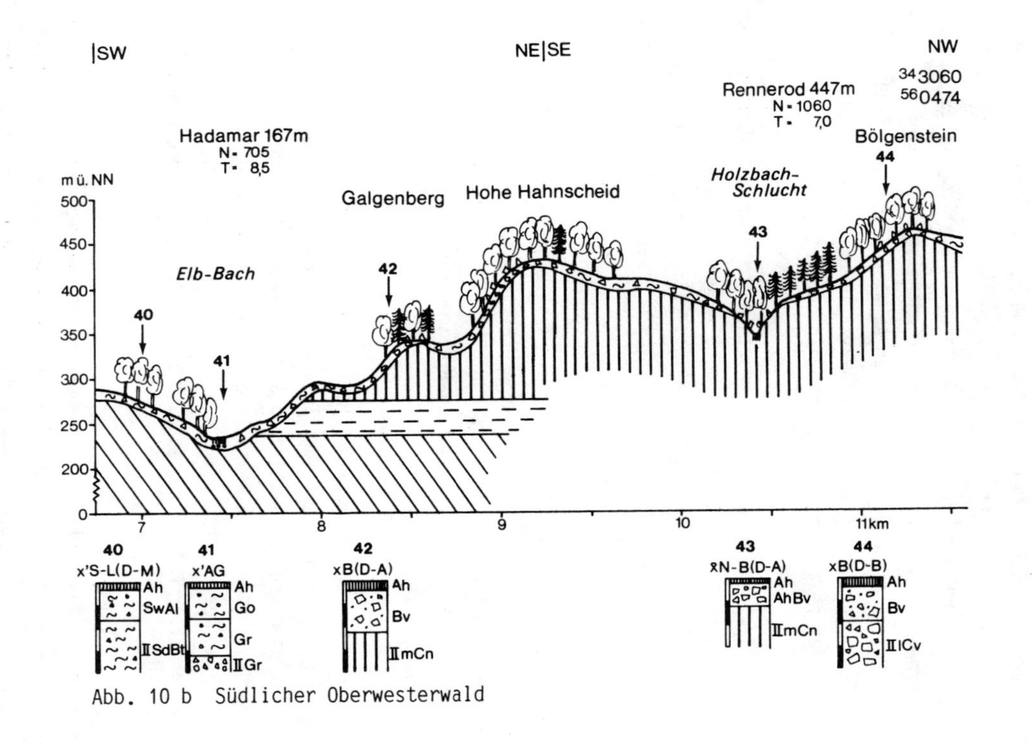

Abb. 10 b Südlicher Oberwesterwald

Mit einer deutlichen Verflachung geht der Basalthang über den unterlagernden Ton in den Schieferhang über, der von steinarmen, lößlehmreichen Parabraunerden bedeckt ist. Der Übergang zur Aue wird durch einen Hangpseudogley geprägt. Hier führte die Staunässe nicht zu einer starken Bodenversauerung und zu hohem Nährstoffverlust, so daß ein recht üppiger Schwarzerlenwald entstand(St. 40). Kennzeichnend ist das Vorkommen von Ruprechtsstorchschnabel *(Geranium robertianum)*, Giersch *(Aegopodium podagraria)*, Roter Lichtnelke *(Melandrium rubrum)* und Brennessel *(Urtica dioica)*, die zu den Auestandorten des Stellario-Alnetum überleiten. Insofern entspricht der Schwarzerlenwald von St. 40 nicht dem typischen Bild eines relativ nährstoffarmen Alnion glutinosae.

St. 41 befindet sich schon in der Aue, wo ein Hainsternmieren-Erlenwald stockt, in dessen Krautschicht noch die Gefleckte Taubnessel *(Lamium maculatum)*, die Breitblättrige Glockenblume *(Campanula latifolia)* und die Kohldistel *(Cirsium oleraceum)* als Nährstoffzeiger auftreten. Dazu gesellt sich noch die Landrauke *(Alliaria petiolata)* als Nitrophyt.

Das breite, untere Elb-Bachtal korrespondiert klimatisch noch mit dem Limburger Becken und liegt im Regenschatten des Westerwaldes, so daß hier nur Niederschläge um 800 mm bei 8 - 8,5° C Jahresdurchschnittstemperaturen auftreten, was deutlich milder als im übrigen südlichen Oberwesterwald ist. Dies erklärt auch die für den Westerwald sehr intensive ackerbauliche Nutzung.

Der Osthang des Elb-Baches weist auffallend weiche konkave Formen auf, solange er im Schiefer oder Ton ausgebildet ist. Erst im Übergang zum hangenden Basalt versteilt der Hang und ist weitgehend auch bewaldet. Als charakteristisch kann St. 42 angesehen werden, wo eine steinige, nährstoffreiche Braunerde entwickelt ist, die einen Perlgras-Buchenwald trägt. Die Krautschicht prägen eine große Zahl anspruchsvoller Pflanzen wie Aronstab, Goldnessel, Bingelkraut und Hohler Lerchensporn.

Ca. 100 m höher befindet sich der Standort 44 am Bölgenstein. Auch hier ist eine steinige Braunerde entwickelt, die aber ein etwas artenärmeres Melico-Fagetum trägt. Die Verarmung der Krautschicht, die vor allem die eben aufgeführten Nährstoffanzeiger betrifft, ist vermutlich mit den sich mit der orographischen Höhe verschlechternden klimatischen Bedingungen zu erklären. Gegenüber dem Elb-Bachtal dürfte die Niederschlagshöhe auf ca. 950 mm am Bölgenstein zugenommen haben, während die Jahresdurchschnittstemperaturen auf 7,5°C abgesunken sind. Vor allem die Humusform der Böden belegt diesen Wandel, da sie sich von Mull zu mullartigem Moder verschlechtert hat. Das Auftreten der Hainsimse neben dem Perlgras belegt die Mesotrophie des Standortes.

Zu den geographisch interessantesten Punkten des Westerwaldes zählt zweifelsohne die Holzbach-Schlucht (St. 43) bei Gemünden. Während die Bäche im basaltischen Westerwald als breite, wenig eingetiefte Mulden angelegt sind, ändert sich ihr Charakter an der Grenze zum devonischen Grundgebirge. Im Längsprofil ist ein deutlicher Gefälleknick festzustellen, da die rückschreitende Erosion sich schnell in die Schiefer einschneidet, aber große Mühe hat, im harten Basalt schrittzuhalten. So entstehen schluchtartige Kerbtäler im Basalt vor Eintritt in die weniger widerständigen Schiefer und Grauwacken. Die Vegetation ist geprägt durch einen Ahorn-Eschen-Schluchtwald, der ein schattiges, luftfeuchtes Kleinklima bevorzugt. Aus botanischer Sicht ist noch auf die Bergulme *(Ulmus glabra)*, den Hohlen Lerchensporn *(Corydalis cava)* und den Goldstern *(Gagea lutea)* hinzuweisen.

Der reliefenergiereiche südliche Westerwald wird durch Basalthöhen mit steilen Anstiegen und Abtragungsbereichen, in denen der Basalt bis zu den Tonen und devonischen Schiefern ausgeräumt wurde, gekennzeichnet. In diesen Bereichen herrschen sanfte Oberflächenformen vor, die von lößlehmreichen Böden, die reliefbedingt zur Staunässe neigen, bedeckt sind und intensive Landwirtschaft zulassen. Die Wälder sind hier auf die Auen beschränkt. Im Gegensatz dazu sind die steilen Flanken der Basalthöhen mit ihren steinreichen Braunerden bewaldet. Bis in Höhenlagen von 400 m über NN kommen artenreiche Perlgras-Buchenwälder vor, die mit zunehmender Klimaungunst zu den Flattergras-Buchenwäldern überleiten. Wo jedoch der Laacher Bimstuff die Böden zu Lockerbraunerden umgewandelt hat, konnten sich nur artenarme, saure Hainsimsen-Buchenwälder entwickeln.

4.2.2 Dreifelder Weiherland

Der westliche Teil des Oberwesterwaldes wird als Dreifelder Weiherland bezeichnet, eine reliefarme Hochfläche (400-450m) mit weiten, von Stauseen erfüllten Quellmulden im Süden und stärker reliefierter Landschaft im Norden. Im Luv des Hohen Westerwaldes fallen ca. 950-1000 mm Niederschlag bei 7,0 - 7,5°C Jahresdurchschnittstemperaturen. Der Untergrund wird im engeren Weiherland überwiegend von basaltischen Gesteinen aufgebaut, während im Norden devonische Schiefer und Grauwacken vorherrschen.

Das Landschaftsprofil der Abbildung 11 zeigt einen typischen Ausschnitt der

75 Melico-Fagetum

Melica uniflora IIc
Galium odoratum IIc
Milium effusum IIc
Poa nemoralis IIc
Viola reichenbach. IIc
Sanicula europaea IId
Cephalanthera long. IId
Ilex aquifolium IIIb
Dryopteris carth. IIIb
Oxalis acetosella IIIc
Glechoma heder. IIIc
Scrophularia nod. IIIc
Circea lutetiana IIId
Fagus sylvatica
Senecio fuchsii
Rubus idaeus
Fraxinus excelsior j

B: 95 %

St: 10 %

K: 95 %

76 Caricetum

Carex fusca IVb
Petentilla palust. VIb
Menyanthes trifol. VIb
Eriophorum angust. VIb
Viola palustris VIb
Sphagnum recurvum VIb
Scutellaria galer. VIb
Agrostis canina
Cirsium palustre Vc
Juncus acutiflorus
Scirpus sylvaticus Vd-e
Epilobium palustre

K: 90 %

77 Luzulo-Fagetum

Deschampsia flex. IIb
Carex pilulifera IIb
Galium hercynicum IIb
Polytrichum form. IIb
Dicranella heterom. IIb
Hypnum cupress. IIb
Milium effusum IIc
Dryopteris carth. IIIb
Athyrium filix-fem. IIIc
Oxalis acetosella IIIc
Fagus sylvatica
Quercus robur
Dryopteris dilat. IIIb
Rubus idaeus
Galeopsis tetrahit
Sorbus aucuparia
Mnium hornum

B: 90 %

K: 40 %

78 Carici elongatae-Alnetum

Huperzia selago IIIa
Dryopteris carth. IIIb
Dryopteris dilat. IIIb
Deschampsia caes. IIIc
Chrysosplen. opp. IVd-e
Carex elongata VIc
Lycopus europaeus VId-e
Scutellaria galer. VId-e
Equisetum fluviat. VId-e
Calla palustris
Alnus glutinosa
Myosotis palustris
Solanum dulcamara
Mnium hornum
Glyceria declinata
Sparganium erectum
Sphagnum palustre
Thuidium tamariscinum
Pellia epiphylla

B: 95 %

K: 95 %

79 Luzulo-Fagetum

Polytrichum formosum IIb
Hypnum cupressiforme IIb
Dicranella heterom. IIb
Anemone nemorosa IIc
Dryopteris carth. IIIb
Dryopteris dilat. IIIb
Athyrium filix-fem. IIIc

B: 95 % K: 40 %

80 Deschampsia caespitosa-Alnus glutinosa-Ges.

Athyrium filix-fem. IIIc
Deschampsia caesp. IIIc
Ficaria verna IIId
Impatiens noli-tang. IVc
Stellaria nemorum IVc
Carex remota IVc
Chrysosplen. opp. IVd-e
Valeriana officinalis Vd-e
Crepis paludosa Vd-e
Equisetum fluviatile VId-e

B: 90 %
St: 20 %
K: 95 %

81 Luzulo-Fagetum

Luzula albida IIb
Deschampsia flex. IIb
Dicranella heterom. IIb
Dryopteris carth. IIIb
Deschampsia caesp. IIIc
Carex remota IVc
Juncus effusus Vc

82 Luzulo-Fagetum

Luzula albida IIb
Carex pilulifera IIb
Hypnum cupressiforme IIb
Polytrichum formosum IIb
Athyrium filix-fem. IIIc
Juncus effusus Vc

B: 95 %

K: 40 %

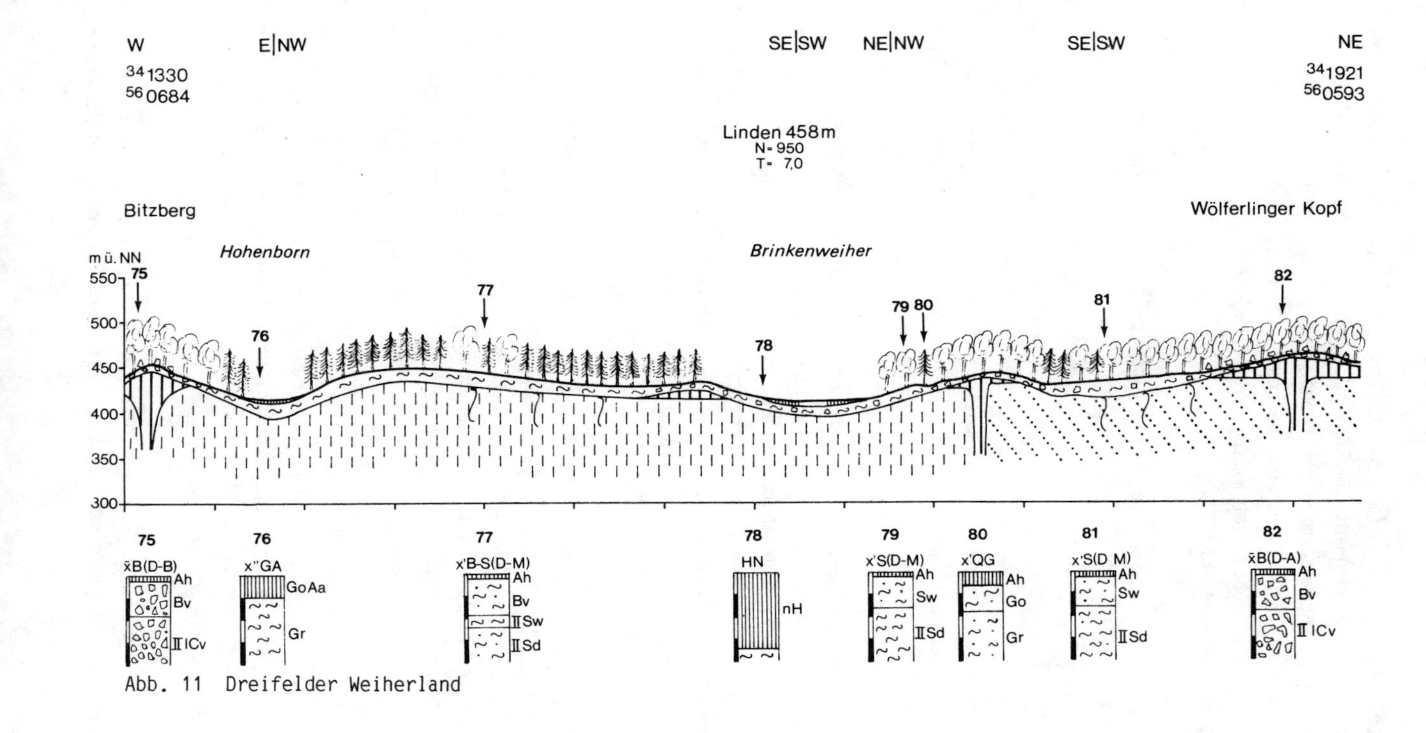

Abb. 11 Dreifelder Weiherland

Seenplatte. Am Bitzberg (St.75) treten die schon hinreichend beschriebenen steinreichen Braunerden auf. Im kühl-feuchten Klima entwickelte sich ein mullartiger Moder als Humusform, die auf eher mäßige Nährstoffvorräte und saure Bodenreaktion schließen läßt. Das Melico-Fagetum ist geprägt durch Flattergras *(Milium effusum)*, aber vor allem von *Ilex aquifolium*, was das subatlantische Klimaregime unterstreicht.

Mit dem Hohenborn (St.76) liegt ein Standort vor, der charakteristisch ist für die weiten Quellmulden des Westerwaldes. Der tiefere Untergrund wird von grusig-tonig verwitterten Basalten und Tuffen gebildet, die so stark abdichtend wirken, daß in den reliefarmen Mulden neben vereinzelt auftretenden Torfmoosen *(Sphagnum recurvum, Sphagnum fallax* u. a.) der Aspekt von der Braunsegge *(Carex fusca)* und dem Schmalblättrigen Wollgras *(Eriophosum augustifolium)* bestimmt wird. Als weitere Charakterarten dieser Standorte finden sich hier Sumpf-Blutauge *(Potentilla palustris)* und Fieberklee *(Menganthes trifoliata)*.

Oligotrophe Verhältnisse belegt auch der Hainsimsen-Buchenwald an Standort 77, wo eine Braunerde mit starker Untergrundvernässung auftritt. Auch hier sind die unterlagernden Tuffe hydrothermal oder exogen weitgehend zersetzt und dicht gelagert. Folglich kommen die hohen Niederschläge nur verzögert zur Versickerung und durchfeuchten langfristig im Jahr den Boden. Die weitverbreiteten Fichtenforste mit ihren flachen Wurzelstellern sind bei diesen edaphischen Bedingungen besonders starker Windbruchgefährdung ausgesetzt.

Im Uferbereich der schon im Mittelalter angelegten, aber je nach Wirtschaftslage öfters wieder trocken gelegten Stauseen konnte sich ein schwaches Niedermoor mit häufig eingeschalteten Sedimentlagen und Vererdungshorizonten entwikkeln. An Standort 78 stockt ein Erlenbruch, der durch die Bulte der Verlängerten Segge *(Carex elongata)* im Aspekt geprägt wird. An Besonderheiten treten der Tannen-Bärlapp *(Hyperzia selago)* und die Sumpf-Drachenwurz *(Calla palustris)* auf.

Verknüpft sind die Uferstandorte mit Quellbereichen wie sie durch Standort 80 repräsentiert werden. Innerhalb von Erlenbruchwäldern finden sich kleinflächig Quellfluren mit dem Gegenblättrigen Milzkraut *(Chrysosplenium oppositifolium)* und der Winkelsegge *(Carex remota)*.

Standort 79 und 81 entsprechen dem Standort 77, wobei jedoch die Pseudovergleyung weiter fortgeschritten ist. Die Nährstoffarmut und Bodenversauerung spiegelt sich auch in der Artenarmut der Krautschicht des Hainsimsen-Buchenwaldes. Es dominieren die säurezeigenden Moose *Polytrichum formosum, Hypnum cupressiforme* und *Dicranella heteromalla,* während die höheren Pflanzen im Aspekt zurückgedrängt werden. Bedingt durch den auch luftfeuchten Standort konnten sich einige typischen Farne nährstoffarmer Böden ansiedeln. *(Dryopteris carthusiana, Dryopteris dilatata).*

Die Region der Seenplatte kann zusammenfassend als staunasse Hochfläche mit sauren, nährstoffarmen Böden beschrieben werden, die nur artenarme Luzulo-Fageten zulassen. In den grundwassernassen Niederungen bildeten sich Seggenriede aus, während an den Seeufern auf Gleyen und Übergangsmooren Klein- und Großseggenriede oder Erlenbrüche entwickelt sind. Lediglich die Basaltrücken stellen bessere Standorte dar und tragen Perlgras-Buchenwälder.

Ein großes Problem stellen die Auffichtungen dar, die zwar betriebswirtschaftliche Vorteile gegenüber Laubwald in Aussicht stellen mögen, die aber auch zur Versauerungstendenz der Böden beitragen. Auf den pseudovergleyten Böden erweisen sich die Fichten als besonders windbruchgefährdet, so daß der forstwirtschaftliche Erfolg zweifelhaft ist.

Der Übergang von Weiherland zum Hohen Westerwald ist im Landschaftsprofil der Abbildung 12 wiedergegeben. Im breiten Talzug der Nister nahe Unnau stehen großflächig die devonischen Schiefer und Quarzite an, die aber von feinmaterialreichen Schuttdecken überwandert worden sind. Wo dagegen im Bereich der Rahmenhöhen die hangenden Basalte erhalten geblieben sind, nimmt der Skelettanteil im Boden in erster Linie relief- und höhenlagenbedingt schnell zu.

Das Bodenprofil 45a über Quarzitzersatz ist durch Basaltbruchstücke, Tuff und Lößlehm angereichert, was die Standortsverhältnisse wesentlich verbessert. Das dadurch erhöhte Nährstoffangebot und der geringere Versauerungsgrad des Bodens begünstigte die Ausbildung der Humusform von mullartigem Moder, der als Waldgesellschaft ein Deschampsio-Aceretum zuläßt. Diese Assoziation tritt vor allem an den Standorten auf, an welchen die Buche ihre ökologische Nässegrenze erreicht und im Baumbestand nicht mehr dominiert. Die Krautschicht wird von der Rasenschmiele *(Deschampsia caespitosa)* und dem Dornfarn *(Dryopteris carthusiana)* geprägt.

Hangabwärts folgen die Bodenprofile 45 b und c, die aufgrund ihres abnehmenden Skelettanteils und des hohen Lößlehmanteils ackerbaulich nutzbar sind. Ange-

45a Deschampsio-Aceretum

Milium effusum IIc
Viola reichenbachiana IIc
Polygonatum multiflorum IId
Carex sylvatica IId
Geum urbanum IId
Dryopteris carthusiana IIIb
Mycelis muralis IIIb
Deschampsia caespitosa IIIc
Athyrium filix-femina IIIc
Glechoma hederacea IIIc
Mnium undulatum IIId
Stellaria nemorum IVc
Fagus sylvatica
Tilia platyphyllos
Acer pseudoplatanus
Sambucus nigra
Senecio fuchsii
Stachys sylvatica
Festuca gigantea

B: 98 %

K: 60 %

46a Valeriano-Polemonietum caerulei

Deschampsia caespitosa IIIc
Impatiens noli-tangere IVc
Chaerophyllum hirsutum IVd-e
Filipendula ulmaria Vc
Lysimachia vulgaris Vc
Valeriana officinalis Vd-e
Lythrum salicaria Vc
Cirsium palustre Vc
Cirsium oleraceum Vd-e
Polemonium caeruleum Vd-e
Typhoides arundinacea Vd-e
Lycopus europaeus VId-e
Aconitum napellus
Geranium palustre
Artemisia vulgaris
Glyceria fluitans
Achillea ptarmica
Lotus uliginosus
Juncus acutiflorus
Epilobium hirsutum
Cruciata laevipes

K: 100 %

46b Stellario-Alnetum

Deschampsia caespitosa IIIc
Scrophularia nodosa IIIc
Aegopodium podagraria IIIe
Stellaria nemorum IVc
Melandrium rubrum IVc
Urtica dioica IVc
Lamium maculatum IVc
Impatiens noli-tangere IVc
Campanula latifolia IVc
Cirsium palustre Vc
Typhoides arundinacea Vd-e
Scirpus sylvaticus Vd-e
Alnus glutionsa
Angelica sylvestris Vc
Petasites hybridus
Stachys sylvatica
Galeopsis tetrahit
Aconitum napellus
Cardamine impatiens
Senecio fuchsii
Galium album
Equisetum sylvaticum IVc

B: 95 %

K: 80 %

47 Deschampsia-Alnus glutinosa-Gesellschaft

Deschampsia flexuosa IIb
Geum urbanum IId
Dryopteris carthusiana IIIb
Deschampsia caespitosa IIIc
Equisetum sylvaticum IVc
Filipendula ulmaria Vc
Juncus effusus Vc
Angelica sylvestris Vc
Cirsium palustre Vc
Scirpus sylvaticus Vd-e
Typhoides arundinacea Vd-e
Valeriana officinalis Vd-e
Scutellaria galericulata VId-e
Alnus glutinosa
Galeopsis tetrahit
Rubus fruticosus
Lychnis flos-cuculi
Petasites hybridus
Salix aurita
Cardamine amara
Senecio fuchsii

B: 98 %

K: 70 %

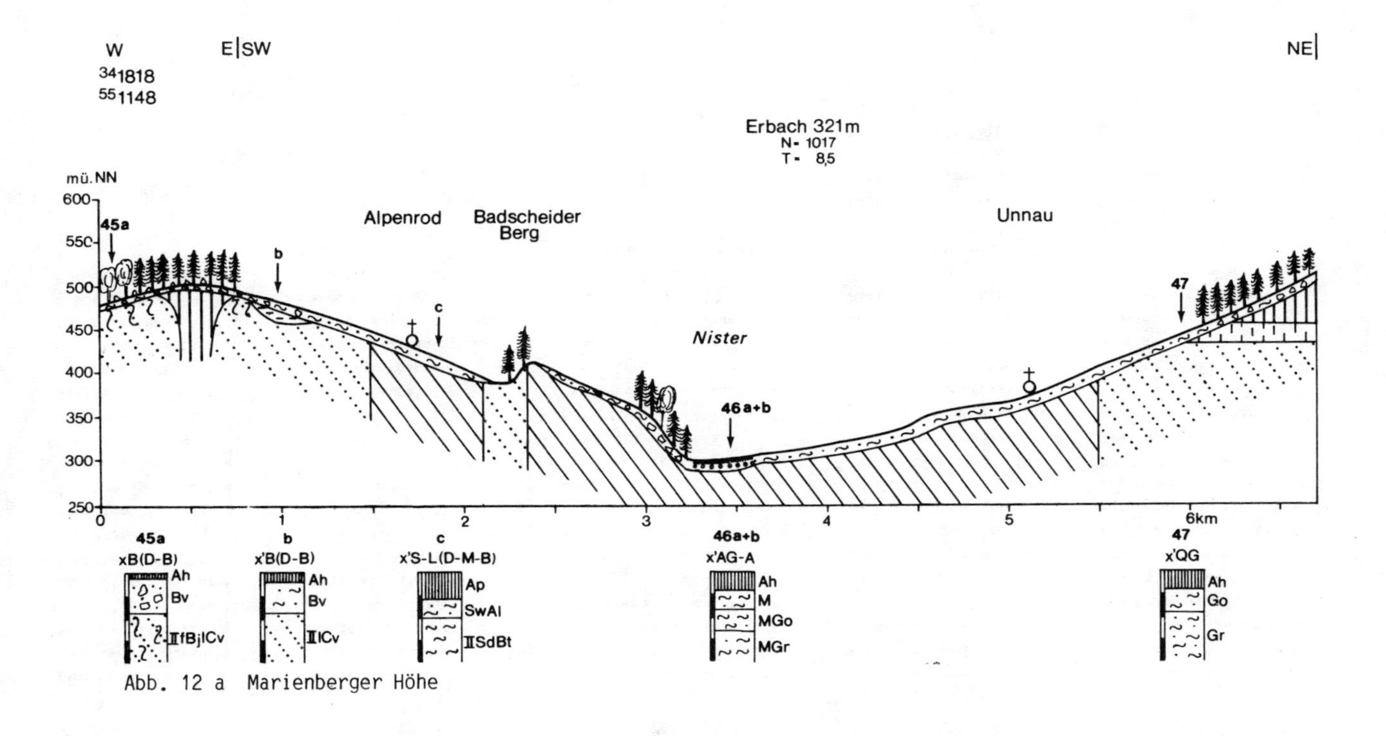

Abb. 12 a Marienberger Höhe

48 Luzulo-Fagetum

Luzula albida IIb
Deschampsia flexuosa IIb
Holcus mollis IIb
Digitalis purpurea IIb
Polytrichum formosum IIb
Poa nemoralis IIc
Dryopteris carthusiana IIIb
Athyrium filix-femina IIIc
Deschampsia caespitosa IIIc
Gymnocarpium dryopteris B
Fagus sylvatica
Sambucus racemosa
Digitalis purpurea
Dryopteris filix-mas
Calamagrostis epigeios
Agrostis tenuis
Rubus idaeus
Sorbus aucuparia

B: 95 %

K: 60 %

49 Deschampsio-Aceretum

Galium odoratum IIc
Dryopteris carthusiana IIIb
Dryopteris dilatata IIIb
Oxalis acetosella IIIc
Athyrium filix-femina IIIc
Deschampsia caespitosa IIIc
Paris quadrifolia IIId
Polygonatum verticillatum IId
Circea lutetiana IIId
Impatiens noli-tangere IVc
Fagus sylvatica
Quercus robur
Senecio fuchsii
Acer pseudoplatanus
Fraxinus excelsior
Stachys sylvatica
Sambucus racemosa
Galeopsis tetrahit
Rubus idaeus

B: 95 %

K: 60 %

50 Deschampsio-Averetum

Vaccinium myrtillus IIa
Luzula albida IIb
Holcus mollis IIb
Deschampsia flexuosa IIb
Galium hercynicum IIb
Galium odoratum IIc
Polygonatum verticillatum IId
Dryopteris carthusiana IIIb
Dryopteris dilatata IIIb
Deschampsia caespitosa IIIc
Oxalis acetosella IIIc
Athyrium filix-femina IIIc
Equisetum sylvaticum IVc
Impatiens noli-tangere Vc
Fagus sylvatica
Acer pseudoplatanus
Rubus idaeus
Rubus fruticosus
Maianthemum bifolium
Quercus robur
Senecio fuchsii

B: 95 %

K: 80 %

51 Aceri-Fraxinetum

Milium effusum IIc
Galium odoratum IIc
Lamium galeobdolon IId
Geum urbanun IId
Lathyrus vernus IId
Scrophularia nodosa IIIc
Geranium robertian. IIIc
Arum maculatum IIId
Euphorbia dulcis IIId
Circea lutetiana IIId
Aegopodium podagraria IIIe
Chrysosplenium opposit. IVc
Campanula latifolia IVc
Impatiens noli-tangere IVc
Stellaria nemorum IVc
Chaerophyllum hirsutum IVd-e
Alliaria petiolata F
Ulmus glabra
Fraxinus excelsior
Acer pseudoplatanus
Sambucus racemosa
Petasites hybridus
Thamnobryum alopecurum
Campanula trachelium
Cardamine amara
Ribes alpinum
Epilobium montanum

B: 95 %

K: 80 %

52 Deschampsio-Averetum

Luzula albida IIb
Deschampsia flexuosa IIb
Hieracium sylvaticum IIb
Poa nemoralis IIc
Milium effusum IIc
Galium odoratum IIc
Viola reichenbachiana IIc
Polygonatum multiflorum IId
Dryopteris carthusiana IIIb
Deschampsia caespitosa IIIc
Oxalis acetosella IIIc
Impatiens noli-tangere IVc
Fagus sylvatica
Senecio fuchsii
Acer pseudoplatanus
Fraxinus excelsior
Maianthemum bifolium
Sambucus racemosa
Rubus fruticosus
Rubus idaeus
Epilobium montanum
Veronica chamaedrys

B: 95 %

K: 30 %

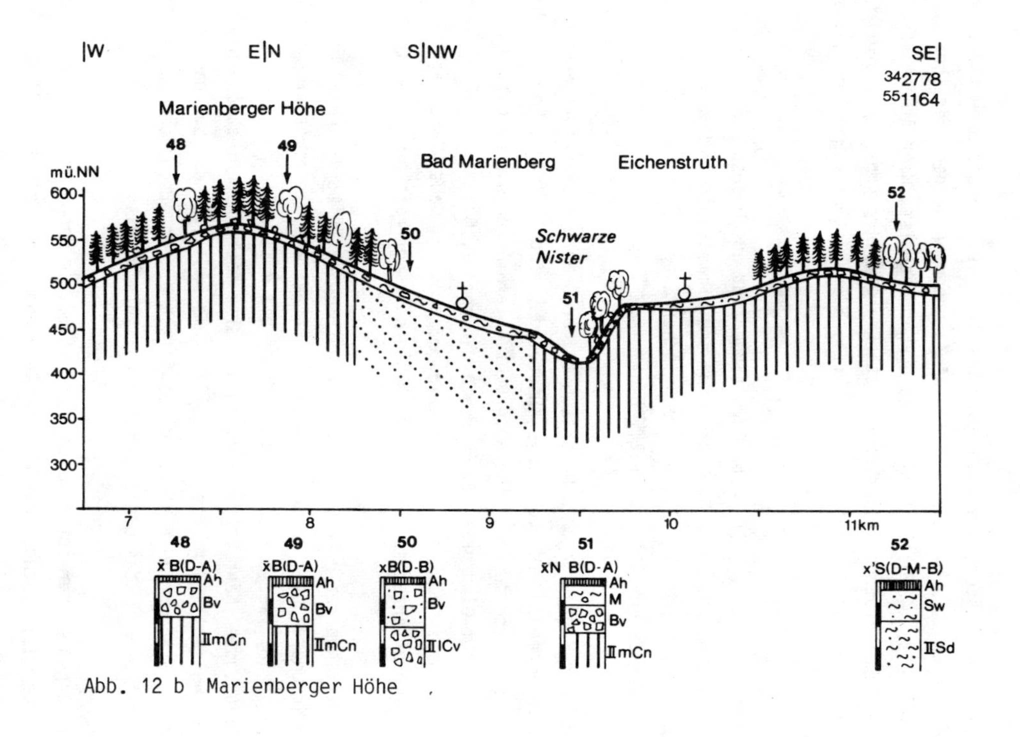

Abb. 12 b Marienberger Höhe

sichts der hohen Niederschläge neigen diese Böden, besonders wenn der Mittelschutt erhalten geblieben ist, zur Pseudovergleyung. Dies gilt vor allem für den Gegenhang, der nicht nur flach , sondern auch von weniger wasserdurchlässigen Schiefern aufgebaut ist.

In der Aue der Nister, die von Gleyen geprägt ist, muß als potentiell natürliche Vegetation ein Hainmieren-Erlenwald angenommen werden, der aber bis auf Restbestände (St. 46 b) fast völlig zurückgedrängt ist. Hier finden sich auch die für solche Biotope typischen Nährstoffzeiger *(Aegopodium podagraria, Melandrium rubrum, Stellaria memorum, Urtica dioica, Lanium maculatum, Cirsium oleraceum)*.

Als Ersatzgesellschaft tritt eine Hochstaudenflur aus Mädesüß *(Filipendula ulmaria)*, Baldrian *(Valeriana officinalis)* und Himmelsleiter *(Polemonium caeruleum)* auf, die sich z. T. auf Brachflächen ausgebildet hat, z. T. auch als Mahdwiese extensiv genutzt wird (St. 46 a).

Im Anstieg zur Marienberger Höhe treten an der Grenze Basalt/Tuff Schichtquellen aus, in deren Umfeld Quellgleye ausgebildet sind (St. 47). Der Erlenbruchwald zeichnet sich durch einige anspruchsvollere Arten wie Waldsimse *(Scirpus sylvaticus)*, Rohr-Glanzgras *(Typhoides arundinacea)*, Baldrian *(Valeriana officinalis)* und Sumpf-Helmkraut *(Scutellaria galericulata)* aus. Insgesamt überwiegen aber Zeigerpflanzen saurer und nur mäßig nährstoffreicher Standorte.

Auf der Marienberger Höhe wurden 2 Standorte ausgewählt, die beide eine stark steinige Braunerde über anstehendem Basalt aufweisen. Die etwas trockenere Variante (St. 48) weist als Humusform Moder bis mullartigen Moder auf, was auf nicht allzu gute Nährstoffversorgung und eine saure Bodenreaktion hindeutet. Die Pflanzengesellschaft des Luzulo-Fagetums bestätigt die Bodenansprache im wesentlichen. Standort 49 darf als etwas frisch eingestuft werden und trägt ein Deschampsio-Aceretum, das dem Standort 45 a stark ähnelt.

Wesentlich artenreicher ist dagegen Standort 50, am Rande der Stadt Bad Marienberg, der über devonischem Quarzit im Untergrund entwickelt ist. In der Schuttdecke ist jedoch auch Grus vom oberhalb anstehenden Basalt eingearbeitet. Zudem tragen die Südexposition sowie die Lage im Wind- und Regenschatten der Marienberger Höhe zur Standortsverbesserung bei, so daß das Deschampsio-Aceretum etwas artenreicher ausgebildet ist. Die Zeigerarten Heidelbeere *(Vaccinium myrtillus)*, Weißliche Hainsimse *(Luzula albida)*, Drahtschmiele *(Deschampsia flexuosa)*, Weiches Honiggras *(Holcus mollis)* und Harz-Labkraut *(Galium hercynicum)* dominieren doch stark.

Die gleiche Waldgesellschaft ist auch wieder über Basalt anzutreffen (St. 52), wo allerdings ein Pseudogley ausgebildet ist. Ähnlich dem Holzbachtal ist die Anlage der Schlucht der Schwarzen Nister, die den Basalt östlich Bad Marienberg durchschneidet. Im schmalen Unterhang ist eine kolluvial bedeckte Braunerde entwickelt, die schnell in einen Gley in der engen Aue übergeht. Der Ahorn-Eschen-Schluchtwald weist eine artenreiche Krautschicht auf, in der vor allem die Nährstoff- und Basenzeiger Goldnessel *(Lamium galeobdolon)*, Stadt-Nelkenwurz *(Geum urbanum)*, Frühlings-Platterbse *(Lathyrus vernus)*, Aronstab *(Arum maculatum)*, Süße Wolfsmilch *(Euphorbia dulcis)*, Hexenkraut *(Circea lutetiana)*, Giersch *(Aegopodium podagraria)* und Behaarter Kälberkopf *(Chaerophyllum hirsutum)* Erwähnung verdienen.

Zusammenfassend belegt dieses Landschaftsprofil, daß mit Zunahme der Niederschläge bei gleichzeitiger Abnahme der Jahresdurchschnittstemperaturen eine Standortsverschlechterung auch auf den Basalten erfolgt. Bestätigt wird dies durch die Verschiebung innerhalb der Krautschicht von *Melica uniflora* über *Luzula albida* zu *Deschampsia flexuosa*, das anspruchsloser ist und eine höhere Feuchtigkeit verträgt. Die hohen Niederschläge und die jahreszeitlich langanhaltende Bodenvernässung bereiten auch der Buche Schwierigkeiten, so daß die Waldgesellschaft der Fageten von Acereten ersetzt wird.

4.2.3 Das Nistertal

Obgleich naturräumlich schon dem Mittelsiegbergland angehörend soll nicht auf einen Talquerschnitt im Mittellauf der Nister verzichtet werden, da er den Nordabfall des Westerwaldes charakterisiert und zum klimatisch wesentlich günstigeren Talzug der Sieg überleitet (Abb. 13). Ähnlich wie der Gelbach im Süden zur Lahn hin, hat die Nister im Norden eindrucksvolle Mäander in die devonischen Schiefer geschnitten. Die tiefgründigen Braunerden auf den Talschultern (St. 59 a) gehen im Steilhang in stark steinige Ranker-Braunerden über, die von Felsen und Klippen durchragt werden (St. 59 b). Auf diesen trockenen Standorten entwickelt sich eine Pfingstnelkenflur (Diantho gratianopolitani-Festucetum pallentis), die als isolierte Xerothermgesellschaft vor allem von pflanzengeographischer Bedeutung ist.

Die kleinräumigen Gleithänge sind die einzigen Siedlungsmöglichkeiten im Ni-

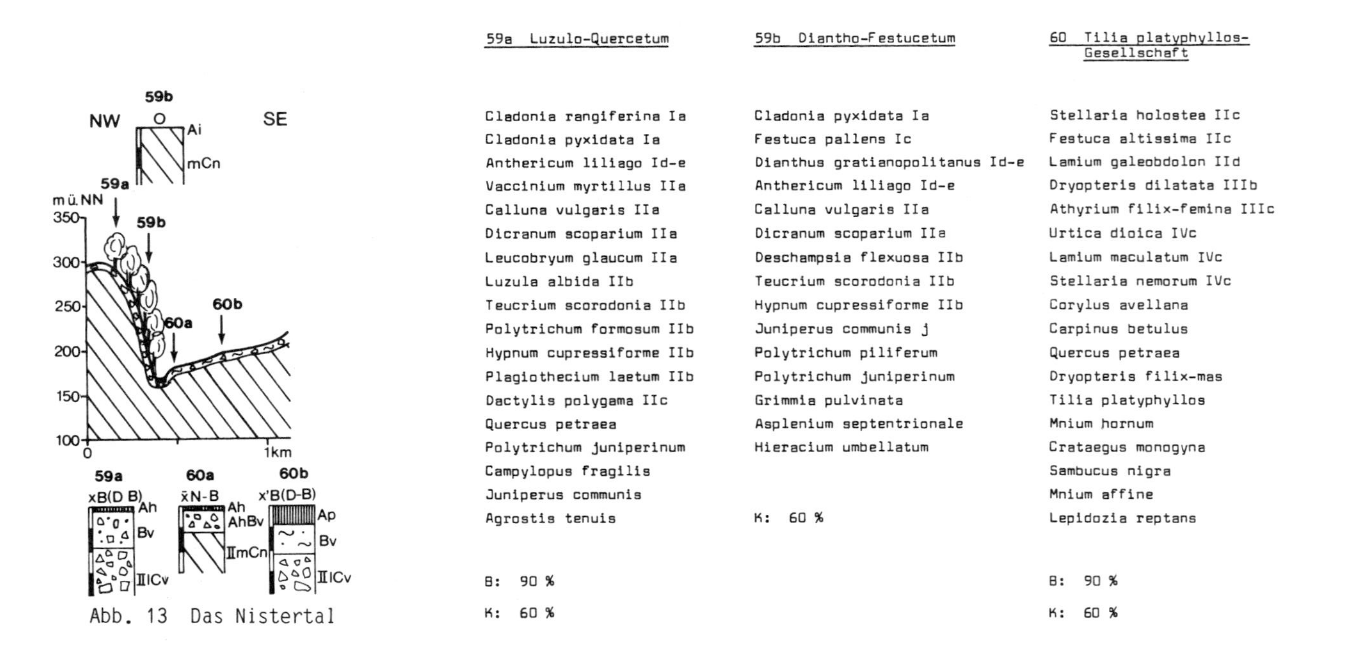

Abb. 13 Das Nistertal

59a Luzulo-Quercetum

Cladonia rangiferina Ia
Cladonia pyxidata Ia
Anthericum liliago Id-e
Vaccinium myrtillus IIa
Calluna vulgaris IIa
Dicranum scoparium IIa
Leucobryum glaucum IIa
Luzula albida IIb
Teucrium scorodonia IIb
Polytrichum formosum IIb
Hypnum cupressiforme IIb
Plagiothecium laetum IIb
Dactylis polygama IIc
Quercus petraea
Polytrichum juniperinum
Campylopus fragilis
Juniperus communis
Agrostis tenuis

B: 90 %

K: 60 %

59b Diantho-Festucetum

Cladonia pyxidata Ia
Festuca pallens Ic
Dianthus gratianopolitanus Id-e
Anthericum liliago Id-e
Calluna vulgaris IIa
Dicranum scoparium IIa
Deschampsia flexuosa IIb
Teucrium scorodonia IIb
Hypnum cupressiforme IIb
Juniperus communis j
Polytrichum piliferum
Polytrichum juniperinum
Grimmia pulvinata
Asplenium septentrionale
Hieracium umbellatum

K: 60 %

60 Tilia platyphyllos-Gesellschaft

Stellaria holostea IIc
Festuca altissima IIc
Lamium galeobdolon IId
Dryopteris dilatata IIIb
Athyrium filix-femina IIIc
Urtica dioica IVc
Lamium maculatum IVc
Stellaria nemorum IVc
Corylus avellana
Carpinus betulus
Quercus petraea
Dryopteris filix-mas
Tilia platyphyllos
Mnium hornum
Crataegus monogyna
Sambucus nigra
Mnium affine
Lepidozia reptans

B: 90 %

K: 60 %

stertal, wo auch bescheidene Landwirtschaft durchgeführt werden kann. Nahe dem Flußlauf auf skelettreichen, äußerst flachgründigen Ranker-Braunerden (St. 60 a) stockt ein Linden-Hangwald, der den Schluchtwäldern sehr nah verwandt ist.

4.2.4 Daadener Bergland und Weier-Bachtal

Nördlich und nordwestlich an den Hohen Westerwald schließt ein stark bewaldetes, zertaltes Bergland an, das naturräumlich ebenfalls schon dem Siegerland bzw. dem Dilltal zugerechnet wird. Die kulturelle und naturräumliche Verflechtung mit dem Westerwald ließen es sinnvoll erscheinen, einige ökologische Aspekte dieser Landschaft an dieser Stelle zu erfassen.

Das Landschaftsprofil der Abbildung 14 schneidet die Quarzite südlich von Burbach und verläuft dann weiter zum Weier-Bachtal. Sandort 92 weist an einem steilen Hang eine mäßig trockene, steinige, sehr saure Braunerde aus Deckschutt über Basisschutt auf. Interessant ist die Vegetation: Der hohe Birkenanteil in der Baumschicht neben den Eichen belegt den starken anthropogenen Einfluß auf die Waldgesellschaft. Auch in der äußerst artenarmen Krautschicht, in der Heidelbeere und Gewöhnliches Besenmoos sehr individuenreich vertreten sind, gibt es mit der Drahtschmiele Verhagerungsanzeichen. Der Wald diente als Hauberg für den Holzbedarf des industrialisierten Siegerlandes. Daher konnte sich bis heute keine naturnahe Waldgesellschaft mit entsprechender Krautschicht ausbilden. Als potentiell natürliche Vegetation wäre hier ein artenarmer Hainsimsen-Buchenwald zu erwarten.

Auch Standort 93 stellt ein ehemals stark anthropogen geprägtes, heute jedoch von einer Sukzession erfaßtes Biotop dar. Auf einem sauren Anmoorgley entwikkelte sich eine für den Hohen Westerwald sehr typische Borstgrasgesellschaft, die durch eine große Zahl von Säurezeigern (Heidelbeere, Preiselbeere, Heidekraut, Schrebers Astmoos usw.) gekennzeichnet ist. Diese Pflanzen haben bis auf die Preiselbeere eine sehr weite Feuchtigkeitsamplitude bis zur Nässe hin, was eine Übereinstimmung mit dem Bodentyp erlaubt. Durch extensive Beweidung wurden bevorzugt die Quellmulden baumfrei gehalten, mit Ausnahme des Wacholders, dessen Zweige sich für das Korbflechten eigneten. Seit Aufgabe der extensiven Nutzung wird der Standort durch die natürliche Sukzession verändert. So erobern vom Waldrande her Birken und Fichten das Areal und engen die baumfreie Vegetationsgesellschaft immer mehr ein. Die Erhaltung dieses seltenen, kulturhistorisch bemerkenswerten Biotops wäre nur durch die Pflege der traditionellen Wirtschaftsweise zu sichern.

92 Hauberg
Quercus-Betula-Ges.

Vaccinium myrtillus IIa
Dicranum scoparium IIa
Deschampsia flexuosa IIb
Holcus mollis IIb
Teucrium scorodonia IIb
Viola reichenbachiana IIc
Quercus robur
Betula pendula
Sorbus aucuparia
Acer pseudoplatanus
Rubus idaeus
Frangula alnus
Senecio fuchsii
Maianthemum bifolium

B: 95 %
Str:20 %
K: 70 %

93 Polygalo-Nardetum

Vaccinium vitis-idea IIa
Vaccinium myrtillus IIa
Calluna vulgaris IIa
Pleurozium schreberi IIa
Lycopodium clavatum IIa
Holcus mollis IIb
Deschampsia flexuosa IIb
Galium hercynicum IIb
Teucrium scorodonia IIb
Juniperus communis
Nardus stricta
Quercus robur j
Sarothamnus scoparius
Rumex acetosella
Potentilla erecta
Sorbus aucuparia j
Genista pilosa
Polygala vulgaris

Str.: 20 %
K: 100 %

94 Luzulo-Fagetum

Luzula albida IIb
Holcus mollis IIb
Deschampsia flexuosa IIb
Galium hercynicum IIb
Dicranella heteromalla IIb
Polytrichum formosum IIb
Fagus sylvatica
Dryopteris dilatata
Sorbus aucuparia j
Digitalis purpurea
Polygonatum verticillatum
Oxalis acetosella
Pohlia nutans

B: 95 %
K: 30 %

95 Racomitrium - lanuginosum - Gesellschaft

Racomitrium lanuginosum
Andreaea rupestris
Barbilophozia barbata
Lophozia alpestris
Racomitrium heterostichum
Kiaeria blyttii
Hypnum cupressiforme

M: 60 %

97a Calthion palustris

Urtica dioica IVc
Chaerophyllum hirsutum IVd-e
Filipendula ulmaria Vc
Aconitum napellus Vc
Caltha palustris VId-e
Scutellaria galericulata VId-e
Cirsium oleraceum VId-e
K: 100 %

97b Stellario-Alnetum

Lamium galeobdolon IId
Corydalis cava IIIe
Leucojum vernum IIIe
Urtica dioica IVc
Petasites albus IVd-e
Typhoides arundinacea Vd-e
Filipendula ulmaria V c
Prunus padus
Acer pseudoplatanus
Salix alba
Fraxinus excelsior
Crataegus monogyna
Ribes alpinum

B: 70 %
K: 80 %

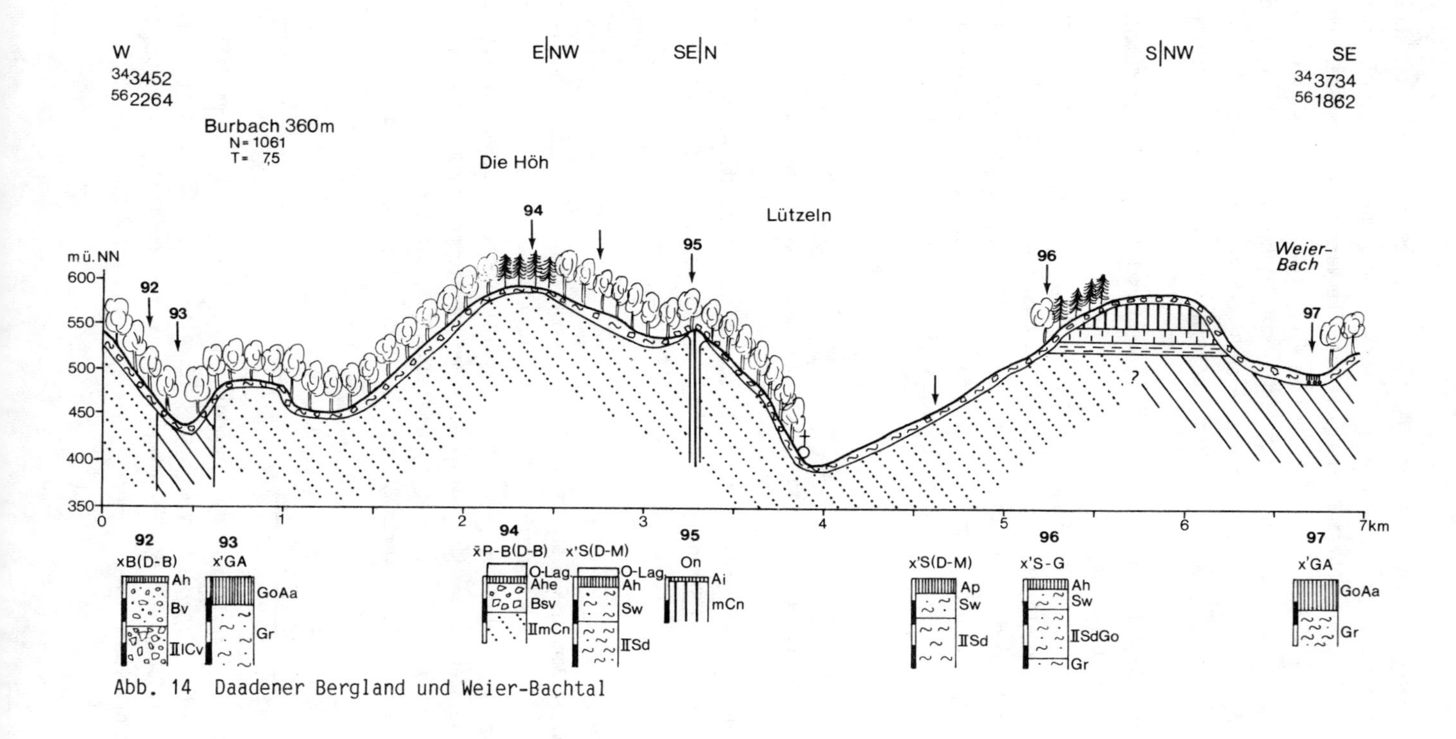

Abb. 14 Daadener Bergland und Weier-Bachtal

Auf der fast 600 m hohen Höh (St. 94) sind z. T. sehr flachgründige, skelettreiche Böden mit mächtiger Rohhumusauflage und deutlichen Podsolierungsmerkmalen entwickelt. Die Nährstoffarmut und der hohe Versauerungsgrad bei mehr als 1000 mm Niederschlag zeichnet sich auch in der Krautschicht des Luzulo-Fagetums ab. Sie ist charakterisiert durch eine geringe Artenzahl mit überwiegend anspruchslosen Arten und einem bescheidenen Bedeckungsgrad. Das botanische Bild ändert sich erwartungsgemäß auch nicht auf den pseudovergleyten Standorten.

Nordöstlich der Ortschaft Lützeln hat ein Basaltschlot den Quarzit durchschlagen und an der Oberfläche eine Blockstreu hinterlassen, auf der allenfalls eine initiale Bodenbildung eingesetzt hat (St. 95). Auf dem natürlich waldfreien Standort entstand ein Refugium für Moose und Flechten, die sich erst wieder auf den Blockfeldern des Vogelsberges und der Rhön finden. Kennzeichnend für diese Kryptogamengesellschaft ist das Laubmoos *Racomitrium lamginosum*, daneben *Andreaea rupestis*, *Kiaeria blyttii* und verschiedene Flechten der Gattung *Stereocaulon*.

Im Bereich der Quellbäche des Weier-Baches tritt das Landschaftsprofil in den Naturraum des Dilltales ein, das schon im Regenschatten des Hohen Westerwaldes gelegen relativ trocken (ca. 850-900 mm) und warm (ca. 8,0°C) ist, so daß die landwirtschaftliche Nutzung den Wald stärker zurückdrängt. Allerdings neigen die Böden stark zur Staunässe, und an der Grenze Basalt zu Tuff oder Ton kommt es bandartig zu Schichtquellaustritten, die weite Hangbereiche durchnässen (St. 96).

In der Weier-Bachtalaue stockt auf einem Anmoorgley ein Hainsternmieren-Erlenbruchwald, dessen Krautschicht nährstoffreiche edaphische Verhältnisse anzeigt. Bemerkenswert ist hier das Vorkommen der Weißen Pestwurz *(Petasites albus)* und des Märzenbeckers *(Leucojum vernum)*, die den Nährstoffreichtum belegen. Als Ersatzgesellschaft findet sich eine Hochstaudenflur, die durch den Behaarten Kälberkopf *(Chaerophyllum hirsutum)* und die Kohldistel *(Cirsium oleraceum)* gekennzeichnet wird.

4.2.5 Der Dillwesterwald

Die letzte Teillandschaft des Oberwesterwaldes stellt im Osten der Dillwesterwald dar, der eine bunte Vielfalt an Gesteinen im Untergrund bietet und sich bandartig zwischen den basaltischen Westerwald und das Dilltal schiebt. Klimatisch macht sich bereits der Regenschatten des Hohen Westerwaldes bemerkbar (ca. 850 mm Niederschlag, 7,5-8,0°C Jahresdurchschnittstemperatur).

Das Landschaftsprofil der Abbildung 15 setzt am Ostrand des Hohen Westerwaldes an und verläuft nach Nordosten in Richtung der Hörre.

Am Rasenberg bei Rodenroth entwickelte sich auf einer steinigen Braunerde ein artenreicher Zahnwurz-Buchenwald mit z. T. anspruchsvollen Pflanzen in der Krautschicht. Das Dentario-Fagetum ersetzt das Melico-Fagetum in den Höhenlagen des Westerwaldes und ist diesem nächst verwandt. Der weitere Hang in Richtung Ulm-Bach weist tiefgründige, z. T. staunasse, Böden auf, die landwirtschaftlich nutzbar sind.

Jenseits des Ulm-Baches wird der Hang von Grauwacken und Quarziten der Hörre-Zone aufgebaut. Die Böden sind skelettreich und nährstoffarm, wie die Pflanzenaufnahme des Luzulo-Fagetums am Standort 90 belegt (z. B. Heidelbeere).

Im Bereich des Hinsteins (St. 91 a, b) westlich von Greifenstein ändern sich die edaphischen Bedingungen völlig, da es sich um einen Basaltschlot handelt. Die Böden sind zwar weitgehend flachgründig und skelettreich, doch belegen sie durch ihre Humusform (mullartiger Moder bis F-Mull) eine gute Nährstoffversorgung und einen geringen Versauerungsgrad. Die Waldgesellschaft wechselt wieder zum Zahnwurz-Buchenwald und ähnelt mit ihrer artenreichen Krautschicht dem Standort am Rasenberg (St. 88).

Zusammenfassend unterstreichen die letzten Landschaftsprofile die engen Beziehungen zwischen Gestein (Schuttdecken), Reliefposition, Klima und den biologischen Standortverhältnissen. Das höhere, basaltbürtige Nährstoffangebot der skelettreichen, nicht allzu sauren Braunerden, läßt die Entwicklung von Zahnwurz-Buchenwäldern zu, die die Perlgras-Buchenwälder in den Höhenlagen ablösen, während auf Schiefer, Quarzit und Grauwacke lediglich bodensaure, nährstoffarme Hainsimsen-Buchenwälder gedeihen. Vor allem über den Schiefern entwickeln sich feinmaterialreichere Schuttdecken, die dann, wenn es das Relief gestattet, auch ackerbaulich genutzt werden können. Die fruchtbaren Basaltböden dagegen leiden unter dem hohen Steinanteil und der meist steilhängigen Reliefposition.

Ein weiteres Landschaftsprofil (Abb. 16) durch den nördlichen Dillwesterwald erfaßt eine kleine Scholle unterkarbonischer Riffkalke bei Breitscheid und leitet zum weiter östlich anstehenden Diabas weiter.

<u>88 Dentario-Fagetum</u>

Dentaria bulbifera IIc
Galium odoratum IIc
Anemone nemorosa IIc
Moehringia trinervia IIc
Poa nemoralis IIc
Viola reichenbachiana IIc
Mercurialis perennis IId
Lamium galeobdolon IId
Impatiens parviflora IId
Polygonatum multiflorum IId
Mycelis muralis IIIb
Ajuga reptans IIIc
Gagea spathacea IIId
Corydalis cava IIIe
Fagus sylvatica
Sorbus aucuparia j
Stachys sylvatica
Sambucus racemosa j
Viola riviniana

B: 95 %
K: 90 %

<u>89 Dentario-Fagetum</u>

Dentaria bulbifera IIc
Luzula albida IIb
Dicranella heteromalla IIb
Viola reichenbachiana IIc
Milium effusum IIc
Galium odoratum IIc
Vicia sepium IIc
Moehringia trinervia IIc
Luzula pilosa IIc
Atrichum undulatum IIc
Mycelis muralis IIIb
Oxalis acetosella IIIc
Athyrium filix-femina IIIc
Geranium robertianum IIIc
Fagus sylvatica
Quercus robur
Prunus avium j
Ranunculus repens
Senecio fuchsii

B: 95 %
St: 20 %
K: 80 %

<u>90 Luzulo-Fagetum</u>

Vaccinium myrtillus IIa
Luzula albida IIb
Deschampsia flexuosa IIb
Holcus mollis IIb
Melampyrum pratense IIb
Polytrichum formosum IIb
Poa nemoralis IIc
Dryopteris carthusiana IIIb
Fagus sylvatica
Quercus robur
Acer pseudoplatanus j
Senecio fuchsii
Hypnum cupressiforme IIb

B: 95 %
Str:20 %
K: 30 %

<u>91a Dentario-Fagetum</u>

Melica uniflora IIc
Dentaria bulbifera IIc
Galium odoratum IIc
Milium effusum IIc
Anemone nemorosa IIc
Moehringia trinervia IIc
Daphne mezereum IIc
Lamium galeobdolon IId
Mercurialis perennis IId
Mycelis muralis IIIb
Athyrium filix-femina IIIc
Ajuga reptans IIIc
Oxalis acetosella IIIc
Leucojum vernum IIIe
Viola riviniana
Senecio fuchsii
Sambucus racemosa j
Fraxinus excelsior
Acer pseudoplatanus j
Ribes uva-crispa

B: 95 %
K: 90 %

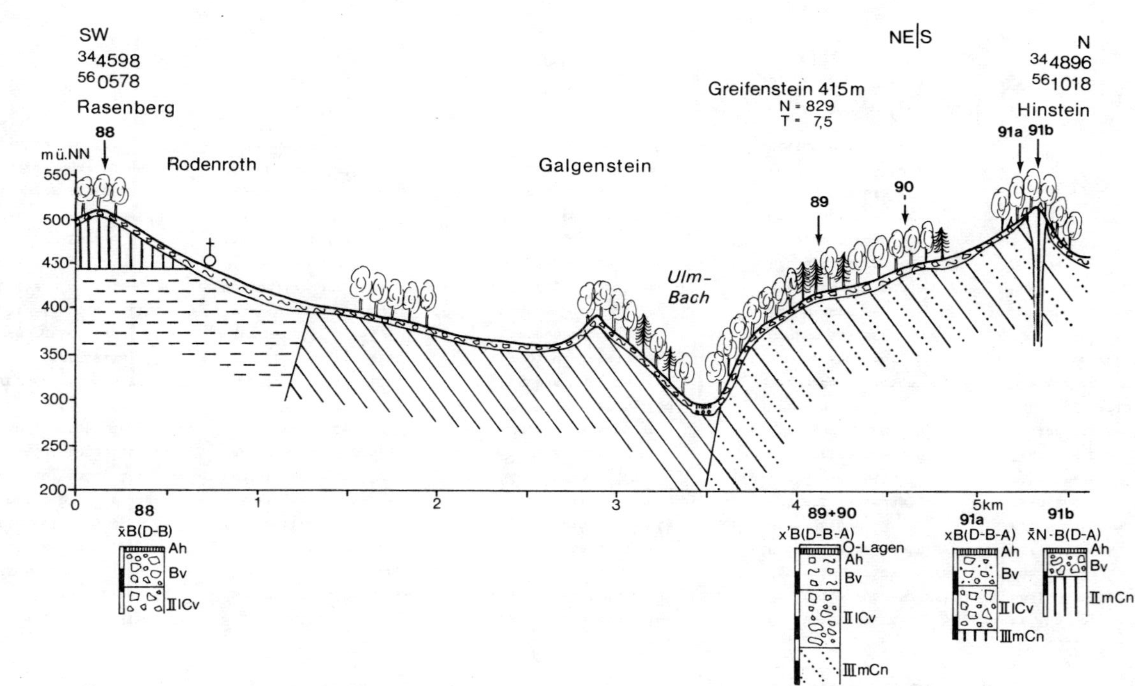

Abb. 15 Der südliche Dillwesterwald

83 Melico-Fagetum

Melica uniflora IIc
Dentaria bulbifera IIc
Galium odoratum IIc
Milium effusum IIc
Viola reichenbachiana IIc
Moehringia trinervia IIc
Carex sylvatica IId
Lamium galeobdolon IId
Geranium robertianum IIIc
Athyrium filix-femina IIIc
Scrophularia nodosa IIIc
Oxalis acetosella IIIc
Deschampsia caesp. IIIc
Circea lutetiana IIId
Impatiens noli-tang. IVc
Fagus sylvatica
Sambucus nigra
Fraxinus excelsior j
Galeopsis tetrahit
Veronica chamaedrys
Epilobium montanum
Poa nemoralis

B: 95 %

St: 30 %

K: 70 %

84 Melico-Fagetum

Melica uniflora IIc
Dentaria bulbifera IIc
Viola reichenbachiana IIc
Galium odoratum IIc
Milium effusum IIc
Moehringia trinervia IIc
Daphne mezereum IIc
Mercurialis perennis IId
Carex sylvatica IId
Sanicula europaea IId
Mycelis muralis IIIb
Geranium robert. IIIc
Arum maculatum IIId
Ranunculus auricomus IIId
Corydalis cava IIIe
Actaea spicata B
Fagus sylvatica
Ulmus glabra
Hedera helix
Acer pseudoplatanus j
Neckera complanata

B: 95 %

St: 20 %

K: 80 %

85 Melico-Fagetum

Galium odoratum IIc
Viola reichenbachiana IIc
Poa nemoralis IIc
Anemone nemorosa IIc
Moehringia trinervia IIc
Mercurialis perennis IId
Geum urbanum IId
Primula veris IIe
Ranunculus auricomus IIId
Mnium undulatum IIId
Fagus sylvatica
Carpinus betulus
Quercus robur
Prunus avium
Crataegus laevigata
Lonicera xylosteum
Fraxinus excelsior j
Anthriscus sylvestris
Veronica chamaedrys
Oxyrhynchium hians

B: 95 %

St: 30 %

K: 80 %

86 Asplenietum trichomano - rutae-murariae

Asplenium ceterach
Asplenium ruta-muraria
Asplenium trichomanes
Asplenium septentrionale
Sedum album
Potentilla verna
Tortula muralis
Orthotrichum anomalum
Encalypta vulgaris
Grimmia pulvinata
Verbascum thapsus
Bromus tectorum
Echium vulgare
Sedum acre
Anthemis tinctoria
Arenaria serpyllifolia
Erodium cicutarium
Gerastium arvense
Arabis hirsuta
Thymus pulegioides
Allium vineale

K: 40 %

M: 20 %

87 Melico-Fagetum

Melica uniflora IIc
Galium odoratum IIc
Poa nemoralis IIc
Milium effusum IIc
Viola reichenbachiana IIc
Moehringia trinervia IIc
Vicia sepium IIc
Dactylis polygama IIc
Urtica dioica IVc
Fagus sylvatica
Quercus robur
Epilobium montanum
Ranunculus repens
Sambucus nigra
Rubus idaeus
Stachys sylvatica

B: 95 %

K: 80 %

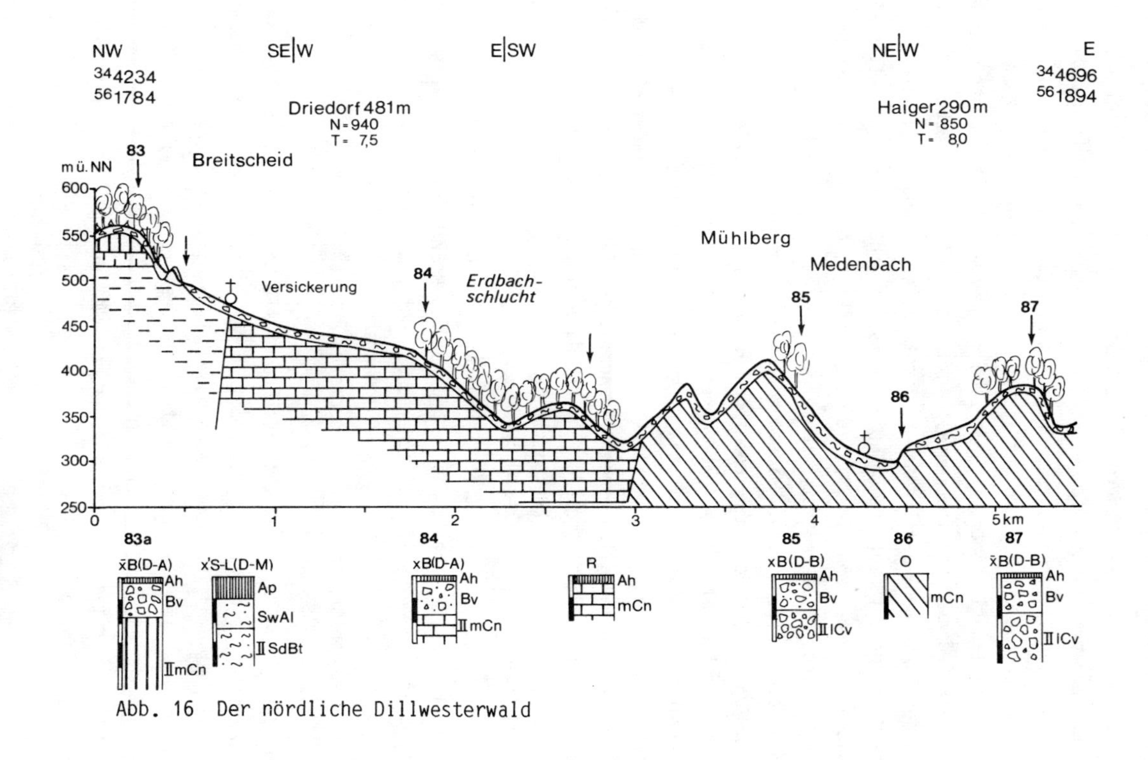

Abb. 16 Der nördliche Dillwesterwald

Standort 83 gewährt Anschluß an den Hohen Westerwald und weist ein artenreiches Melico-Fagetum auf. Auf die Ortschaft Breitscheid zu setzt der Basalt aus und die unterlagernden Tuffe und Tone treten an die Oberfläche, wo an der Grenze zum Basalt Rutschungen häufig auftreten. Die Böden sind meist skelettarm und lößlehmreich und zur Parabraunerde entwickelt, die aber alle mehr oder minder stark pseudovergleyt sind. Infolgedessen und aufgrund der Höhenlage überwiegt die Grünlandnutzung. Unterhalb der Ortschaft Breitscheid stehen die Kalke an, die stark verkarstet den Erdbach versickern lassen, der erst nach 2 km Luftlinie wieder ans Tageslicht tritt. Tonreiche Braunerden aus Deckschutt über anstehendem Kalk bedecken die Trockentalflanken, die intensiv ackerbaulich bearbeitet werden. Am Rande der Erdbach-Schlucht ist der Standort 84 gelegen. Die Humusform Mull deutet auf sehr gute Nährstoffverhältnisse und allenfalls schwach saure Bodenreaktion hin. Die Waldgesellschaft, ein Perlgras-Buchenwald, ist geprägt durch eine äußerst artenreiche, üppige Krautschicht. Neben Nährstoff- und Basenzeigern, z. B. Waldsegge *(Carex sylvatica)*, Goldhahnenfuß *(Ranunculus auricomus)* und Hohlem Lerchensporn *(Corydalis cava)*, findet sich als Zeiger luftfeuchter Standorte das Ährige Christophskraut *(Actaea spicata)*. Echte Kalkzeiger konnten allerdings nicht nachgewiesen werden. Die große Reliefenergie und die mangelhafte Schuttdeckenausprägung in Kalkgebieten führte vielerorts dazu, daß lediglich eine Mullrendzina entwickelt ist, die als ausgesprochener Trockenstandort anzusprechen ist, da lediglich der Humushorizont eine gewisse Wasserspeicherfähigkeit besitzt.

Östlich der Kalkscholle tritt der Diabas auf, der geochemisch dem wesentlich jüngeren Basalt sehr ähnelt. Die Standorte 85 und 87 belegen die weitgehende Übereinstimmung in der Waldgesellschaft. Das Auftreten der Echten Primel, der Nelkenwurz, des Bingelkrauts, des Goldhahnenfußes und des Wellenblättrigen Sternmooses hebt den Standort 85 als besonders nährstoffreich heraus.

Abschließend sei noch auf einen künstlich geschaffenen, durch eine interessante Pflanzensukzession eroberten Felsstandort in der Ortschaft Medenbach hingewiesen (St. 86). Es handelt sich um eine Mauerfarngesellschaft, die in ihrer Artenzusammensetzung an die Xerotherm-Standorte des Dilltales erinnert. Für den Aspekt kennzeichnend sind vor allem Moose *(Fortula muralis, Orthotrichum anomalum, Eucalypta vulgaris, Homalothecium sericum)* und der Schriftfarn *(Aspleniumceterach officinarum)*.

4.2.6 Zusammenfassung Oberwesterwald

Im Süden ist der Oberwesterwald durch Basaltkuppen und -rücken charakterisiert, die durchweg von skelettreichen, aber auch nährstoffreichen Böden bedeckt sind, die die Ausbildung eines artenreichen Perlgras-Buchenwaldes ermöglichen. Wo großflächig vulkanische Gesteine anstehen, die eine reliefarme, unterbodenverdichtete Hochfläche aufbauen, degradieren die Melico-Fageten zu Luzulo-Fageten oder Deschampsio-Acereten. In den Hochlagen des Oberwesterwaldes ersetzt der Zahnwurz-Buchenwald den Perlgras-Buchenwald an entsprechend geeigneten Standorten. Auch er zeichnet sich durch eine gut entwickelte, artenreiche Krautschicht und den Reichtum an Nährstoff- und Basenzeigern aus.

Auf den noch weitverbreiteten Schiefern, Grauwacken und Quarziten werden durchweg saure, bestenfalls mesotrophe Ökotope angetroffen, die ein artenarmes Luzulo-Fagetum tragen. Die Diabase und der Kalk des östlichen Oberwesterwaldes nähern sich bezüglich ihrer Waldgesellschaft wieder stark den Basalten.

4.3 Der Hohe Westerwald

4.3.1 Westerwälder Basalthochfläche

Die am höchsten gelegene Naturraumeinheit des Westerwaldes (500 - 600 m ü. NN) ist als flachwellige Basalthochfläche ausgebildet, die von kleinen Erhebungen überragt wird (Fuchskaute 656 m, Salzburger Kopf 653). Typisch für den Hohen Westerwald sind auch die zahlreichen, breitangelegten Quellmulden und Täler, die nur im Norden und Osten zur Sieg und Dill hin den Rand der Basalthochfläche zerlappen und das devonische Grundgebirge freilegen. Die Eisenverhüttung vor allem im Siegerland führte zu einer fast völligen Entwaldung, so daß heute das Landschaftsbild durch Grünlandnutzung geprägt ist. Im letzten Jahrhundert wurden dann Windschutzstreifen gegen die äolische Erosion notwendig, die in jüngster Zeit durch weitere Aufforstungen zu Wäldern ausgebaut werden. Mit deutlich über 1000 mm Niederschlag und nur ca. 6°C Jahresdurchschnittstemperatur zählt der Hohe Westerwald zu den unwirtlichen Landschaften des Rheinischen Schiefergebirges.

Das Landschaftsprofil der Abbildung 17 erfaßt die höchsten Erhebungen und alle wichtigen Landschaftselemente. Am Salzburger Kopf, der in einer flachen Kuppe die Hochfläche überragt, entwickelte sich auf einer steinigen Braunerde ein fragmentarischer Zahnwurz-Buchenwald, der klimabedingt etwas ungünstigere

<u>103 Dentario-Fagetum</u>

Galium odoratum IIc
Milium effusum IIc
Moehringia trinervia IIc
Epilobium montanum IIc
Ficaria verna IIId
Urtica dioica IVc
Fagus sylvatica
Sambucus racemosa
Senecio fuchsii
Deschampsia caespitosa IIIc

B: 90 %
St: 30 %
K: 70 %

<u>102 Caricetum fuscae</u>

Carex fusca IVb
Trollius europaeus Vd-e
Geum rivale Vd-e
Pedicularis sylvatica VIa
Potentilla palustris VIb
Menyanthes trifoliata VIb
Juncus filiformis VIb
Trifolium spadiceum VIb
Carex diandra VIc
Dactylorhiza majalis VId-e
Agrostis canina
Juncus acutiflorus
Cirsium palustre Vc
Deschampsia caespitosa IIIc

K: 90 %

<u>101 Dentario-Fagetum</u>

Milium effusum IIc
Galium odoratum IIc
Anemone nemorosa IIc
Pulmonaria obscura IId
Mercurialis perennis IId
Arum maculatum IIId
Ficaria verna IIId
Gagea lutea IIIe
Aegopodium podagraria IIIe
Fagus sylvatica
Stellaria nemorum
Sambucus recemosa
Stachys sylvatica
Atrichum undulatum

B: 95 %
St: 30 %
K: 80 %

<u>100a Polygalo-Nardetum</u>

Nardus stricta IIa
Arnica montana IIb
Thesium pyrenaicum IIb
Botrychium lunaria IIb
Platanthera chlorantha IIId
Trollius europaeus Vd-e
Pedicularis sylvatica VIa
Platanthera bifolia
Platanthera hybrida
Viola canina
Polygala vulgaris
Genista germanica
Galium boreale
Festuca rubra
Agrostis tenuis
Cirsium acaule
Deschampsia caespitosa IIIc
Juniperus communis

St: 20 %
K: 90 %

<u>99 Betuletum carpaticae</u>

Anemone nemorosa IIc
Galium odoratum IIc
Stellaria holostea IIc
Deschampsia caespitosa IIIc
Arum maculatum IIId
Aconitum vulparia IIId
Ficaria verna IIId
Gagea spathacea IIId
Corydalis cava IIIe
Gagea lutea IIIe
Angelica sylvestris Vc
Filipendula ulmaria Vc
Typhoides arundinacea Vd-e
Geum rivale Vd-e
Betula pubescens ssp.
carpatica
Corylus avellana
Salix caprea
Senecio fuchsii
Dryopteris filix-mas
Rubus fruticosus

B: 90 %
St: 30 %
K: 80 %

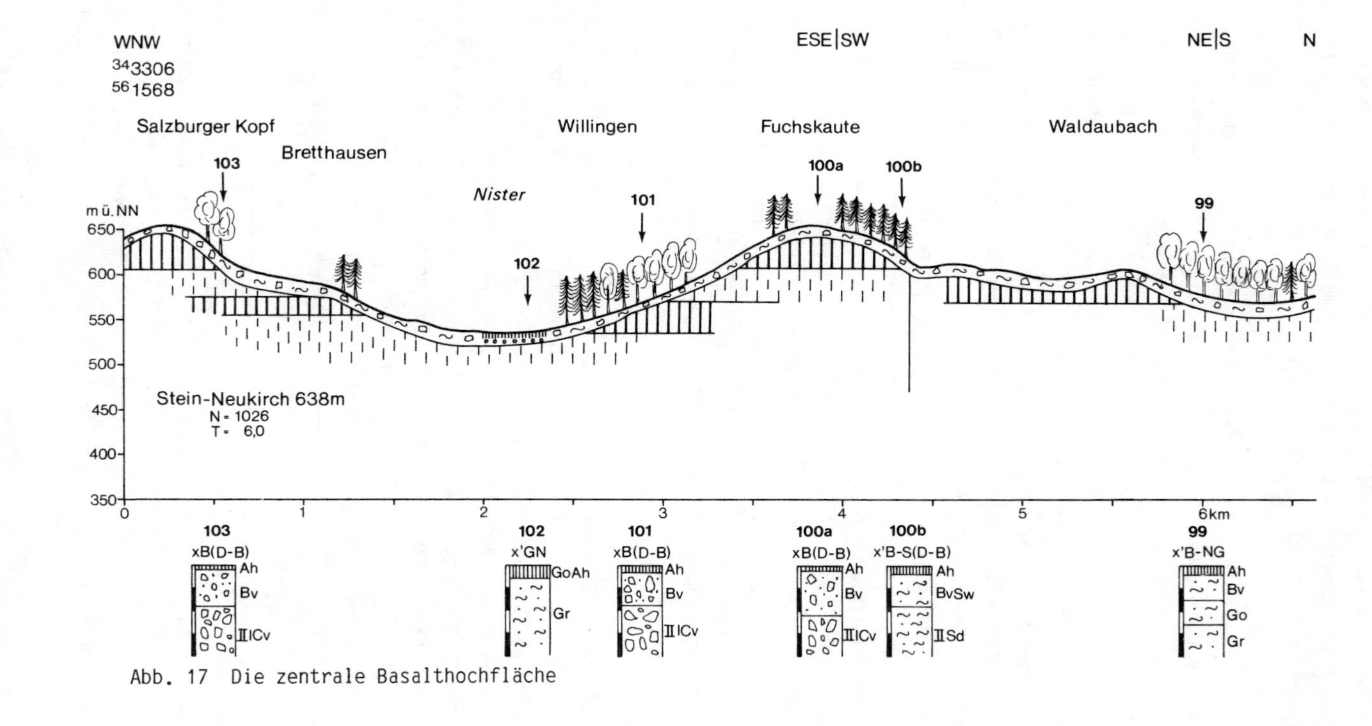

Abb. 17 Die zentrale Basalthochfläche

Standortsverhältnisse aufweist als die weit verbreiteten Perlgras-Buchenwälder (St. 103). Die Ausbildung von Moder als Humusform findet eine Entsprechung in der artenarmen Krautschicht.

In der Quellmulde der Nister, wo ein Naßgley mit mächtigem Humushorizont mit Übergang zum Anmoorgley entwickelt ist, breitet sich ein Seggenried aus, dessen Artenzusammensetzung die sauren, nährstoffarmen edaphischen Bedingungen widerspiegelt. Es handelt sich um die montane Ausbildung eines Braunseggenriedes, das als Besonderheiten Trollblume *(Trollius europaeus)*, Bachnelkenwurz *(Geum rivale)*, Waldläusekraut *(Pedicularis sylvatica)*, Moorklee *(Trifolium spadiceum)* und Draht-Segge *(Carex diandra)* aufweist. Im flachen Anstieg zur Fuchskaute treten offensichtlich auch noch etwas bessere Standorte auf (St. 101), wo ein artenarmer Zahnwurz-Buchenwald ausgebildet ist. Die Humusform entwickelt sich in Richtung mullartigem Moder mit Übergang zum F-Mull. Auf der flachen Kuppe der Fuchskaute wird die traditionelle Grünlandwirtschaft zugunsten von Aufforstungen ständig weiter eingeschränkt. Als Relikt einstiger Weidenutzung kann das Polygalo-Nardetum gelten (St. 100). Auf den sauren, nährstoffarmen Standorten finden sich Magerkeitszeiger wie Borstgras *(Nardus stricta)*, Arnika *(Arnica montana)*, Wiesen-Lindblatt *(Thesium pyrenaicum)* und Mondkraut *(Botrychium lunaria)*. Für den Aspekt dieser ehemaligen Viehweiden ist der Wachholder kennzeichnend. Als potentielle natürliche Waldgesellschaft wäre ein Hainsimsen-Buchenwald zu erwarten.

Bei Waldaubach hat sich der sehr seltene Karpatenbirkenwald (St. 99) erhalten können, der in dieser Form erst wieder in der Rhön auftaucht. Er verlangt frische bis nasse, aber lockere, nährstoffreiche Bodenverhältnisse, die mit dem Braunerde-Hanggley über Tuff gegeben sind. Es handelt sich um eine ausgesprochen artenreiche Ausbildung des Karpatenbirkenwaldes, die sich von den Formen auf sauren, nährstoffarmen Standorten, die zum dystrophen Moorbirkenwald überleiten, deutlich unterscheidet. Aus den zahlreichen Nährstoff- und Basenzeigern seien Wolfs-Eisenhut *(Aconitum vulparia)*, Scheiden-Goldstern *(Gagea spathacea)*, Hohler Lerchensporn *(Corydalis cava)* und Bach-Nelkenwurz *(Geum rivale)* hervorgehoben.

Es ist nicht auszuschließen, daß ein großer Teil der feuchten Quellmulden im Hohen Westerwald mit vergleichbaren Waldgesellschaften ausgestattet waren, die aber der Rodung zum Opfer fielen und in Grünland umgewandelt wurden. Mit dem zunehmenden Brachfallen dieser landwirtschaftlich unrentablen Areale setzte eine Verbuschung ein, die bei anhaltender Sukzession in der Wiederbewaldung enden wird. Eine erneute, natürliche Biotop-"Zerstörung" wäre damit verbunden. Bedenklich ist allerdings die rasante Auffichtung, die mit der Anlage von Windschutzstreifen eingeleitet wurde. Auf den überwiegend staunassen Böden des Hohen Westerwaldes ist der forstwirtschaftliche Gewinn der Fichtenwälder keineswegs gesichert, da vor allem die Gefährung durch Windbruch die Fichte u. U. nicht bis zur Schlagreife heranwachsen läßt.

4.3.2 Neunkhausen-Weitefelder-Plateau

Die fast ebene, praktisch waldfreie Hochfläche ist der Basalthochfläche im Nordwesten vorgelagert und um ca. 100 m tiefer gelegen. Den Untergrund bauen Basalttuffe auf, die aufgrund ihrer Verdichtung den Oberflächenabfluß begünstigen und zu einem dichten Entwässerungsnetz führten.

Das Landschaftsprofil der Abbildung 18 stellt einen kleinen Ausschnitt dieses Naturraumes dar. Am Fuße des Plateaus bei Lindiansseifen ist im Quellbereich eines kleinen Baches ein Anmoorgley entwickelt (St. 61), der randlich in eine Gley-Braunerde übergeht (St. 62 a). Auf dem vermoorten Standort hat sich ein Erlenbruch mit z. B. der Verlängerten Segge ausgebreitet, der zum Schuppendornfarn-Ahorn-Mischwald überleitet. Bei beiden Waldgesellschaften handelt es sich um azonale Gemeinschaften auf Sonderstandorten, auf welchen die klimatischen Baumarten nicht mehr gedeihen können. Während im Schuppendornfarn-Ahorn-Mischwald noch vereinzelt Buchen an ihrer ökologischen Grenze auftreten, findet sich im Erlenbruch als dominierende Baumart nur noch *Alnus glutinosa*. Standort 61 ist auch durch seine großen Bestände an Märzenbecher *(Leucojum vernum)* hervorzuheben.

Eher untypisch für das Plateau ist der Standort 62 b, wo eine skelettreiche Braunerde die kleine Basaltkuppe überzieht. Dagegen herrschen tiefgründige, feinmaterialreiche, staunasse Böden (St. 63 b) vor, die bei besserer Dränage ackerbaulich genutzt werden, ansonsten überwiegt die Grünlandbewirtschaftung. Für das Beispiel eines anthropogenen Eingriffs in Form von Trockenlegung steht der Standort 63 a, wo ein Anmoorgley entwässert wurde. Infolgedessen vererdete die Torfauflage, trägt aber noch eine leidlich naturnahe Pflanzengesellschaft. Der Erlenbruchwald ist in seinem Arteninventar zwar verändert, doch treten noch *Dryopteris dilatata*, *Dryopteris carthusiana*, *Deschampsia caespitosa*, *Angelica sylvatica* u. a. auf.

Südwestlich der Ortschaft Neunkhausen ist ein weiterer grundwasserbeeinflußter

62a Deschampsio-Aceretum

Stellaria holostea IIc
Luzula pilosa IIc
Carex sylvatica IId
Deschampsia caespitosa IIIc
Dryopteris carthusiana IIIb
Athyrium filix-femina IIIc
Oxalis acetosella IIIc
Stellaria nemorum IVc
Quercus robur
Corylus avellana
Senecio fuchsii
Fagus sylvatica
Rubus fruticosus
Acer pseudoplatanus

B: 95 %

K: 70 %

63b Carici-elongatae-Alnetum

Lamium galeobdolon IId
Geum urbanum IId
Dryopteris carthusiana IIIb
Deschampsia caespitosa IIIc
Athyrium filix-femina IIIc
Leucojum vernum IIIe
Equisetum sylvaticum IVc
Stellaria nemorum IVc
Carex remota IVc
Ranunculus repens Vc
Filipendula ulmaria Vc
Rubus idaeus
Senecio fuchsii
Alnus glutinosa
Glyceria fluitans
Cardamine amara
Mnium hornum
Polygonum bistorta
Scapania nemorea

B: 95 %

K: 60 %

63a Deschampsia caespitosa-Almus glutinosa-Ges.

Polytrichum formosum IIb
Moehringia trinervia IIc
Dryopteris dilatata IIIb
Dryopteris carthusiana IIIb
Deschampsia caespitosa IIIc
Scrophularia nodosa IIIc
Athyrium filix-femina IIIc
Glechoma hederacea IIIc
Equisetum sylvaticum IVc
Urtica dioica IVc
Angelica sylvestris Vc
Ranunculus repens Vc
Alnus glutinosa
Sambucus nigra
Senecio fuchsii
Mnium hornum
Rubus idaeus
Fraxinus excelsior
Carex paniculata
Stachys sylvatica

B: 95 %

K: 70 %

64 Deschampsia caespitosa-Alnus glutinosa-Ges.

Deschampsia flexuosa IIb
Polytrichum formosum IIb
Atrichum undulatum IIc
Stellaria holostea IIc
Lamium galeobdolon IId
Dryopteris carthusiana IIIb
Deschampsia caespitosa IIIc
Athyrium filix-femina IIIc
Chaerophyllum hirsutum IVd-e
Chrysosplenium oppositifolium IVd-e
Alnus glutinosa
Dryopteris filix-mas
Mnium hornum
Crataegus laevigata
Corylus avellana
Pellia epiphylla
Thuidium tamariscinum
Plagiochila asplenioides
Senecio fuchsii

B: 95 %

K: 80 %

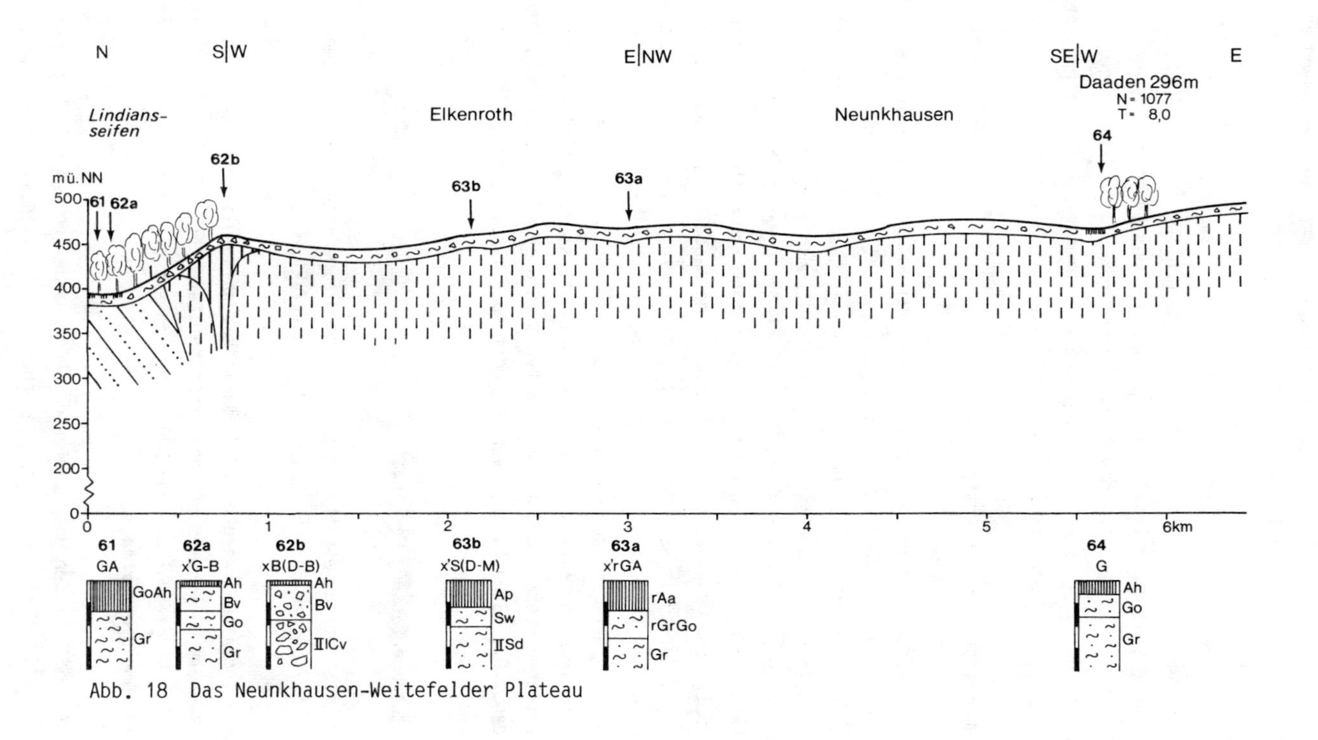

Abb. 18 Das Neunkhausen-Weitefelder Plateau

Standort erfaßt worden (St. 64), der dem eben besprochenen weitgehend ähnelt, aber insgesamt nährstoffärmer ausgebildet ist.

Das Neunkhausen-Weitefelder Plateau weist einige typische Arten niederschlagsreicher, grundwassernaher Standorte auf. Zu nennen ist hier das Vorkommen des Rundblättrigen Sonnentaus *(Drosera rotundifolia)* bei Elkenroth. Bemerkenswert ist der Fund des atlantischen Efeu-Hahnenfußes *(Raununcelus luderaceus)* östlich von Elkenroth, der hier an seine südöstliche Arealgrenze stößt. Weitere Vorkommen der Art liegen in der Eifel, im Hunsrück sowie in Hessen bei Obersuhl.

4.3.3 Zusammenfassung Hoher Westerwald

Für den Hohen Westerwald lassen sich nur sehr wenige naturnahe Waldgesellschaften anführen, da an trockenen Standorten gewöhnlich die Rodung der Neuzeit nicht rückgängig gemacht wurde. Generell kann aber geschlossen werden, daß aufgrund der klimatischen Rahmenbedingungen die Standorte gegenüber dem basaltischen Oberwesterwald verarmt waren und einen Flattergras-Buchenwald trugen. In den breitangelegten Quellmulden dürften Karpaten-Birkenwälder und Erlenbruchwälder anzutreffen gewesen sein. Nutzungsbedingt abgelöst wurden sie von Seggenrieden und Borstgrasgesellschaften, die heute wieder verbuschen. Besonderes Merkmal der Hochfläche ist die weite Verbreitung skelettarmer Böden. Dies hängt ursächlich mit der geringen Reliefenergie der Landschaft und der mangelhaften Erosions- wie Transportleistung der Bäche zusammen, so daß großflächig alte tonige Verwitterungsdecken und Tuffe erhalten sind oder nur kurzstreckig umgelagert wurden. Die Schuttdecken wurden zudem noch mit lokalem Lößlehm und Tuff angereichert.

4.4 Gesamtzusammenfassung Westerwald

Die Landschaftsprofile gestatten zusammenfassend eine modellhafte Beziehung der Waldgesellschaften und der abiotischen Standortsfaktoren.

Pflanzengesellschaften werden i. d. R. klimazonal gegliedert, was auch im Westerwald zutreffend ist. Bei Jahresdurchschnittstemperaturen von 6,5°C - 8,5°C und jährlichen Niederschlägen von 800 - 1000 mm ist ein mehr oder minder artenreiches Fagetum zu erwarten.

Im Lahntal und in den Unterläufen der Nebenbäche, wo wesentlich günstigere Klimabedingungen herrschen, gedeihen thermophile Waldgesellschaften wie das

Querco-Carpinetum oder Lithospermo-Quercetum.

Im niederschlagsreichen, kühlen Hohen Westerwald erreichen die Buchen vielerorts ihre ökologische Nässegrenze, und die Waldgesellschaft des Luzulo oder Melico-Fagetum wechselt allmählich zum Deschampsio-Aceretum, in dem die Buche nicht mehr die dominante Baumart darstellt.

Bei genauer Durchsicht der beschriebenen Standorte lassen sich 2 Gruppen innerhalb der Buchenwälder unterscheiden, die eng mit dem Nährstoffangebot der Böden gekoppelt sind. Auf nährstoffarmen, sauren Böden, deren bodenbildendes Ausgangsgestein hohe Anteile an Quarzit, Schiefer, Grauwacken und Laacher Bims aufweisen, stocken die Luzulo-Fageten, die im anspruchsvolleren Melico-Fagetum auf Böden mit hohen Anteilen an Löß, Basalt, Diabas ihr Pendant besitzen. Nur an edaphisch ungünstigen Standorten, wo z. B. Staunässe zu einer starken Verarmung der Böden führte, können sich auch über Basalt Luzulo-Fageten entwikkeln. Ansonsten ist eine fast vollkommene Kongruenz der angesprochenen Buchenwaldformen mit der Verbreitung bestimmter Gesteine zu beobachten.

Die Vielfalt und der Ausprägungsgrad einer Waldgesellschaft wird gleichfalls ganz wesentlich vom Boden gesteuert. Dabei gilt, daß mit Abnahme des Feinbodenanteils zugunsten des Skelettanteils i. d. R. eine Verringerung der Gründigkeit, der nutzbaren Feldkapazität, der Kationenaustauschkapazität und der Basensättigung einhergeht, was sich unmittelbar auf die Humusform auswirkt und zur Verarmung der Krautschicht führt. Die Zusammensetzung des Bodensubstrates seinerseits unterliegt bestimmten geowissenschaftlichen Gesetzen. Da die Lößanwehung und -erhaltung mit der Höhenlage und der Steilheit des Geländes abnimmt, sind lößlehmreiche Böden in den flachwelligen Senken anzutreffen, untergrundgesteinsreiche jedoch im höheren Westerwald sowie an steilhängigen Reliefpartien.

Die Entwicklungsdynamik der Böden kann zusätzlich bestimmte Tendenzen noch verstärken. So führt der Prozeß der Podsolierung auf den quarzitreichen Böden der Montabaurer Höhe zu einem weiteren Versauerungsschub der Oberböden. In anderen Fällen kann auf tonreichen Schuttdecken die Pseudovergleyung die Nährstoffverarmung und pH-Wert-Absenkung forcieren.

Von dem bislang beschriebenen Faktorengefüge weniger berührt sind Standorte, an denen ein bestimmter Faktor besonders stark vorherrscht. In Erlenbrüchen und Mooren dominiert das Grundwasser, in den Schluchtwäldern das Mikroklima und an potentiell waldfreien Felsdurchragungen oder -wänden das Gestein, so daß alle anderen Faktoren in ihrer Wirkung überdeckt werden. Zuletzt sei noch auf die Handlungsweise des Menschen das Augenmerk gelenkt, der nicht nur die potentiell natürliche Vegetation zerstört, sondern durch bestimmte Nutzungsformen auch völlig neue Pflanzengesellschaften entstehen läßt. Gewöhnlich sind sie aber nicht stabil und aus sich heraus erhaltungsfähig, sondern streben über Sukzessionsstadien der potentiell natürlichen Waldgesellschaft wieder zu.

5 Pflanzengesellschaften und deren Fundorte

5.1 Systematische Übersicht der behandelten Pflanzengesellschaften

Klasse: ASPLENIETEA RUPESTRIS Br. - Bl. 1934
  Ordnung: Potentilletalia caulescentis Br. - Bl. 1926
    Verband: Potentillion caulescentis Br. - Bl. 1926
      Asplenietum trichomano - rutae-murariae Kuhn 1937
    Verband: Crystopteridion (Nordh. 1936) J. L. Rich. 1972
      Asplenio - Cystopteridetum fragilis Oberdorfer (1949) Oberdorfer (1936)
  Ordnung: Androsacetalia vandelii Br. - Bl. 1926
    Verband: Androsacion vandelii Br. - Bl. 1926
      Asplenietum septentrionali - adianti-nigri Oberdorfer 1938

Klasse: SEDO - SCLERANTHETEA Br. - Bl. 1955
  Ordnung: Sedo - Scleranthetalia Br. - Bl. 1955
    Verband: Festucion pallentis Klika 1931 em. Korneck 1974
      Diantho gratianopolitani - Festucetum pallentis Gauckler 1938
      Erysimum odoratum - Festuca pallens-Gesellschaft
      Artemisio lednicensis - Melicetum ciliatae Korneck 1974

Klasse: QUERCO - FAGETEA Br. - Bl. & Vlieger 1937
  Ordnung: Prunetalia spinosae Tx. 1952
    Verband: Berberidion vulgaris Br. - Bl. (1947) 1950
      Cotoneastro - Amelanchieretum Faber 1936
  Ordnung: Fagetalia sylvaticae Pawl. 1928
    Verband: Luzulo-Fagion Lohmeyer & Tx. 1954
      Luzulo-Fagetum (Du Rietz 1923) Markgraf 1932
    Verband: Galio-odorati-Fagion Knapp 1942 em Tx. 1955
      Melico-Fagetum (Markgr. 1927) Knapp 1942
      Dentario bulbiferae-Fagetum
    Verband: Cephalanthero-Fagion Tx. 1955
      Cephalanthero-Fagetum (Lohm. 1953) Oberdorfer 1957

Verband: Carpinion betuli (Issler 1931) Oberdorfer 1953
Querco - Carpinetum Tx. 1937

Verband: Alno-Ulmion Br. Bl. & Tx. 1943
Carici remotae - Fraxinetum W. Koch 1926
Stellario-Alnetum glutinosae (Kästner 1938) Lohm. 1956
Deschampsio-caespitosae - Aceretum pseudoplatani Bohn 1984

Verband: Tilio-Acerion Klika 1955
Aceri-Fraxinetum W. Koch 1926
Lunario-Aceretum Grüneberg & Schlüter 1957
Phyllitido-Aceretum Moor 1952

Ordnung: Quercetalia pubescentis Br. - Bl. 1931

Verband: Quercion pubescenti-petraeae Br. - Bl. 1931
Lithospermo-Quercetum Br. - Bl. 1929

Klasse: QUERCETEA - ROBORI - PETRAEAE Br. - Bl. & Tx. 1943

Ordnung: Quercetalia robori-petraeae Br. - Bl. & Tx. 1943

Verband: Quercion robori-petraeae (Malc. 1929) Br. - Bl. 1932
Fago-Quercetum Tx. 1955
Luzulo-Quercetum petraeae (Knapp 1942) Oberd. 1967

Klasse: ALNETA GLUTINOSAE Br. - Bl. & Tx. 1943

Ordnung: Alnetalia glutinosae Tx. 1937

Verband: Alnion glutinosae Malcuit 1929
Carici elongatae-Alnetum glutinosae (W. Koch 1926) Tx. & Bodeux 1955
Deschampsia caespitosa - Alnus glutinosa - Gesellschaft
Dryopteris dilatata - Crepis paludosa - Alnus glutinosa - Gesellschaft.

Klasse: VACCINIO - PICEETEA Br. - Bl. 1939

Ordnung: Vaccinio-Piceetalia Br. - Bl. 1939

Verband: Betulion pubescentis Lohm. & Tx. 1955
Betuletum carpaticae Lohm. & Bohn 1972

Klasse: OXYCOCCO - SPHAGNETEA Br. - Bl. & Tx. 1943
Ordnung: Sphagno-Ericetalia Br. - Bl. 1948 em. Moore 1968
Verband: Ericion tetralicis Schwickerath 1933
Ericetum tetralicis Schwickerath 1933

Klasse: CARICETEA NIGRAE Nordh. 1936
Ordnung: Scheuchzerietalia palustris Nordh. 1936
Verband: Caricion nigrae W. Koch 1926 em. Klika 1934
Caricetum fusae Br. - Bl. 1915

Klasse: PHRAGMITETEA Tx. & Prsg. 1942
Ordnung: Phragmitetalia W. Koch 1926
Verband: Magnocaricion W. Koch 1926
Caricetum gracilis (Graebn. & Hueck 1931) Tx. 1937
Caricetum rostratae Rübel 1912
Caricetum paniculatae Wangerin 1916
Verband: Phragmition W. Koch 1926
Phalaridetum arundinadeae (W. Koch 1926) Libbert 1931
Typho-Scirpetum lacustris Pass. 1964
Glyderietum maximae Hueck 1931

Klasse: POTAMETEA Tx. & Prsg. 1942
Ordnung: Potametalia W. Koch 1926
Verband: Nymphaeion Oberdorfer 1957
Potamogeton natans-Gesellschaft
Nymphaeetum albae Vollm. 1947 em. Oberdorfer
Polygonum amphibium aquaticum - Gesellschaft

Klasse: MONTIO - CARDAMINENTEA Br. - Bl. & Tx. ex Klika & Had. 1944
Ordnung: Montio-Cardaminetalia Pawl. 1928
Verband: Cardamino-Montion Br. - Bl. 1925
Montio-Philonotidetum fontanae Bük. & Tx. in Bük. 1942
Chrysosplenietum oppositifolii Oberd. & Phil. in Oberd. 1977
Cardamine amara-flexuosa-Gesellschaft (Oberd. 1957)

Klasse: NARDO - CALLUNETEA Prsg. 1949
Ordnung: Nardetalia Oberdorfer 1949
Verband: Violo-Nardion
Polygalo-Nardetum Oberdorfer 1957
Juncetum squarrosi Nordhag 1922

Klasse: MOLINIO - ARRHENATHERETEA Tx. 1937
Ordnung: Molinietalia W. Koch 1926
Verband: Molinion caeruleae W. Koch 1926
Juncus-Molinia-Gesellschaft
Molinietum caeruleae
Verband: Filipendulion ulmariae (Duvign. 1946) Segal 1966
Valeriano-Polemonietum caerulae Rossk. 1971
Filipendulo-Geranietum palustris W. Koch 1926
Valeriano-Filipenduletum Siss in Westh. & al. 1946
Verband: Calthion Tx. 1937
Sanguisorbo-Silaetum Vollr. 1965
Scirpetum sylvatici Maloch 1935 em. Schwick. 1944
Chaerophyllo-Polygonetum bistortae Hundt 1980
Polygonum bistorta-Cirsium oleraceum-Gesellschaft (Bohn 1981)
Deschampsia caespitosa-Polygonum bistorta-Gesellschaft (Bohn 1981)
Juncetum filiformis Tx. 1937
Ordnung: Arrhenatheretalia Pawl. 1928
Verband: Arrhenatherion elatioris W. Koch 1926
Arrhenatheretum elatioris Br. - Bl. ex Scherr 1925
Verband: Polygono-Trisetion Br. - Bl. & Tx. ex Marsch 1947 n. inv. Tx. & Prsg. 1951
Geranio-Trisetetum flavescentis Knapp 1951
Verband: Cynosurion Tx. 1947
Lolio-Cynosuretum Br. - Bl. & De L. 1936 em Tx. 1937
Festuco-Cynosuretum Tx. in Bük. 1942

5.2 Tabellarisches Verzeichnis der Pflanzengesellschaften und deren Fundorte

Erklärung der verwendeten Symbole und Abkürzungen:

1. Stetigkeit der einzelnen Arten innerhalb der Vegetationstabellen (nach RUNGE 1980)

   I : in 1- 20 %
   II : in 21- 40 %
   III: in 41- 60 %
   IV : in 61- 80 %
   V : in 81-100 % der Einzelbestände vorhanden

2. Artmächtigkeit (nach RUNGE 1980)

   \+ : spärlich mit sehr geringem Deckungswert
   1 : reichlich, aber mit geringem Deckungswert
   <u>oder</u> ziemlich spärlich, aber mit größerem Deckungswert (weniger als 1/20)
   2 : sehr zahlreich
   <u>oder</u> mindestens 1/20 der Aufnahmefläche deckend (1/20 - 1/4)
   3 : 1/4 bis 1/2 der Aufnahmefläche deckend, Individuenzahl beliebig
   4 : 1/2 bis 3/4 der Aufnahmefläche deckend, Individuenzahl beliebig
   5 : mehr als 3/4 der Aufnahmefläche deckend, Individuenzahl beliebig

3. Sonstige Abkürzungen

   A : Assoziationskennart
   V : Verbandskennart
   O : Ordnungskennart
   K : Klassenkennart
   D : Differentialart
   B : Begleiter
   j : Jungpflanze
   k : kultiviert

4. 5315 : Nummer der Topographischen Karte 1:25 000

Tab. 3: Asplenietum trichomano-rutae-murariae
Kuhn 1937, Tüxen 1937

Anzahl der Aufnahmen:	3
A Asplenium ruta-muraria	3
V, O, K Asplenium trichomanes	3
Asplenium ceterach	3
Asplenium septentrionale	2
Polypodium vulgare	1
Biscutella laevigata	1
B Sedum album	3
Tortula muralis	3
Orthotrichum anomalum	3
Grimmia pulvinata	3
Homalothecium sericeum	3
Ceratodon purpureus	3
Potentilla verna	3
Thymus pulegioides	3
Cerastium arvense	2
Silene vulgaris	2
Plantago lanceolata	2
Rhytidium rugosum	2
Hieracium pilosella	2

Bromus tectorum, Echium vulgare, Sedum acre, Anthemis tinctoria, Arenaria serpyllifolia, Encalypta vulgaris, Erodium cicutarium, Bromus mollis, Arabis hirsuta, Allium vineale, Festuca pallens, Tortula ruralis, Campanula rotundifolia, Cardaminopsis arenosa, Abietinella abietina, Polytrichum piliferum, Sedum rupestre, Reboulia hemisphaerica 1.

Fundorte:

5315: Diabasfelsen N Medenbach, 320 m NN, 1 Aufnahme.
5613: Kalkfelsen S Fachingen, 160 m NN, 1 Aufnahme.
Gabelstein SE Cramberg, 150 m NN, 1 Aufnahme.

Tab. 4: Asplenio-Cystopteridetum fragilis
Oberdorfer (1936) 1949

Anzahl der Aufnahmen:	6
A Cystopteris fragilis	V
O Asplenium ruta-muraria	II
K Asplenium trichomanes	V
B Geranium robertianum	V
Conocephalum conicum	III
Polystichum aculeatum	II
Oxalis acetosella	II
Linaria cymbalaria	II
Urtica dioica	II
Chelidonium maius	II
Frullania tamarisci	II

Chrysosplenium alternifolium, Chrysosplenium oppositifolium, Campanula rotundifolia, Galium sylvaticum, Lamium galeobdolon, Lamium maculatum, Cardaminopsis arenosa, Festuca altissima, Cardamine flexuosa, Ranunculus nemorosus, Bryum argenteum, Bryum capillare, Fissidens bryoides I.

Fundorte:

5513: Gelbachtal E Wirzenborn, 180 m NN, 1 Aufnahme.
5612: Mauer bei Dausenau, 110 m NN, 1 Aufnahme.
Kaltbachtal N Nassau, 120 m NN, 2 Aufnahmen.
Mauer bei Winden, 360 m NN, 1 Aufnahme.
5613: Dörsbachtal S Oberndorf, 150 m NN, 1 Aufnahme.

Tab. 5: Asplenietum septentrionali-adianti-nigri
Oberdorfer 1938

	a	b
Anzahl der Aufnahmen:	4	2
A Asplenium adiantum-nigrum	4	2

V, O Asplenium septentrionale	4	2
Asplenium X alternifolium	1	-
K Asplenium trichomanes	3	1
Asplenium ceterach	-	1
Polypodium vulgare	2	1
B Cardaminopsis arenosa	3	1
Hieracium pilosella	2	1
Poa nemoralis	3	-
Genista pilosa	2	1
Sedum album	2	2
Sedum rupestre	1	2
Helleborus foetidus	1	2
Dicranum scoparium	3	1
Dryopteris filix-mas	2	-
Fragaria vesca	2	-
Corylus avellana j	2	-
Rubus fruticosus	2	-
Carpinus betulus	2	-
Tortula ruralis	-	2

a: Ausprägung an beschatteten Standorten

Glechoma hederacea, Potentilla sterilis, Lapsana communis, Stellaria holostea, Geranium robertianum, Prunus avium, Vicia sepium, Hedera helix, Quercus robur, Sarothamnus scoparius, Moehringia trinervia, Sedum acre, Polypodium X mantoniae, Frullania tamarisci, Rhodobryum roseum, Rhytidiadelphus squarrosus, Dicranella heteromalla, Plagiothecium denticulatum, Hypnum cupressiforme, Diplophyllum albicans, Campanula rotundifolia, Hieracium sylvaticum, Deschampsia flexuosa, Tortella tortuosa, Primula veris, Anemone nemorosa, Teucrium scorodonia 1.

Fundorte:

5513: Gelbachtal E Wirzenborn, 220 m NN, 1 Aufnahme.
5612: Schimmerich bei Nassau, 180 m NN, 2 Aufnahmen.
5613: Gelbachtal NE Weinähr, 150 m NN, 1 Aufnahme.

b: Ausprägung an sonnenexponierten Standorten

Potentilla verna, Galium album, Thymus pulegioides, Silene alba, Arabidopsis thaliana, Homalothecium sericeum, Grimmia leucophaea 1.

Fundorte:

5711: S Oberlahnstein, 120-130 m NN, 2 Aufnahmen.

Tab. 6: Diantho gratianopolitani - Festucetum pallentis
Gauckler 1938

Anzahl der Aufnahmen:	4
A Dianthus gratianopolitanus	4
V Festuca pallens	4
Anthericum liliago	2
K Polytrichum piliferum	4
Racomitrium canescens	4
Sedum rupestre	2
B Deschampsia flexuosa	4
Calluna vulgaris	4
Quercus petraea j	4
Dicranum scoparium	4
Homalothecium sericeum	4
Sarothamnus scoparius	3
Rubus fruticosus	3
Hypnum cupressiforme	3
Grimmia pulvinata	2
Asplenium septentrionale	2
Hieracium umbellatum	2
Campanula rotundifolia	2
Poa nemoralis	2

Juniperus communis, Rumex acetosella, Cladonia pyxidata, Cladonia chlorophaea, Cladonia rangiferina, Polytrichum juniperinum, Campylopus fragilis, Rosa canina, Asplenium trichomanes, Vincetoxicum officinale, Hedwigia albicans, Bartramia pomiformis 1.

Fundorte:

5212: Felsen NW Flögert, 180 m NN, 3 Aufnahmen.
Felsen gegenüber Helmeroth, 160 m NN, 1 Aufnahme

Tab. 7: Erysimum odoratum-Festuca pallens-Gesellschaft

Anzahl der Aufnahmen:	5
A Erysimum odoratum	V
V Festuca pallens	V
Melica ciliata	IV
O Sedum album	V
K Tortula ruralis	II
Sedum sexangulare	I
Sedum rupestre	I
Scleranthus perennis	I
Arenaria serpyllifolia	I
Echium vulgare	I
B Asplenietea	
Asplenium trichomanes	II
Asplenium ruta-muraria	I
Asplenium ceterach	I
Polypodium vulgare	I
B Festuco-Brometea	
Stachys recta	III
Potentilla verna	II
Arabis hirsuta	II
Rhytidium rugosum	II
Euphorbia cyparissias	II
Centaurea scabiosa	I
Sanguisorba minor	I
Dianthus carthusianorum	III
Helianthemum nummularium	I
Abietinella abietina	I
Bromus erectus	I
B Sonstige	
Tortula muralis	IV

Homalothecium sericeum	IV
Grimmia pulvinata	III
Orthotrichum anomalum	III
Tortella inclinata	III
Thymus pulegioides	II
Pimpinella saxifraga	II
Campanula rotundifolia	II

Plantago media, Isothecium myurum, Plantago lanceolata, Ligustrum vulgare j, Grimmia leucophaea, Galium verum, Inula conyza, Origanum vulgare, Cardaminopsis arenosa, Silene vulgaris, Hieracium pilosella, Poa nemoralis, Bryum argenteum, Encalypta vulgaris, Hieracium sylvaticum, Geranium robertianum I.

Fundorte:

5613: Kalkfelsen S Fachingen, 150 m NN, 3 Aufnahmen.
Steinbruch bei Altendiez, ca. 110 m NN, 1 Aufnahme.
Kaffeefels SW Fachingen, ca. 140 m NN, 1 Aufnahme.

Tab. 8: <u>Artemisio lednicensis-Melicetum ciliatae</u>
Korneck 1974

Anzahl der Aufnahmen:	6
A Artemisia campestris ssp. lednicensis	IV
V Melica ciliata	V
Festuca pallens	V
O Sedum album	IV
K Polytrichum piliferum	IV
Racomitrium canescens	IV
Sedum rupestre	III
Echium vulgare	II
Ceratodon purpureus	II
Holosteum umbellatum	I
Potentilla argentea	I
Tortula ruralis	I
B Asplenietea	
Asplenium ruta-muraria	III

Asplenium ceterach	III
Polypodium vulgare	III
Asplenium trichomanes	II
Asplenium septentrionale	II
Polypodium interjectum	I
Biscutella laevigata	I
B Festuco-Brometea	
Dianthus carthusianorum	IV
Stachys recta	II
Potentilla verna	II
Aster linosyris	II
Rhytidium rugosum	I
Pleurochaete squarrosa	I
Galium glaucum	I
Arabis hirsuta	I
B Sonstige	
Genista pilosa	III
Galium album	III
Artemisia absinthium	II
Isatis tinctoria	II
Sedum telephium	II
Allium vineale	II
Teucrium scorodonia	II
Orthotrichum anomalum	II
Grimmia pulvinata	II
Picris hieracioides	II

Amelanchier ovalis, Silene nutans, Hedera helix, Dictamnus albus, Teucrium botrys, Polygonatum odoratum, Orobanche caryophyllacea, Parietaria officinalis, Centranthus ruber, Malva moschata, Medicago sativa, Reseda luteola, Iris germanica, Senecio erucifolius, Helleborus foetidus, Festuca ovina s.l., Inula conyza, Verbascum lychnitis, Hieracium sylvaticum, Origanum vulgare, Homalothecium sericeum, Parmelia conspersa, Grimmia leucophaea, Lactuca perennis, Lychnis viscaria, Reboulia hemisphaerica, Encalypta streptocarpa I.

Fundorte:

5611: Allerheiligenberg E Niederlahnstein, 150 m NN, 2 Aufnahmen.
Felsen am Eingang zur Ruppertsklamm, 120 m NN, 1 Aufnahme.

Felsen unterhalb Ehrenbreitstein, 110 m NN, 1 Aufnahme.
Steinbruch E Urbar, 120 m NN, 1 Aufnahme.
5613: Gabelstein SE Cramberg, 150 m NN, 1 Aufnahme

Tab. 9: Cotoneastro-Amelanchieretum
Faber 1936

Anzahl der Aufnahmen:	3
A Amelanchier ovalis	3
O Rosa canina	2
Sorbus aria	1
B Sedo-Scleranthetea	
Polytrichum piliferum	3
Festuca pallens	2
Melica ciliata	1
B Sonstige	
Potentilla verna	3
Campanula rotundifolia	3
Asplenium septentrionale	3
Genista pilosa	3
Quercus petraea	2
Lychnis viscaria	2
Galium album	2
Rumex acetosella	2
Hieracium pilosella	2
Dianthus carthusianorum	2
Festuca ovina s.l.	2
Parmelia conspersa	2
Cladonia rangiferina	2
Frullania tamarisci	2

Ribes alpinum, Sedum telephium, Anthemis tinctoria, Silene nutans, Anthericum liliago, Dictamnus albus, Grimmia pulvinata, Teucrium scorodonia, Galium harcynicum, Hieracium sylvaticum 1.

Fundorte:

5611: Allerheiligenberg E Niederlahnstein, 120-160 m NN, 3 Aufnahmen.

Tab. 10: Luzulo-Fagetum
(Du Rietz 1923), Markgraf 1932 em., Meusel 1937

	a	b
Anzahl der Aufnahmen:	87	29
Baumschicht		
O Fagus sylvatica	V	V
Fraxinus excelsior	I	-
Acer pseudoplatanus	I	I
B Quercus robur	III	V
Carpinus betulus	I	I
Pinus sylvestris k	I	I
Strauchschicht		
K Corylus avellana	I	II
Crataegus monogyna	I	I
Acer campestre	-	I
Cornus sanguinea	I	-
B Sorbus aucuparia	II	IV
Frangula alnus	I	III
Sambucus racemosa	I	III
Betula pendula	I	I
Ilex aquifolium	I	I
Ribes uva-crispa	-	I
Sorbus aria	-	I
Picea abies k	I	-
Krautschicht		
A Luzula albida	V	-
V Deschampsia flexuosa	IV	V
Vaccinium myrtillus	III	III
Festuca altissima	I	-

	Gymnocarpium dryopteris	I	-
O	Fagus sylvatica j	IV	III
	Senecio fuchsii	III	IV
	Milium effusum	II	I
	Impatiens noli-tangere	I	I
	Viola reichenbachiana	I	I
	Carex sylvatica	I	I
	Dryopteris filix-mas	I	II
	Scrophularia nodosa	I	I
	Mycelis muralis	I	I
	Epilobium montanum	I	I
	Moehringia trinervia	I	I
	Geranium robertianum	I	I
	Circea intermedia	I	I
	Lamium galeobdolon	I	I
	Galium odoratum	I	-
	Polygonatum multiflorum	I	-
	Pulmonaria officinalis s.str.	-	I
	Cardamine impatiens	I	-
K	Poa nemoralis	II	II
B	Oxalis acetosella	IV	IV
	Deschampsia caespitosa	IV	IV
	Athyrium filix-femina	IV	IV
	Digitalis purpurea	IV	V
	Dryopteris carthusiana	IV	IV
	Rubus fruticosus	III	V
	Lonicera periclymenum	II	IV
	Teucrium scorodonia	II	IV
	Galium harcynicum	II	III
	Rubus idaeus	III	III
	Agrostis tenuis	III	III
	Galeopsis tetrahit	I	III
	Polytrichum formosum	III	II
	Dryopteris dilatata	III	II
	Juncus effusus	III	II
	Dactylis polygama	I	II
	Holcus mollis	II	II
	Melamyrum pratense	I	II
	Lysimachia nemorum	II	II

Carex remota	II	I
Thelypteris limbosperma	II	I
Calamagrostis epigeios	II	I
Pteridium aquilinum	II	-

a: Luzulo - Fagetum typicum: Luzula pilosa, Luzula sylvatica, Calluna vulgaris, Atrichum undulatum, Stachys sylvatica, Circea lutetiana, Equisetum sylvaticum, Blechnum spicant, Maianthemum bifolium, Dicranella heteromalla, Mnium hornum, Brachypodium sylvaticum, Geum urbanum, Chamaenerion angustifolium, Hieracium sylvaticum, Impatiens parviflora, Veronica officinalis, Stellaria holostea, Polytrichum commune, Anemone nemorosa, Molinia caerulea, Luzula multiflora, Pellia epiphylla, Hedera helix, Glechoma hederacea, Polytrichum juniperinum, Lysimachia nummularia, Lepidozia reptans, Scutellaria galericulata, Sarothamnus scoparius, Mentha arvensis, Lapsana communis, Veronica chamaedrys, Urtica dioica, Polypodium vulgare, Thelypteris phegopteris, Holcus lanatus, Diplophyllum albicans, Sambucus nigra, Lophocolea heterophylla, Dicranoweisia cirrhata, Dryopteris X deweveri, Ajuga reptans, Rumex acetosella, Potentilla erecta, Sphagnum fallax, Stellaria alsine, Juncus conglomeratus, Galium sylvaticum, Leucobryum glaucum, Hypericum maculatum, Potentilla sterilis, Plagiothecium sylvaticum, Scapania nemorea, Conocephalum conicum, Carex leporina, Carex pilulifera, Pyrola minor, Nardia scalaris, Jungermannia gracillima, Sphagnum palustre, Hypericum humifusum, Circea alpina, Ptilidium pulcherrimum, Polytrichum piliferum, Calypogeia fissa, Dactylis glomerata, Hieracium umbellatum, Fragaria vesca, Gnaphalium sylvaticum I.

Fundorte:

5312: SE Hütte, 380 m NN, 1 Aufnahme.
NE Roßbach, 363-382 m NN, 2 Aufnahmen.
Oberdreiser Wald, 325 m NN, 1 Aufnahme.
Beroder Wald W Welkenbach, 340 m NN, 1 Aufnahme.
Kapellchesberg S Hachenburg, 360-390 m NN, 3 Aufnahmen.
Zwischen Merkelbach und Gehlert, 400-415 m NN, 2 Aufnahmen.
W Gehlert, 380-430 m NN, 4 Aufnahmen.
Zwischen Gehlert und Steinebach, 476 m NN, 1 Aufnahme.
Höchstenbacher Wald zwischen Höchstenbach und Steinen, 360-455 m NN, 7 Aufnahmen.
SE Wied, 320-360 m NN, 3 Aufnahmen.

Eulsberg zwischen Wied und Steinebach, 360 m NN, 1 Aufnahme.
Nistertal E Astert, 290 m NN, 1 Aufnahme.
Nistertal bei Kloster Marienstatt, 250-320 m NN, 3 Aufnahmen.
Haufenberg NE Mudenbach, 360 m NN, 1 Aufnahme.
Wald am Bahnhof Hattert, 300 m NN, 1 Aufnahme.
W Nister, 280 m NN, 1 Aufnahme.
Zwischen Oberingelbach und Gieleroth, 280-320 m NN, 2 Aufnahmen.
NE Mündersbach, 340-415 m NN, 5 Aufnahmen.
SW Marzhausen, 300-335 m NN, 2 Aufnahmen.
NW Mündersbach, 340-370 m NN, 3 Aufnahmen.
S Oberdreis, 300-315 m NN, 2 Aufnahmen.
NW Welkenbach, 370 m NN, 1 Aufnahme.
SW Welkenbach, 370-382 m NN, 2 Aufnahmen.

5512: Diel-Kopf W Niederelbert, 379 m NN, 1 Aufnahme.
SW Niederelbert, 320 m NN, 1 Aufnahme.
S Baumbach, 380-415 m NN, 2 Aufnahmen.
SE Hilgert, 350-370 m NN, 3 Aufnahmen.
Zwischen Hillscheid und Ransbach-Baumbach, 350-385 m NN, 3 Aufnahmen.
E Hillscheid, 360-480 m NN, 3 Aufnahmen.
NW Hundsdorf, 340 m NN, 1 Aufnahme.
Köpfchen S Kammerforst, 347 m NN, 1 Aufnahme.
W Mogendorf, 315-340 m NN, 3 Aufnahmen.
Zwischen Siershahn und Leuterod, 315 m NN, 1 Aufnahme.
Zwischen Wittgert und Hundsdorf, 270-390 m NN, 5 Aufnahmen.
Zwischen Elgendorf und Ransbach-Baumbach, 330-365 m NN, 11 Aufnahmen.
E Lippers-Berg, 390-480 m NN, 2 Aufnahmen.

b: Luzulo - Fagetum deschampsietosum: Chamaenerion angustifolium, Ajuga reptans, Stellaria holostea, Holcus lanatus, Calluna vulgaris, Stachys sylvatica, Sarothamnus scoparius, Tetraphis pellucida, Blechnum spicant, Fragaria vesca, Hieracium sylvaticum, Atrichum undulatum, Carex leporina, Lepidozia reptans, Lysimachia nummularia, Geum urbanum, Thelypteris phegopteris, Maianthemum bifolium, Lapsana communis, Hylocomium splendens, Stellaria nemorum, Urtica dioica, Anthriscus sylvestris, Chelidonium maius, Potentilla sterilis, Danthonia decumbens, Luzula multiflora, Solidago virgaurea, Pleurozium schreberi, Calypogeia fissa, Brachypodium sylvaticum, Scutellaria galericulata, Polytrichum commune, Luzula pilosa I.

Fundorte:

5312: NE Oberdreis, 310-350 m NN, 4 Aufnahmen.
SE Oberdreis, 325 m NN, 1 Aufnahme.
S Wied, 330 m NN, 1 Aufnahme.
SE Limbach, 300 m NN, 1 Aufnahme.
SE Streithausen, 345 m NN, 1 Aufnahme.
NE Mudenbach, 300-360 m NN, 2 Aufnahmen.
NE Michelbach, 270-300 m NN, 2 Aufnahmen.
SW Oberingelbach, 280-310 m NN, 2 Aufnahmen.
S Michelbach, 310 m NN, 1 Aufnahme.
NW Gieleroth, 315 m NN, 1 Aufnahme.
S Borod, 320 m NN, 1 Aufnahme.
Zwischen Ingelbach und Kroppach, 320-335 m NN, 3 Aufnahmen.
E Oberingelbach, 320-345 m NN, 3 Aufnahmen.
NW Welkenbach, 315-350 m NN, 3 Aufnahmen.
N Mündersbach, 355 m NN, 1 Aufnahme.
S Kroppach, 280-345 m NN, 2 Aufnahmen.

Tab. 11: Melico - Fagetum
(Markgraf 1927), Knapp 1942

	a	b
Anzahl der Aufnahmen:	9	15
Baumschicht		
V Fagus sylvatica	V	V
Fraxinus excelsior	II	II
O Acer pseudoplatanus	III	-
B Quercus robur	I	III
Carpinus betulus	I	I
Ulmus glabra	-	I
Strauchschicht		
V Fagus sylvatica	II	I
Fraximus excelsior	I	I
O Daphne mezereum	I	I

K	Corylus avellana	I	I
	Crataegus laevigata	-	I
B	Sambucus racemosa	II	III
	Rubus idaeus	II	I
	Rubus fruticosus	I	II
	Sambucus nigra	I	I
	Sorbus aucuparia	I	-
	Prunus avium	I	-
	Ribes uva-crispa	I	-
	Frangula alnus	-	I
	Ilex aquifolium	-	I
Krautschicht			
A	Melica uniflora	II	V
V	Dentaria bulbifera	V	-
	Luzula albida	I	I
	Polygonatum verticillatum	-	I
	Gymnocarpium dryopteris	I	I
	Carex pilulifera	I	-
	Festuca altissima	-	I
O	Viola reichenbachiana	V	IV
	Galium odoratum	V	IV
	Milium effusum	IV	V
	Senecio fuchsii	IV	III
	Polygonatum multiflorum	IV	II
	Acer pseudoplatanus j	III	I
	Impatiens noli-tangere	I	III
	Mycelis muralis	III	III
	Scrophularia nodosa	II	III
	Carex sylvatica	II	III
	Lamium galeobdolon	I	II
	Geranium robertianum	II	III
	Moehringia trinervia	II	II
	Asarum europaeum	II	-
	Mercurialis perennis	II	I
	Epilobium montanum	I	I
	Dryopteris filix-mas	-	I
	Arum maculatum	-	I
	Aegopodium podagraria	-	I

	Sanicula europaea	-	I
K	Poa nemoralis	II	III
	Brachypodium sylvaticum	-	I
B	Oxalis acetosella	IV	IV
	Hedera helix	III	IV
	Athyrium filix-femina	III	IV
	Stachys sylvatica	III	III
	Circea lutetiana	I	III
	Lonicera periclymenum	I	III
	Anemone nemorosa	III	-
	Atrichum undulatum	III	I
	Deschampsia caespitosa	II	III
	Digitalis purpurea	II	II
	Geum urbanum	II	II
	Lapsana communis	I	II
	Dryopteris carthusiana	I	II
	Galeopsis tetrahit	-	II
	Luzula sylvatica	II	I
	Stellaria holostea	I	II

a: Melico - Fagetum dentarietosum: Paris quadrifolia, Corydalis cava, Convallaria majalis, Alliaria officinalis, Festuca gigantea, Viola riviniana, Ajuga reptans, Urtica dioica.
Stellaria nemorum, Ficaria verna, Cardamine pratensis, Ranunculus auricomus, Anthriscus sylvestris, Veronica officinalis, Maianthemum bifolium, Glechoma hederacea, Aquilegia vulgaris, Monotropa hypopitys, Potentilla sterilis, Thelypteris phegopteris, Carex remota, Gagea spathacea, Impatiens parviflora, Ranunculus repens, Vicia sepium, Luzula pilosa, Leucojum vernum, Dicranella heteromalla I.

Fundorte:

5315: SW Elgershausen, 370 m NN, 1 Aufnahme.
Hinstein bei Greifenstein, 430 m NN, 1 Aufnahme.
5412: NE Zürbach, 380 m NN, 1 Aufnahme.
Köppel W Nordhofen, 354 m NN, 1 Aufnahme.
5512: SW Horressen, 310-318 m NN, 2 Aufnahmen.
NW Horressen, 360 m NN, 1 Aufnahme.
E Hillscheid, 360 m NN, 1 Aufnahme.

5612: Kirnberg SE Welschneudorf, 414 m NN, 1 Aufnahme.

b: Melico-Fagetum typicum: Dactylis polygama.
Stellaria nemorum, Convallaria majalis, Maianthemum bifolium, Valeriana officinalis, Alliaria officinalis, Hieracium sylvaticum, Ranunculus repens, Fragaria vesca, Luzula pilosa, Deschampsia flexuosa, Polytrichum formosum, Dryopteris dilatata.
Ficaria verna, Cardamine pratensis, Cardamine amara, Scirpus sylvaticus, Juncus effusus, Ajuga reptans, Veronica officinalis, Hieracium umbellatum, Melandrium rubrum, Mnium hornum, Lysimachia nummularia, Equisetum sylvaticum, Carex remota, Potentilla sterilis, Lysimachia nemorum, Phyteuma nigrum, Racomitrium heterostichum, Vaccinium myrtillus, Veronica chamaedrys, Urtica dioica, Corydalis cava, Neckera complanata, Carex montana, Ranunculus auricomus, Quercus robur j I.

Fundorte:

5312: Nistermühle SE Muschenbach-Kloster Marienstatt, 270 m NN, 1 Aufnahme.
5313: Kleine Nister SW Nauroth, 360-420 m NN, 3 Aufnahmen.
"Welschehütte" NW Norken, 456 m NN, 1 Aufnahme.
NE Unnau, 440 m NN, 1 Aufnahme.
5315: NW Breitscheid, 557 m NN, 1 Aufnahme.
W Erdbach, 410 m NN, 1 Aufnahme.
Unterhalb Rodelslimes bei Medenbach, 410 m NN, 1 Aufnahme.
5412: Zwischen Marienhausen und Herrschbach, 315 m NN, 1 Aufnahme.
Bitzberg NW Schenkelberg, 456 m NN, 1 Aufnahme.
NW Helferskirchen, 353 m NN, 1 Aufnahme.
5512: SW Niederelbert, 320 m NN, 1 Aufnahme.
SW Hillscheid, 280 m NN, 1 Aufnahme.
5611: Horchheimer Wald SW Geierkopf, 302 m NN, 1 Aufnahme.

Tab. 12: Dentario bulbiferae-Fagetum
Lohmeyer 1962

Anzahl der Aufnahmen	34
Strauchschicht	
V Fagus sylvatica	V

Fraxinus excelsior	I
B Alnus glutinosa	I
Carpinus betulus	I

Strauchschicht

O Fraxinus excelsior	II
Acer pseudoplatanus	I
K Corylus avellana	I
B Lonicera xylosteum	I
Ribes alpinum	I
Crataegus laevigata	I
Sambucus racemosa	I
Prunus padus	I

Krautschicht

A Dentaria bulbifera	V
V Polygonatum verticillatum	V
Melica uniflora	II
Luzula albida	I
Gymnocarpium dryopteris	I
O Galium odoratum	V
Senecio fuchsii	IV
Dryopteris filix-mas	III
Milium effusum	IV
Lamium galeobdolon	IV
Fraxinus excelsior j	III
Acer pseudoplatanus j	II
Mercurialis perennis	II
Pulmonaria obscura	II
Viola reichenbachiana	II
Lathyrus vernus	I
Impatiens noli-tangere	I
Arum maculatum	I
Aegopodium podagraria	I
Moehringia trinervia	I
Daphne mezereum	I
Carex sylvatica	I
Mycelis muralis	I
Polygonatum multiflorum	I

	Cardamine impatiens	I
K	Poa nemoralis	I
	Brachypodium sylvaticum	I
B	Oxalis acetosella	IV
	Athyrium filix-femina	III
	Stellaria holostea	II
	Dryopteris carthusiana	II
	Dryopteris dilatata	II
	Galeopsis tetrahit	II
	Stachys sylvatica	II

Vicia sepium, Potentilla sterilis, Deschampsia caespitosa, Primula elatior, Anemone nemorosa, Bromus ramosus, Festuca gigantea, Rubus idaeus, Equisetum sylvaticum, Stellaria nemorum, Urtica dioica, Geum urbanum, Circea lutetiana, Atrichum undulatum, Polytrichum formosum, Mnium punctatum, Orthodicranum montanum, Rhytidiadelphus loreus, Mnium hornum, Sorbus aucuparia j, Ulmus glabra j, Mnium affine, Brachythecium rutabulum, Equisetum hyemale, Plagiochila asplenioides, Mnium undulatum, Maianthemum bifolium, Solidago virgaurea, Veronica montana, Digitalis purpurea, Fragaria vesca, Thuidium tamariscinum, Phyteuma spicatum, Luzula pilosa, Actaea spicata, Hordelymus europaeus, Convallaria majalis, Ranunculus ficaria, Corydalis cava, Gagea lutea, Geranium robertianum, Geum rivale, Chaerophyllum hirsutum, Polygonum bistorta, Plagiothecium laetum, Fissidens bryoides, Platanthera chlorantha, Agrostis tenuis, Circea intermedia, Crepis paludosa I.

Fundorte:

5314: Aubachtal NE Rabenscheid, 510-530 m NN, 19 Aufnahmen.
Feuerhecke N Waldaubach, 560-590 m NN, 4 Aufnahmen.
Bermeshube S Heisterberg, 560-600 m NN, 11 Aufnahmen.

Tab. 13: <u>Cephalanthero - Fagetum</u>
(Lohmeyer 1953), Oberdorfer 1957

Anzahl der Aufnahmen:		3
<u>Baumschicht</u>		
V	Fagus sylvatica	3

B Quercus robur	2
Strauchschicht	
K Acer campestre	2
Krautschicht	
A Cephalanthera damasonium	3
Carex digitata	3
Hedera helix	3
Galium sylvaticum	3
Carex montana	1
V Fagus sylvatica j	3
Melica uniflora	3
O Lamium galeobdolon	3
Mycelis muralis	3
Viola reichenbachiana	2
Galium odoratum	1
K Poa nemoralis	2
B Campanula persicifolia	3
Geum urbanum	3
Neckera complanata	3
Alliaria officinalis	2
Vicia sepium	2
Hieracium sylvaticum	2
Geranium robertianum	2
Veronica chamaedrys	1
Porella platyphylla	1
Fragaria vesca	1
Plagiochila porelloides	1
Atrichum undulatum	1
Brachythecium rutabulum	1
Eurhynchium rusciforme	1

Fundorte:

5613: Lahntal S Fachingen, 120-160 m NN, 2 Aufnahmen.
Gabelstein SE Cramberg, 160 m NN, 1 Aufnahme.

Tab. 14: Querco - Carpinetum
Tüxen 1937

Anzahl der Aufnahmen:	19
Baumschicht	
V Carpinus betulus	V
O Fagus sylvatica	III
B Quercus robur	V
Pinus sylvestris k	I
Betula pendula	I
Tilia platyphyllos	I
Strauchschicht	
O Fraxinus excelsior	I
Daphne mezereum	I
K Corylus avellana	II
Crataegus laevigata	II
Crataegus monogyna	I
Acer campestre	I
Cornus sanguinea	I
B Sambucus racemosa	I
Ribes alpinum	I
Sorbus aucuparia	I
Ribes uva-crispa	I
Sambucus nigra	I
Sarothamnus scoparius	I
Rosa canina	I
Sorbus aria	I
Viburnum lantana	I
Robinia pseudoacacia k	I
Krautschicht	
A Carex pilulifera	II
Deschampsia flexuosa	II
V Stellaria holostea	II
Convallaria majalis	I
Galium sylvaticum	I
O Milium effusum	IV

	Dryopteris filix-mas	III
	Viola reichenbachiana	III
	Senecio fuchsii	II
	Lamium galeobdolon	II
	Impatiens noli-tangere	II
	Galium odoratum	II
	Carex sylvatica	II
	Scrophularia nodosa	II
	Moehringia trinervia	I
	Polygonatum multiflorum	I
	Acer pseudoplatanus j	I
	Mycelis muralis	I
	Fagus sylvatica j	I
	Phyteuma spicatum	I
	Mercurialis perennis	I
	Campanula trachelium	I
	Melica uniflora	I
	Arum maculatum	I
	Pulmonaria obscura	I
	Carex digitata	I
K	Poa nemoralis	IV
B	Lonicera periclymenum	III
	Oxalis acetosella	III
	Dryopteris carthusiana	II
	Digitalis purpurea	II
	Galeopsis tetrahit	II
	Circea lutetiana	II
	Atrichum undulatum	II
	Luzula albida	II
	Athyrium filix-femina	II
	Teucrium scorodonia	II
	Melampyrum pratense	II
	Polytrichum formosum	II
	Geranium robertianum	II
	Hedera helix	II
	Geum urbanum	II
	Vaccinium myrtillus	II

Luzula sylvatica, Sambucus racemosa j, Fragaria vesca, Deschampsia caespitosa,

Anemone nemorosa.
Rubus fruticosus, Dicranum scoparium, Dactylis polygama, Lapsana communis, Calamagrostis epigeios, Rubus idaeus, Mnium hornum, Hieracium umbellatum, Acer platanoides j, Glechoma hederacea, Maianthemum bifolium, Alliaria officinalis, Helleborus foetidus, Polystichum aculeatum, Scilla bifolia.
Chamaenerion angustifolium, Hieracium sylvaticum, Galeopsis segetum, Rumex acetosella, Leucobryum glaucum, Calluna vulgaris, Pteridium aquilinum, Dryopteris dilatata, Dactylis glomerata, Stachys sylvatica, Equisetum sylvaticum, Brachythecium rutabulum, Polygonatum odoratum, Asplenium adiantum - nigrum, Hylocomium splendens, Clematis vitalba, Sedum telephium, Cardaminopsis arenosa, Hypnum cupressiforme, Plagiothecium laetum, Dicranella heteromalla, Hedwigia albicans, Lathyrus montanus I.

Fundorte:

5312: NE Borod, 260 m NN, 1 Aufnahme.
5412: W Rückeroth, 304 m NN, 1 Aufnahme.
E Marienrachdorf, 280 m NN, 1 Aufnahme.
S Brückrachdorf, 250-260 m NN, 2 Aufnahmen.
Zwischen Ellenhausen und Selters, 250 m NN, 1 Aufnahme.
W Zürbach, 380 m NN, 1 Aufnahme.
S Steinen, 405 m NN, 1 Aufnahme.
5512: Beulsköpfchen E Eschelbach, 269 m NN, 1 Aufnahme.
SW Kammerforst, 310 m NN, 1 Aufnahme.
Bollscheid N Mogendorf, 320 m NN, 1 Aufnahme.
NE Ransbach, 340 m NN, 1 Aufnahme.
Zwischen Hundsdorf und Wittgert, 350 m NN, 1 Aufnahme.
Siershahner Markwald W Dernbach, 330 m NN, 1 Aufnahme.
5611: E Niederlahnstein, 150 m NN, 1 Aufnahme.
Zwischen Miellen und Friedrichssegen, 150-180 m NN, 2 Aufnahmen.
5612: S Kadenbach, 240 m NN, 2 Aufnahmen.

Tab. 15: Fago - Quercetum
Tüxen

Anzahl der Aufnahmen: 6

Baumschicht	
Fagus sylvatica	V
Quercus robur	V
Betula pendula	IV
Pinus sylvestris k	III
Ilex aquifolium	II
Strauchschicht	
Frangula alnus	III
Sorbus aucuparia	II
Ilex aquifolium	II
Salix aurita	I
Krautschicht (Säurezeiger)	
Vaccinium myrtillus	V
Deschampsia flexuosa	V
Luzula albida	I
Holcus mollis	I
Krautschicht (Feuchtezeiger)	
Molinia caerulea	V
Athyrium filix-femina	II
Deschampsia caespitosa	I
Juncus effusus	I
Sphagnum subsecundum	I
Sphagnum nemoreum	I
Sphagnum papillosum	I
Erica tetralix	I
Blechnum spicant	I
Krautschicht (Sonstige)	
Teucrium scorodonia	V
Rubus fruticosus	V
Mnium hornum	IV
Dicranum scoparium	IV
Polytrichum formosum	IV
Dryopteris carthusiana	II
Pteridium aquilinum	II
Rubus idaeus	II

Dicranella heteromalla	II

Epipactis helleborine, Senecio fuchsii, Polytrichum commune, Lophocolea bidentata, Hypnum cupressiforme, Orthodicranum montanum, Atrichum undulatum, Calluna vulgaris, Calypogeia fissa, Impatiens noli-tangere, Oxalis acetosella, Circea lutetiana, Moehringia trinervia, Dryopteris dilatata, Digitalis purpurea, Galium harcynicum, Poa nemoralis, Lysimachia nemorum I.

Fundorte:

5310: S Komp, 230-280 m NN, 5 Aufnahmen.
5313: NW Lautzenbrücken, 500 m NN, 1 Aufnahme.

Tab. 16: Luzulo-Quercetum petraeae
(Knapp 1942), Oberdorfer 1967

Anzahl der Aufnahmen:	8
Baumschicht	
Quercus petraea	V
Quercus robur	II
Sorbus aucuparia	II
Carpinus betulus	II
Fagus sylvatica	II
Sorbus aria	II
Strauchschicht	
Corylus avellana	III
Amelanchier ovalis	I
Crataegus laevigata	I
Rosa canina	I
Juniperus communis	I
Krautschicht (Säurezeiger)	
Deschampsia flexuosa	V
Teucrium scorodonia	V
Luzula albida	IV
Dicranum scoparium	IV

Vaccinium myrtillus	III
Melampyrum pratense	II
Calluna vulgaris	II
Leucobryum glaucum	I

Krautschicht (Sonstige)

Lonicera periclymenum	IV
Senecio fuchsii	III
Rubus fruticosus	III
Polytrichum piliferum	II
Polytrichum formosum	II
Polytrichum juniperinum	II
Campanula rotundifolia	II
Polypodium vulgare	II
Hieracium sylvaticum	II
Festuca pallens	II
Barbilophozia barbata	II
Pohlia nutans	II
Poa nemoralis	II
Genista pilosa	II
Digitalis purpurea	II
Galium sylvaticum	II
Dryopteris carthusiana	II
Luzula multiflora	II
Luzula sylvatica	II
Dicranella heteromalla	II

Hieracium umbellatum, Mnium hornum, Bazzania trilobata, Diplophyllum albicans, Anthericum liliago, Campylopus fragilis, Racomitrium canscens, Hypnum cupressiforme, Plagiothecium laetum, Cladonia pyxidata, Cladonia rangiferina, Agrostis tenuis I.

Fundorte:

5212: Nistertal NW Flögert, 250 m NN, 1 Aufnahme.
5310: SE Reeg, 180 m NN, 1 Aufnahme.
5312: Hohe Lei NE Astert, 250 m NN, 1 Aufnahme.
5611: SW Oberlahnstein, 90-180 m NN, 5 Aufnahmen.

Tab. 17: Lithospermo-Quercetum Braun-Blanquet 1929

Anzahl der Aufnahmen:	3
Baumschicht	
V Sorbus torminalis	3
K Carpinus betulus	2
B Quercus petraea	3
Sorbus aria	3
Strauchschicht	
K Corylus avellana	2
Crataegus laevigata	2
B Ribes alpinum	2
Ribes uva-crispa	1
Sambucus nigra	1
Cornus sanguinea	1
Ligustrum vulgare	1
Viburnum lantana	1
Sarothamnus scoparius	1
Krautschicht	
A Campanula persicifolia	2
B Deschampsia flexuosa	2
Rubus fruticosus	2
Teucrium scorodonia	2
Hedera helix	2
Viola reichenbachiana	2
Stellaria holostea	2
Anthericum liliago	2
Melica uniflora	2
Poa nemoralis	2
Cardaminopsis arenosa	2

Mycelis muralis, Alliaria officinalis, Dicranum scoparium, Fragaria vesca, Luzula pilosa, Lonicera periclymenum, Luzula albida, Rosa canina, Scilla bifolia, Helleborus foetidus, Dryopteris filix-mas, Moehringia trinervia, Geum urbanum, Arum maculatum, Clematis vitalba, Lamium galeobdolon, Vicia sepium,

Mycelis muralis, Alliaria officinalis, Dicranum scoparium, Fragaria vesca, Luzula pilosa, Lonicera periclymenum, Luzula albida, Rosa canina, Scilla bifolia, Helleborus foetidus, Dryopteris filix-mas, Moehringia trinervia, Geum urbanum, Arum maculatum, Clematis vitalba, Lamium galeobdolon, Vicia sepium, Hieracium sylvaticum, Silene nutans, Melampyrum pratense, Hieracium umbellatum Polypodium vulgare, Sedum telephium, Galium album, Asplenium trichomanes, Vincetoxicum officinale, Frullania tamarisci, Hypnum cupressiforme, Galeopsis tetrahit, Polytrichum formosum, Bupleurum falcatum, Dianthus carthusianorum 1.

Fundorte:

5611: Allerheiligenberg E Niederlahnstein, 140 m NN, 1 Aufnahme.
Ruppertsklamm, 150 m NN, 1 Aufnahme.
"Am weißen Berg" N Friedrichssegen, 150 m NN, 1 Aufnahme.

Tab. 18: Stellario - Alnetum glutinosae
(Kästner 1938), Lohm. 1956

Anzahl der Aufnahmen:	18
Baumschicht	
Alnus glutinosa	V
Fraxinus excelsior	IV
Acer pseudoplatanus	III
Salix alba	II
Alnus incana k	II
Alnus glutinosa X incana	I
Quercus robur	I
Fagus sylvatica	I
Betula pubescens ssp. carpatica	I
Strauchschicht	
Crataegus monogyna	II
Sorbus aucuparia	I
Corylus avellana	II
Crataegus laevigata	I
Ribes alpinum	I
Sambucus racemosa	I

Krautschicht

A	Stellaria nemorum	V
	Stellaria holostea	II
	Chrysosplenium alternifolium	II
	Caltha palustris	I
V	Chaerophyllum hirsutum	IV
	Deschampsia caespitosa	IV
	Cirsium oleraceum	IV
	Filipendula ulmaria	III
	Stachys sylvatica	III
	Angelica sylvestris	III
	Lamium maculatum	II
	Cardamine amara	I
	Circea lutetiana	I
	Lycopus europaeus	I
	Galium aparine	I
	Myosotis palustris	I
	Carex remota	I
	Prunus padus j	I
O	Impatiens noli-tangere	IV
	Senecio fuchsii	III
	Aegopodium podagraria	III
	Fraxinus excelsior j	III
	Lamium galeobdolon	II
	Scrophularia nodosa	II
	Acer pseudoplatanus j	II
	Mercurialis perennis	I
	Geranium robertianum	I
	Dactylis polygama	I
	Milium effusum	I
K	Brachypodium sylvaticum	III
	Poa nemoralis	II
B	Urtica dioica	V
	Melandrium rubrum	IV
	Typhoides arundinacea	IV
	Petasites hybridus	IV
	Alliaria officinalis	III
	Aconitum napellus	III
	Campanula latifolia	III

Athyrium filix-femina	II
Scirpus sylvaticus	II
Equisetum sylvaticum	II
Galeopsis tetrahit	II
Aconitum vulparia	II
Dryopteris carthusiana	II
Fontinalis antipyretica	II
Galium odoratum	II
Festuca altissima	II
Valeriana officinalis	II
Geranium palustre	II
Geum urbanum	II

Humulus lupulus, Phyteuma nigrum, Digitalis purpurea, Dryopteris filix-mas, Pellia epiphylla.
Campanula trachelium, Dactylis glomerata, Galium album, Arum maculatum, Cruciata laevipes, Rubus idaeus, Mentha arvensis, Platyhypnidium riparioides, Plagiochila asplenioides.
Thelypteris limbosperma, Agrostis canina, Teucrium scorodonia, Lonicera periclymenum, Juncus effusus, Blechnum spicant, Chaerophyllum temulum, Cardamine impatiens, Ajuga reptans, Polygonatum multiflorum, Malachium aquaticum, Polemonium caeruleum, Lychnis flos-cuculi, Rubus fruticosus, Agrimonia eupatoria, Verbascum nigrum, Epilobium montanum, Lunaria rediviva, Anthriscus sylvestris, Symphytum officinale, Veronica beccabunga, Glyceria fluitans s.l., Trollius europaeus, Oxalis acetosella, Lysimachia nemorum, Polygonatum verticillatum, Lysimachia vulgaris, Equisetum arvense, Epilobium lanceolatum, Impatiens roylei, Epilobium parviflorum, Polygonum bistorta, Ranunculus fluitans, Fissidens taxifolius, Thuidium tamariscinum, Sphagnum nemoreum, Mnium undulatum, Chiloscyphus polyanthos, Pellia endiviifolia, Porella platyphylla, Conocephalum conicum, Thamnobryum alopecurum, Mnium hornum, Dicranum scoparium, Sphagnum subsecundum, Sphagnum girgensohnii I.

Fundorte:

5313: Nistertal S Korb, 300 m NN, 1 Aufnahme.
Nistertal SW Korb, 305 m NN, 1 Aufnahme.
Nister zwischen Langenbach und Hahn, 350-368 m NN, 2 Aufnahmen.
Nister zwischen Hahn und Großseifen, 400 m NN, 1 Aufnahme.
Hardtermühle S Hardt, 339 m NN, 1 Aufnahme.

Zwischen Nister und Korb, 277 m NN, 3 Aufnahmen.
Nister NW Korb, 275 m NN, 2 Aufnahmen.
Kleine Nister SW Nisterberg, 470-480 m NN, 2 Aufnahmen.
Schwarze Nister zwischen Nisterau und Bad Marienberg, 440-480 m NN, 3 Aufnahmen.
5412: Holzbach S Steinen, 380 m NN, 1 Aufnahme.
5512: Hinterster Bach SE Höhr-Grenzhausen, 363 m NN, 1 Aufnahme.

Tab. 19: Carici remotae-Fraxinetum W. Koch 1926

Anzahl der Aufnahmen:	10
Baumschicht	
O Fraxinus excelsior	IV
V Alnus glutinosa	IV
B Carpinus betulus	I
Strauchschicht	
B Crataegus laevigata	I
Ribes alpinum	I
Krautschicht	
A Carex remota	V
Equisetum telmateia	I
V Cardamine amara	III
Deschampsia caespitosa	III
Circea lutetiana	II
Caltha palustris	II
Myosotis palustris	II
Stellaria nemorum	I
Stachys sylvatica	I
Angelica sylvestris	I
Filipendula ulmaria	I
Stellaria holostea	I
Lycopus europaeus	I
O Impatiens noli-tangere	V
Milium effusum	II

	Melica uniflora	I
	Lamium galeobdolon	I
	Epilobium montanum	I
	Galium odoratum	I
	Geranium robertianum	I
	Viola reichenbachiana	I
K	Brachypodium sylvaticum	I
B	Dryopteris carthusiana	IV
	Chrysosplenium oppositifolium	III
	Mnium hornum	III
	Athyrium filix-femina	V
	Pellia epiphylla	III
	Festuca gigantea	III
	Dryopteris dilatata	III
	Oxalis acetosella	III
	Galium palustre	II
	Glyceria fluitans	II
	Thuidium tamariscinum	II

Silene dioica, Carex strigosa, Equisetum palustre, Crepis paludosus, Lysimachia vulgaris, Scutellaria galericulata, Veronica beccabunga, Callitriche stagnalis, Urtica dioica, Equisetum fluviatile, Scirpus sylvaticus, Carex sylvatica, Ajuga reptans, Stellaria alsine, Juncus effusus, Epilobium parviflorum, Senecio fuchsii, Lysimachia nummularia, Humulus lupulus, Ranunculus repens, Equisetum arvense, Cirsium palustre, Lonicera periclymenum, Mentha arvensis, Circea alpina, Cardamine flexuosa, Lysimachia nemorum, Lophocolea heterophylla, Chiloscyphus polyanthus, Atrichum undulatum, Trichocolea tomentella, Scapania undulata, Brachythecium rivulare, Mnium punctatum, Mnium undulatum, Sphagnum squarrosum, Plagiochila porelloides, Diplophyllum albicans, Platyhypnidium riparioides I.

Fundorte:

5411: W Raubach-Hedwigsthal, 280 m NN, 1 Aufnahme.
W Elgert, 300 m NN, 1 Aufnahme.
SE Niederhofen, 290 m NN, 1 Aufnahme.
Ochsenbruch-Bach SW Dierdorf, 290 m NN, 1 Aufnahme.
Iser Bach NE Rüscheid, 300 m NN, 1 Aufnahme.
S Dernbach, 320 m NN, 1 Aufnahme.

5412: N Maroth am Grenzbach, 280 m NN, 1 Aufnahme.
NW Deesen bei Hof Kutscheid, 250 m NN, 1 Aufnahme.
5513: Hundsrück SW Wirzenborn, Waldesruh, 230 m NN, 1 Aufnahme.
5612: Moosbach SE Simmern, 300 m NN, 1 Aufnahme.

Tab. 20: Aceri-Fraxinetum
W. Koch 1926

	a	b	c
Anzahl der Aufnahmen:	6	7	9
Baumschicht			
V Acer pseudoplatanus	V	V	V
Ulmus glabra	III	I	V
Tilia platyphyllos	-	-	II
O Fraxinus excelsior	V	V	V
Fagus sylvatica	I	III	II
Tilia cordata	-	-	II
B Carpinus betulus	-	III	V
Alnus glutinosa	III	III	-
Quercus robur	-	II	II
Strauchschicht			
V Ribes alpinum	III	-	V
K Crataegus monogyna	III	I	-
Crataegus laevigata	I	-	IV
Corylus avellana	II	II	II
Acer campestre	-	I	II
B Ribes uva-crispa	I	-	III
Sambucus nigra	-	-	III
Sambucus racemosa	IV	I	II
Prunus avium	-	-	I
Krautschicht			
A Lunaria rediviva	-	V	III
Asplenium scolopendrium	-	-	V
Polystichum aculeatum	-	-	V

	Cystopteris fragilis	-	-	III
V	Acer pseudoplatanus j	V	V	V
	Ulmus glabra j	III	I	V
	Acer platanoides j	-	-	I
	Dentaria bulbifera	-	-	III
	Polygonatum verticillatum	-	II	-
	Gymnocarpium dryopteris	-	I	I
O	Dryopteris filix-mas	II	II	V
	Moehringia trinervia	-	-	V
	Campanula trachelium	IV	-	-
	Polygonatum multiflorum	I	I	III
	Euphorbia dulcis	II	III	-
	Scrophularia nodosa	I	II	-
	Circea intermedia	-	II	-
	Phyteuma spicatum	-	-	II
	Lamium galeobdolon	IV	III	V
	Mercurialis perennis	V	II	III
	Impatiens noli-tangere	V	III	-
	Festuca altissima	IV	III	IV
	Geranium robertianum	-	-	IV
	Senecio fuchsii	V	IV	-
	Galium odoratum	III	-	II
	Dryopteris carthusiana	I	III	-
	Asarum europaeum	-	-	I
	Milium effusum	III	III	-
	Paris quadrifolia	-	-	II
	Pulmonaria obscura	-	-	II
	Lathyrus vernus	I	-	-
	Adoxa moschatellina	-	-	IV
	Epilobium montanum	II	-	-
	Cardamine impatiens	-	-	I
	Anemone ranunculoides	-	-	I
	Aconitum vulparia	II	-	-
	Viola reichenbachiana	-	-	II
	Stellaria nemorum	IV	III	I
	Chrysoplenium oppositifolium	II	II	II
K	Poa nemoralis	III	III	II
	Melica nutans	-	II	-
B	Athyrium filix-femina	V	III	III

Urtica dioica	V	III	III
Arum maculatum	V	I	V
Luzula sylvatica	I	V	-
Brachypodium sylvaticum	III	V	-
Deschampsia caespitosa	II	V	-
Plagiochila asplenioides	-	-	V
Atrichum undulatum	-	-	V
Conocephalum conicum	II	IV	V
Valeriana officinalis	IV	-	-
Alliaria officinalis	IV	II	IV
Typhoides arundinacea	I	IV	-
Chaerophyllum hirsutum	III	IV	-
Stachys sylvatica	III	IV	-
Melandrium rubrum	II	IV	-
Mnium undulatum	-	II	IV
Oxalis acetosella	I	III	IV
Polypodium vulgare	-	-	IV
Hedera helix	-	-	IV
Asplenium trichomanes	-	-	III
Anemone nemorosa	-	-	III
Galium sylvaticum	-	-	III
Ficaria verna	-	-	III
Rhytidiadelphus loreus	-	-	II
Porella platyphylla	-	-	III
Mnium punctatum	-	I	III
Petasites hybridus	III	III	-
Aegopodium podagraria	V	III	-
Dryopteris dilatata	I	III	II
Cirsium oleraceum	III	III	-
Lamium maculatum	III	III	II
Matteuccia struthiopteris	-	III	-
Gagea spathacea	-	III	-
Circea lutetiana	III	I	-
Geum urbanum	III	II	II
Aconitum napellus	III	I	-
Galeopsis tetrahit	II	II	-
Stellaria holostea	II	II	I
Glechoma hederacea	-	II	II
Chiloscyphus polyanthos	I	II	-

Campanula latifolia	I	II	-
Corydalis solida	-	-	II
Cardaminopsis arenosa	-	-	III
Stellaria media	-	-	II
Cardamine flexuosa	-	-	II
Clematis vitalba	-	-	II
Galium aparine	-	-	II
Rhytidiadelphus triquetrus	-	-	II
Rhytidiadelphus squarrosus	-	-	II
Mnium hornum	-	-	II

a: Aceri-Fraxinetum (W. Koch 1926): Dactylis polygama, Impatiens parviflora, Rubus fruticosus, Thamnobryum alopecurum, Cardamine amara, Arctium lappa, Colchicum autumnale, Humulus lupulus, Filipendula ulmaria, Iris pseudacorus, Equisetum arvense I.

Fundorte:

5313: Schwarze Nister SW Bad Marienberg, 400 m NN, 2 Aufnahmen.
Nister SE Langenbach, 390 m NN, 1 Aufnahme.
Nister SE Hardt, 350 m NN, 1 Aufnahme.
Dreisbach SE Hardtermühle, 390 m NN, 1 Aufnahme.
Nister S Großseifen, 415 m NN, 1 Aufnahme.

b: Lunario-Aceretum (Grüneberg & Schlüter 1957): Scirpus sylvaticus, Calliergonella cuspidata, Cardamine amara, Humulus lupulus, Daphne mezereum, Pellia epiphylla, Digitalis purpurea, Equisetum arvense, Ajuga reptans, Filipendula ulmaria, Corydalis cava, Bidens tripartitus I.

Fundorte:

5312: Nister NE Kloster Marienstatt, 231-240 m NN, 2 Aufnahmen.
5313: Kleine Nister SW Nauroth, 320-360 m NN, 5 Aufnahmen.

c: Phyllitido-Aceretum (Moor 1952): Corydalis cava, Gagea lutea, Lonicera xylosteum, Ranunculus platanifolius I.

Fundorte:

5612: Schweizerbachtal SE Miellen, 120-170 m NN, 3 Aufnahmen.
Burgberg bei Nassau, 115 m NN, 1 Aufnahme.
5613: Gelbachtal NE Weinähr, 140 m NN, 1 Aufnahme.
Dörsbachtal, 140-150 m NN, 2 Aufnahmen.
5712: Mühlental S Nassau, 130-200 m NN, 2 Aufnahmen.

Tab. 21: Deschampsio caespitosae-Aceretum pseudoplatani (Bohn 1984)

Anzahl der Aufnahmen:	14
Baumschicht	
Acer pseudoplatanus	V
Fagus sylvatica	V
Fraxinus excelsior	IV
Quercus robur	II
Alnus glutinosa	I
Ulmus glabra	I
Strauchschicht	
Sambucus racemosa	II
Corylus avellana	II
Crataegus laevigata	I
Frangula alnus	I
Sorbus aucuparia	I
Crataegus monogyna	I
Krautschicht	
A Deschampsia caespitosa	V
Dryopteris carthusiana	V
Dryopteris dilatata	III
V Acer pseudoplatanus j	V
Polygonatum verticillatum	IV
Ulmus glabra j	I
O Dryopteris filix-mas	V
Senecio fuchsii	V

	Galium odoratum	IV
	Viola reichenbachiana	III
	Impatiens noli-tangere	III
	Milium effusum	III
	Scrophularia nodosa	III
	Mycelis muralis	II
	Polygonatum multiflorum	II
	Geranium robertianum	II
	Paris quadrifolia	II
	Stellaria holostea	II
	Convallaria majalis	II
	Lamium galeobdolon	I
	Mercurialis perennis	I
	Festuca gigantea	I
	Epilobium montanum	I
	Chrysosplenium oppositifolium	I
	Campanula trachelium	I
K	Poa nemoralis	II
B	Athyrium filix-femina	V
	Oxalis acetosella	IV
	Galeopsis tetrahit	III
	Geum urbanum	III
	Rubus fruticosus	III
	Luzula albida	II
	Maianthemum bifolium	II
	Digitalis purpurea	II
	Rubus idaeus	II
	Circea lutetiana	II
	Stellaria nemorum	II
	Equisetum sylvaticum	II
	Carex sylvatica	II

Lonicera periclymenum, Mnium hornum, Anemone nemorosa, Chaerophyllum hirsutum, Fragaria vesca, Gymnocarpium dryopteris, Deschampsia flexuosa 14 I.
Actaea spicata, Galium harcynicum, Luzula pilosa, Vinca minor, Pellia epiphylla, Aconitum napellus, Ribes uva-crispa, Melandrium rubrum, Aegopodium podagraria, Lamium maculatum, Mnium undulatum, Schistidium apocarpum, Scapania nemorea, Veronica officinalis, Agrostis tenuis, Arum maculatum, Hedera helix, Vaccinium myrtillus, Holcus mollis 7 I.

Fundorte:

5213: Grundwasser E Biesenstück, 350 m NN, 1 Aufnahme.
5313: Schirrholz SE Nisterberg, 530 m NN, 1 Aufnahme.
Hoferheck SW Nisterberg, 530-555 m NN, 3 Aufnahmen.
Eisenkaute SW Lautzenbrücken, 550 m NN, 2 Aufnahmen.
W Lautzenbrücken, 510-520 m NN, 2 Aufnahmen.
S Lautzenbrücken, 550 m NN, 1 Aufnahme.
SE Enspel, 440 m NN, 1 Aufnahme.
S Großseifen, 445 m NN, 1 Aufnahme.
Marienberger Höhe, 530-550 m NN, 2 Aufnahmen.

Tab. 22: Deschampsio caespitosae-Aceretum pseudoplatani
Bohn 1984, Bermeshube

Anzahl der Aufnahmen:	11
Baumschicht	
Acer pseudoplatanus	V
Fraxinus excelsior	III
Fagus sylvatica	III
Strauchschicht	
Fraxinus excelsior	V
Acer pseudoplatanus	III
Fagus sylvatica	I
Viburnum opulus	I
Corylus avellana	I
Crataegus laevigata	I
Krautschicht	
A Dryopteris dilatata	V
Dryopteris carthusiana	V
Deschampsia caespitosa	V
V Polygonatum verticillatum	III
Acer pseudoplatanus j	I
O Senecio fuchsii	IV
Impatiens noli-tangere	III

V	Polygonatum verticillatum	III
	Acer pseudoplatanus j	I
O	Senecio fuchsii	IV
	Impatiens noli-tangere	III
	Milium effusum	II
	Stachys sylvatica	II
	Galium odoratum	II
	Chrysosplenium oppositifolium	I
	Festuca gigantea	I
	Lamium galeobdolon	I
	Viola reichenbachiana	I
	Dryopteris filix-mas	I
	Stellaria holostea	I
	Scrophularia nodosa	I
K	Poa nemoralis	I
B	Equisetum sylvaticum	IV
	Oxalis acetosella	IV
	Stellaria nemorum	IV
	Athyrium filix-femina	IV
	Fraxinus excelsior j	III
	Rubus idaeus	II
	Ajuga reptans	II
	Crepis paludosa	II

Filipendula ulmaria, Polytrichum formosum, Calamagrostis arundainacea, Valeriana repens, Lysimachia nemorum, Sorbus aucuparia j, Luzula albida, Carex remota, Carex pilulifera, Carex leporina, Urtica dioica, Chaerophyllum hirsutum, Circea lutetiana, Cardamine amara, Galium palustre, Mnium undulatum, Gagea spathacea, Thuidium tamariscinum, Pellia epiphylla, Plagiochila asplenioides, Circea intermedia, Circea alpina, Atrichum undulatum I.

Fundorte:

5314: Bermeshub S Heisterberg, 560-600 m NN, 11 Aufnahmen.

Tab. 23: Alnion glutinosae
Malcuit 1929

	a	b
Anzahl der Aufnahmen:	10	7
Baumschicht		
V, O Alnus glutinosa	V	V
K Salix cinerea	I	I
B Fraxinus excelsior	I	II
Betula pubescens ssp. carpatica	-	I
Frangula alnus	-	I
Strauchschicht		
B Corylus avellana	I	I
Rubus idaeus	I	II
Sambucus nigra	-	I
Ribes alpinum	-	I
Sorbus aucuparia	-	I
Alnus incana j	-	I
Krautschicht		
A Carex elongata	V	-
V, O Alnus glutinosa j	II	I
Solanum dulcamara	II	-
Crepis paludosus	-	I
B Deschampsia caespitosa	V	V
Scirpus sylvaticus	IV	II
Dryopteris dilatata	III	II
Impatiens noli-tangere	III	III
Scutellaria galericulata	III	-
Glyceria fluitans s.l.	III	I
Mnium hornum	III	I
Galium palustre	III	II
Lycopus europaeus	III	-
Urtica dioica	I	III
Senecio fuchsii	II	III
Equisetum fluviatile	II	III

Caltha palustris	II	II
Cirsium palustre	I	II
Dryopteris carthusiana	III	III
Filipendula ulmaria	-	II
Athyrium filix-femina	III	III
Viola palustris	II	II
Cardamine amara	III	II
Sparganium erectum	II	I
Carduus acanthoides	II	II
Chrysosplenium oppositifolium	II	II
Mnium punctatum	II	I
Thuidium tamariscinum	II	I
Myosotis palustris	II	I
Epilobium palustre	II	-
Typhoides arundinacea	I	II
Angelica sylvestris	I	III
Valeriana officinalis	I	II
Ranunculus flammula	-	II
Equisetum sylvaticum	II	II
Carex remota	I	II
Juncus effusus	I	II
Stachys sylvatica	-	II
Chaerophyllum hirsutum	-	II
Geum urbanum	I	II
Galeopsis tetrahit	-	II
Polytrichum formosum	-	II

a: Carici elongatae-Alnetum glutinosae (W. Koch 1926), Tüxen & Bodeux 1955:
Circea lutetiana, Oxalis acetosella, Lysimachia vulgaris, Agrostis canina, Digitalis purpurea I.
Lonicera periclymenum, Pellia epiphylla, Mnium undulatum, Callitriche stagnalis, Mentha arvensis, Carex gracilis, Paris quadrifolia, Ficaria verna, Tetraphis pellucida, Calla palustris, Sphagnum palustre, Equisetum arvense, Ranunculus repens, Lamium galeobdolon, Polytrichum commune, Polygonum bistorta, Stellaria nemorum, Leucojum vernum I.

Fundorte:

5213: Lindiansseifen im "Grundwasser" E Biesenstück, 390 m NN, 1 Aufnahme.

5312: SW Welkenbach, 365 m NN, 1 Aufnahme.
Zwischen Hütte und Hachenburg, 320 m NN, 1 Aufnahme.
5412: Zwischen Selters und Goddert, 260 m NN, 1 Aufnahme.
Brinkenweiher E Steinen, 407 m NN, 3 Aufnahmen.
5512: M Mogendorf, 300 m NN, 1 Aufnahme.
Landshuber Weiher E Höhr-Grenzhausen, 320-330 m NN, 2 Aufnahmen.

b: Deschampsia caespitosa - Alnus glutinosa - Gesellschaft:
Lysimachia vulgaris, Digitalis purpurea, Lysimachia nemorum, Iris pseudacorus, Rumex obtusifolius, Callitriche stagnalis, Veronica beccabunga, Stellaria alsine, Deschampsia flexuosa, Petasites hybridus, Crataegus laevigata j, Glechoma hederacea, Equisetum telmateia, Phyteuma nigrum, Trichocolea tomentella, Oxalis acetosella, Aegopodium podagraria, Holcus lanatus, Typha latifolia, Stachys palustris, Achillea ptarmica, Lythrum salicaria, Lotus uliginosus, Cuscuta europaea, Galium aparine, Anthriscus sylvestris, Berula erecta, Humulus lupulus, Phragmites australis, Scrophularia nodosa, Ulota crispa, Frullania dilatata, Polygonum bistorta, Eriophorum angustifolium, Menyanthes trifoliata, Pellia epiphylla, Mnium undulatum, Mnium affine, Thelypteris phegopteris, Sphagnum subsecundum, Equisetum arvense, Climacium dendroides, Cirsium oleraceum, Aconitum napellus, Chaerophyllum temulum, Rubus fruticosus, Lychnis flos-cuculi, Dryopteris filix-mas, Luzula albida, Lamium galeobdolon, Plagiochila porelloides, Polytrichum commune, Plagiothecium laetum, Dicranella heteromalla, Carex paniculata, Epilobium montanum, Moehringia trinervia, Ranunculus repens I.

Fundorte:

5213: Weidenbruch SE Elkenroth, 460 m NN, 1 Aufnahme.
Zwischen Neunkhausen und Langenbach, 475 m NN, 1 Aufnahme.
5313: Geschwemm NE Nisterberg, 565 m NN, 1 Aufnahme.
SE Nistertal-Büdingen, 325 m NN, 1 Aufnahme.
Kleine Nister SW Nauroth, 320 m NN, 1 Aufnahme.
W Nisterberg, 510 m NN, 1 Aufnahme.
N Unnau, 420 m NN, 1 Aufnahme.

Tab. 24: Dryopteris dilatata-Drepis paludosa-Alnus glutinosa-Gesellschaft

Anzahl der Aufnahmen:	18
Baumschicht	
V, O Alnus glutinosa	V
B Fraxinus excelsior	II
Acer pseudoplatanus	II
Sorbus aucuparia	II
Alnus incana K	I
Strauchschicht	
V, O Alnus glutinosa	I
B Corylus avellana	III
Prunus padus	II
Sorbus aucuparia	II
Crataegus laevigata	II
Acer pseudoplatanus	I
Viburnum opulus	I
Frangula alnus	I
Salix caprea	I
Sambucus racemosa	I
Lonicera xylosteum	I
Krautschicht	
V, O Crepis paludosa	IV
B1 Deschampsia caespitosa	V
Dryopteris dilatata	IV
Impatiens noli-tangere	IV
Senecio fuchsii	IV
Dryopteris carthusiana	III
Equisetum sylvaticum	II
Stellaria nemorum	II
B2 Ranunculus repens	III
Ajuga reptans	III
Galeopsis tetrahit	III
Oxalis acetosella	III
Mnium hornum	III
Filipendula ulmaria	II

Polygonum bistorta	II
Glyceria fluitans	II
Moehringia trinervia	II
Cirsium palustre	II
Sorbus aucuparia j	II
Mentha arvensis	II
Stachys sylvatica	II
Athyrium filix-femina	II
Galium odoratum	II
Dryopteris filix-mas	II
Aconitum napellus ssp. neomontanum	II
Chaerophyllum hirsutum	II
Mnium undulatum	II
Urtica dioica	II
Cirsium oleraceum	II
Geum rivale	II
Cardamine amara	II

Arctium nemorosum, Chrysosplenium oppositifolium, Circea intermedia, Caltha palustris, Polygonatum multiflorum, Polygonatum verticillatum, Rubus idaeus, Geum urbanum, Silene dioica, Angelica sylvestris, Lysimachia vulgaris, Milium effusum, Galium palustre, Thuidium tamariscinum, Viburnum opulus j, Festuca gigantea, Brachythecium rivulare, Lamium galeobdolon, Fissidens taxifolius, Typhoides arundinacea, Prunus padus j, Pellia epiphylla, Fontinalis antipyretica, Geranium robertianum, Rumex crispus, Stellaria holostea, Poa trivialis, Myosotis palustris, Impatiens parviflora, Polytrichum formosum, Prunus spinosa j, Frangula alnus j, Poa nemoralis, Atrichum undulatum, Mnium affine, Mycelis muralis, Bromus ramosus, Phyteuma spicatum, Carex sylvatica, Epilobium montanum, Equisetum X litorale, Galium aparine, Rhytidiadelphus squarrosus, Mercurialis perennis, Plagiochila porelloides, Scirpus sylvaticus, Juncus effusus, Equisetum arvense, Mnium punctatum I.

Fundorte:

5314: Feuerhecke N Waldaubach, 560-590 m NN, 3 Aufnahmen.
Bermeshube S Heisterberg, 560-580 m NN, 3 Aufnahmen.
Viehweide am Bartenstein SE Rabenscheid, 530-570 m NN, 7 Aufnahmen.
Aubachtal NE Rabenscheid, 510-530 m NN, 5 Aufnahmen.

Tab. 25: Betuletum carpaticae
Lohmeyer & Bohn 1972

Anzahl der Aufnahmen:	25
Baumschicht	
A Betula pubescens ssp. carpatica	V
B Alnus glutinosa	III
Fraxinus excelsior	II
Acer pseudoplatanus	II
Populus tremula	I
Strauchschicht	
A Betula pubescens ssp. carpatica	I
B Acer pseudoplatanus	III
Corylus avellana	II
Sorbus aucuparia	II
Crataegus laevigata	II
Prunus padus	II
Viburnum opulus	II
Rubus idaeus	II
Fraxinus excelsior	I
Frangula alnus	I
Salix cinerea	I
Alnus glutinosa	I
Populus tremula	I
Krautschicht	
A Equisetum sylvaticum	IV
V Maianthemum bifolium	III
Luzula sylvatica	II
Lonicera periclymenum	II
Molinia caerulea	II
Deschampsia flexuosa	II
Holcus mollis	II
Teucrium scorodonia	I
Calamagrostis canescens	I
Pteridium aquilinum	I
B Deschampsia caespitosa	V

Dryopteris carthusiana	IV
Senecio fuchsii	III
Oxalis acetosella	III
Dryopteris dilatata	III
Crepis paludosa	II
Galium odoratum	II
Milium effusum	II
Dryopteris filix-mas	II
Angelica sylvestris	II
Polygonum bistorta	II
Impatiens noli-tangere	II
Typhoides arundinacea	II
Stellaria holostea	II
Stellaria nemorum	II
Anemone nemorosa	II
Chaerophyllum hirsutum	II
Polygonatum verticillatum	II
Sphagnum spec.	II
Athyrium filix-femina	II
Juncus effusus	II
Polytrichum commune	II
Myosotis palustris	II
Cirsium palustre	II
Caltha palustris	II

Gagea spathacea, Geum rivale, Galium palustre, Filipendula ulmaria, Poa nemoralis, Aegopodium podagraria, Epilobium montanum, Urtica dioica, Aconitum vulparia, Phyteuma spicatum, Stachys sylvatica, Thuidium tamariscinum, Atrichum undulatum, Rubus idaeus j, Poa remota, Mnium undulatum, Adoxa moschatellina, Ranunculus auricomus, Paris quadrifolia, Gagea lutea, Lamium galeobdolon, Cardamine amara, Carex acutiformis, Bromus ramosus, Circea lutetiana, Cirsium oleraceum, Pulmonaria obscura, Geum urbanum, Primula elatior, Brachythecium velutinum, Mercurialis perennis, Poa trivialis, Luzula albida, Convallaria majalis, Polytrichum formosum, Calamagrostis arundinacea, Dicranella heteromalla, Viola palustris, Vaccinium myrtillus, Carex sylvatica, Luzula multiflora, Lycopus europaeus, Ranunculus repens, Ajuga reptans, Lysimachia nemorum, Poa chaixii, Cardamine pratensis, Scutellaria galericulata, Equisetum fluviatile, Carex canescens, Geranium sylvaticum, Carex cf. rostrata, Lamium maculatum, Scirpus sylvaticus, Valeriana procurrens, Rubus fruticosus,

Lysimachia vulgaris, Agrostis stolonifera, Dactylorhiza maculata, Thelypteris limbosperma I.

Fundorte:

5214: "Mückewies" NW Lippe, 540-560 m NN, 11 Aufnahmen von P. FASEL.
5314: Wald "Feuerheck" NNE Waldaubach, 560-580 m NN, 14 Aufnahmen.

Tab. 26: Ericetum tetralicis
Schwickerath 1933

Anzahl der Aufnahmen:	5
A Sphagnum compactum	60 IIIO Erica tetralix
	100 V
K Narthecium ossifragum	100 V
Sphagnum papillosum	80 IV
B Molinia caerulea	100 V
Betula pendula j	100 V
Salix aurita j	80 IV
Sphagnum nemoreum	80 IV
Gentiana pneumonanthe	60 III
Frangula alnus j	40 II
Sphagnum palustre	20 I
Calluna vulgaris	20 I
Anemone nemorosa	20 I
Genista anglica	20 I
Potentilla erecta	20 I

Fundorte:

5310: S Komp, 250 m NN, 4 Aufnahmen
SE Komp, 260 m NN, 1 Aufnahme.

Tab. 27: <u>Caricetum fuscae</u>
Br.-Bl. 1915

Anzahl der Aufnahmen:		13
A	Carex canescens	V
	Viola palustris	IV
DA	Dactylorhiza majalis	I
DV	Juncus filiformis	II
K	Carex fusca	IV
	Eriophorum angustifolium	III
	Menyanthes trifoliata	V
	Potentilla palustris	IV
B	Agrostis canina	V
	Epilobium palustre	V
	Lotus uliginosus	IV
	Juncus acutiflorus	IV
	Molinia caerulea	IV
	Equisetum fluviatile	IV
	Cirsium palustre	IV
	Galium palustre	IV
	Scirpus sylvaticus	IV
	Scutellaria galericulata	IV
	Juncus effusus	IV
	Lysimachia vulgaris	III
	Sparganium erectum	III
	Caltha palustris	III
	Galium hercynicum	III
	Phalaris arundinacea	III
	Sphagnum fallax	II
	Lycopus europaeus	II
	Holcus lanatus	II
	Polygonum bistorta	II
	Mentha arvensis	II
	Ranunculus flammula	II
	Myosotis palustris	II
	Angelica sylvestris	II
	Filipendula ulmaria	II
	Lychnis flos-cuculi	II

Carex gracilis	II
Achillea ptarmica	II
Glyceria fluitans s.l.	II
Stellaria alsine	II
Sphagnum palustre	II
Deschampsia caespitosa	II
Equisetum sylvaticum	II

Potentilla erecta, Equisetum palustre, Juncus bulbosus, Rumex acetosa, Valeriana officinalis s.l., Polemonium caeruleum, Carex nigra, Juncus conglomeratus, Carex elata, Frangula alnus, Alnus glutinosa, Deschampsia flexuosa, Philonotis fontana, Alisma plantago-aquatica, Cardamine amara, Rumex obtusifolius, Calliergon giganteum, Carex remota, Stachys palustris, Carex vesicaria, Carex diandra, Salix aurita, Carex lasiocarpa, Equisetum X litorale, Calamagrostis canescens, Vaccinium oxycoccus, Drosera rotundifolia, Galium album, Selinum carvifolia, Impatiens noli-tangere, Dryopteris carthusiana, Galeopsis tetrahit, Alpecurus pratensis I.

Fundorte:

5312: Wied SE Höchstenbach, 310 m NN, 1 Aufnahme.
SW Schmidthahn, 390 m NN, 1 Aufnahme.
5313: Geschwemm NE Nisterberg, 565 m NN, 2 Aufnahmen.
Nister S Korb, 300 m NN, 1 Aufnahme.
Nister NW Korb, 277 m NN, 1 Aufnahme.
E Nisterberg, 540 m NN, 1 Aufnahme.
W Linden, 470 m NN, 1 Aufnahme.
SW Linden, 450 m NN, 1 Aufnahme.
5412: Talmulde N Schenkelberg, 405 m NN, 1 Aufnahme.
W Seeburg, 415 m NN, 1 Aufnahme.
S Schmidthahn, 400 m NN, 1 Aufnahme.
5512: Desperwiese S Ransbach, 310 m NN, 1 Aufnahme.

Tab. 28: Caricetum fuscae, montane Ausbildung
Br.Bl. 1915

Anzahl der Aufnahmen: 36

A Carex canescens	II
DA Dactylorhiza majalis	I
DV Juncus filiformis	I
K Potentilla palustris	V
Carex fusca	IV
Eriophorum angustifolium	I
Menyanthes trifoliata	I
B Agrostis canina	V
Galium uliginosum	V
Deschampsia caespitosa	V
Juncus acutiflorus	IV
Lotus uliginosus	IV
Holcus lanatus	IV
Cirsium palustre	IV
Epilobium palustre	III
Juncus conglomeratus	III
Caltha palustris	III
Myosotis palustris	II
Galeopsis tetrahit	II
Achillea ptarmica	II
Polygonum bistorta	II
Ranunculus flammula	II

Galium palustre, Angelica sylvestris, Mentha arvensis, Lychnis flos-cuculi, Stellaria alsine, Ranunculus repens, Veronica scutellata, Ranunculus acris, Molinia caerulea, Scutellaria galericulata, Juncus effusus, Equisetum fluviatile, Rumex acetosa, Equisetum palustre, Stellaria graminea, Anthoxanthum odoratum, Geranium palustre, Holcus mollis, Rumex obtusifolius, Carex rostrata, Filipendula ulmaria, Carex vesicaria, Poa pratensis, Alopecurus pratensis, Cardamine pratensis, Aulacomnium palustre, Equisetum sylvaticum, Carex hirta, Lysimachia vulgaris, Eleocharis palustris, Sanguisorba officinalis, Epilobium parviflorum I.

Fundorte:

5314: Aubachtal NE Rabenscheid, 520 m NN, 3 Aufnahmen.
Bermeshube S Heisterberg, 570-590 m NN, 8 Aufnahmen.
Viehweide am Bartenstein SE Rabenscheid, 520-570 m NN, 25 Aufnahmen.

Tab. 29: Magnocaricion
W. Koch 1926

	a	b	c
Anzahl der Aufnahmen:	6	3	3
A Carex paniculata	-	-	3
Carex rostrata	-	3	-
Carex gracilis	V	1	1
V Galium palustre	III	-	2
Scutellaria galericulata	IV	2	-
Stachys palustris	III	1	-
DV Lysimachia vulgaris	II	1	-
O, K Iris pseudacorus	II	-	-
Lycopus europaeus	IV	3	2
Equisetum fluviatile	V	2	1
Alisma plantago-aquatica	I	1	1
Sparganium erectum	V	2	-
Typha latifolia	III	-	3
Glyceria fluitans s.l.	-	1	-
Veronica beccabunga	-	1	-
Typhoides arundinacea	III	1	-
B Lythrum salicaria	V	2	-
Filipendula ulmaria	V	2	-
Juncus effusus	V	1	2
Scirpus sylvaticus	IV	3	1
Callitriche stagnalis	I	2	-
Caltha palustris	II	2	1
Rumex obtusifolius	-	2	-
Mentha arvensis	I	2	2
Lotus uliginosus	III	-	3
Deschampsia caespitosa	I	-	3
Myosotis palustris	-	1	3
Cirsium palustre	III	1	3
Lemna minor	I	1	2
Equisetum palustre	I	1	2
Juncus acutiflorus	IV	1	2

Achillea ptarmica	IV	1	1
Polygonum amphibium	II		-
Epilobium palustre	II	-	-
Angelica sylvestris	II	1	1
Polygonum hydropiper	II	-	-
Galium aparine	II	-	-
Juncus conglomeratus	II	-	1
Viola palustris	II	1	-
Calliergon giganteum	II	1	-

a: Caricetum gracilis (Graebn. & Hueck 1931), Tx. 1937: Eleocharis acicularis, Potamogeton natans, Potentilla palustris, Geranium palustre, Ranunculus flammula, Solanum dulcamara, Calystegia sepium I.

Fundorte:

5412: Weiher NW Goddert, 265 m NN, 2 Aufnahmen.
Waldsee N Maroth, 270 m NN, 1 Aufnahme.
Holzbach S Steinen, 400 m NN, 1 Aufnahme.
Holzbach S Brückrachdorf, 245 m NN, 1 Aufnahme.
Holzbach SE Herschbach, 284 m NN, 1 Aufnahme.

b: Caricetum rostratae (Rübel 1912): Epilobium hirsutum, Ranunculus flammula 1.

Fundorte:

5412: Holzbach NW Herschbach, 280 m NN, 1 Aufnahme.
Holzbach SE Freirachdorf, 280 m NN, 1 Aufnahme.
Zwischen Mogendorf und Vielbach, 310 m NN, 1 Aufnahme.

c: Caricetum paniculatae (Wangerin 1916): Carex hirta, Galeopsis tetrahit, Eupatorium cannabinum, Senecio fuchsii, Luzula multiflora, Potentilla palustris, Carex fusca, Eriophorum angustifolium, Lychnis flos-cuculi, Ranunculus flammula, Molinia caerulea, Epilobium hirsutum, Climacium dendroides, Stellaria alsine, Alnus glutinosa, Valeriana officinalis s.l. 1.

Fundorte:

5412: Zwischen Herschbach und Rückeroth, 285 m NN, 1 Aufnahme.

Talmulde N Schenkelberg, 410 m NN, 1 Aufnahme.
N Herschbach, 300 m NN, 1 Aufnahme.

Tab. 30: Phalaridetum arundinaceae
(W. Koch 1926), Libbert 1931

Anzahl der Aufnahmen:	8
A Typhoides arundinacea	V
V Iris pseudacorus	I
Stachys palustris	I
Carex gracilis	II
Scutellaria galericulata	II
Lycopus europaeus	IV
Carex vesicaria	I
Glyceria fluitans s.l.	II
DV Lysimachia vulgaris	III
O, K Sparganium erectum	II
Equisetum fluviatile	II
B Cirsium palustre	V
Scirpus sylvaticus	IV
Achillea ptarmica	IV
Filipendula ulmaria	IV
Juncus effusus	IV
Galeopsis tetrahit	IV
Angelica sylvestris	IV
Lythrum salicaria	III
Deschampsia caespitosa	III
Equisetum palustre	II
Holcus lanatus	II
Juncus acutiflorus	II
Alopecurus pratensis	II
Lotus uliginosus	II
Polygonum hydropiper	II
Epilobium palustre	II
Urtica dioica	II
Galium album	II
Galium palustre	II

Galium aparine	II
Myosotis palustris	II
Stellaria alsine	II
Ranunculus flammula	II
Agrostis canina	II
Epilobium hirsutum	II
Chamaenerion angustifolium	II
Scrophularia nodosa	II
Poa trivialis	II
Mentha arvensis	II
Chrysanthmum vulgare	II
Petasites hybridus	II
Aegopodium podagraria	II

Eupatorium cannabinum, Rumex obtusifolius, Cardamine amara, Lychnis flos-cuculi, Epilobium parviflorum, Cruciata laevipes, Dactylis glomerata, Cirsium oleraceum, Valeriana officinalis, Equisetum telmateia, Callitriche stagnalis, Cirsium arvense, Molinia caerulea, Caltha palustris, Symphytum officinale, Impatiens noli-tangre, Peplis portula, Lemna minor I.

Fundorte:

5312: SW Mündersbach, 290-295 m NN, 2 Aufnahmen.
5313: SW Stockum-Püschen, 410 m NN, 1 Aufnahme.
Zwischen Nistertal und Hirtscheid, 330 m NN, 1 Aufnahme.
Nister S Korb, 305 m NN, 1 Aufnahme.
Kleine Nister SW Nauroth, 330 m NN, 1 Aufnahme.
S Langenbach, 450 m NN, 1 Aufnahme.
5411: Holzbach NE Dierdorf, 216 m NN, 1 Aufnahme.

Tab. 31: Phalaridetum arundinaceae, montane Ausbildung

Anzahl der Aufnahmen:	23
A Typhoides arundinacea	V
V Carex gracilis	I
Carex acutiformis	I
Galium palustre	I

	Lysimachia vulgaris	I
O	Equisetum fluviatile	I
B	Urtica dioica	V
	Filipendula ulmaria	IV
	Galium aparine	III
	Galeopsis tetrahit	III
	Stellaria nemorum	II
	Deschampsia caespitosa	II
	Galium album	II
	Angelica sylvestris	II
	Aconitum napellus ssp. neomontanum	II
	Epilobium parviflorum	II

Chamaenerion angustifolium, Lathyrus pratensis, Anthriscus sylvestris, Agropyron caninum, Vicia sepium, Arrhenatherum elatius, Cirsium palustre, Impatiens noli-tangere, Athyrium filix-femina, Chaerophyllum hirsutum, Senecio fuchsii, Dryopteris dilatata, Dactylis glomerata, Caltha palustris, Juncus effusus, Heracleum sphondylium, Vicia cracca, Epilobium hirsutum, Achillea ptarmica, Agrostis canina, Cardamine amara, Hypericum maculatum, Veronica beccabunga, Geranium palustre, Phleum pratense, Alnus glutinosa j, Prunus padus j, Calamagrostis canescens, Festuca gigantea, Lythrum salicaria, Stellaria holostea, Galium odoratum, Circea lutetiana, Poa pratensis, Holcus mollis, Stellaria graminea, Linaria vulgaris, Agrostis tenuis, Rumex obtusifolius, Ranunculus repens, Sanguisorba officinalis, Salix aurita j, Scirpus sylvaticus, Polygonum bistorta I.

Fundorte:

5314: Aubachtal NE Rabenscheid, 510-530 m NN, 12 Aufnahmen.
Feuerhecke N Waldaubach, 560-590 m NN, 3 Aufnahmen.
Bermeshube S Heisterberg, 560-580 m NN, 8 Aufnahmen.

Tab. 32: Phragmition
W. Koch 1926

	a	b
Anzahl der Aufnahmen:	22	15

A Glyceria maxima	I	V
Typha latifolia	V	II
Typha angustifolia	I	-
Schoenoplectus lacustris	I	I
V, O, K Equisetum fluviatile	II	II
Lycopus europaeus	III	III
Sparganium erectum	II	II
Galium palustre	II	III
Alisma plantago-aquatica	III	II
Phalaris arundinacea	II	III
Iris pseudacorus	I	II
Glyceria fluitans s.l.	IV	I
Scutellaria galericulata	II	III
Stachys palustris	I	II
Carex gracilis	I	II
Carex vesicaria	I	-
B (Potamogetonetea)		
Nymphaea alba	I	-
Potamogeton natans	III	-
Potamogeton alpinus	II	-
Potamogeton crispus	I	-
Potamogeton pusillus	I	-
Polygonum amphibium	I	I
B (Sonstige)		
Juncus effusus	IV	III
Lythrum salicaria	II	III
Lemna minor	II	I
Filipendula ulmaria	I	II
Cirsium palustre	I	II
Scirpus sylvaticus	I	II
Angelica sylvestris	I	II
Callitriche stagnalis	I	II
Myosotis palustris	I	II
Achillea ptarmica	I	II
Equisetum palustre	I	II
Galium aparine	-	II
Mentha arvensis	I	II
Lotus uliginosus	-	II
Lysimachia vulgaris	I	II

a: Typho-Scirpetum lacustris (Pass. 1964): Juncus articulatus, Elodea canadensis, Polygonum hydropiper, Solanum dulcamara, Bidens tripartita, Calliergon cuspidatum, Ranunculus flammula, Athyrium filix-femina, Agrostis canina, Salix aurita, Cardamine amara, Epilobium hirsutum, Eleocharis palustris, Carex canescens, Deschampsia caespitosa, Carex pseudocyperus, Calamagrostis canescens, Eupatorium cannabinum, Viola palustris, Thelypteris limbosperma, Galeopsis tetrahit, Alopecurus aequalis, Drepanocladus aduncus, Juncus bulbosus, Cardamine pratensis, Juncus conglomeratus, Scrophularia nodosa, Impatiens noli-tangere, Ranunculus aquatilis, Epilobium palustre, Potentilla palustris, Stellaria alsine, Menyanthes trifoliata I.

Fundorte:

5312: Quarzitgruben E Oberdreis, 345-350 m NN, 4 Aufnahmen.
Wied E Michelbach, 230-240 m NN, 2 Aufnahmen.
5313: Geschwemm NE Nisterberg, 565 m NN, 1 Aufnahme.
5412: Weiher NW Selters, 240 m NN, 1 Aufnahme.
Weiher zwischen Marienrachdorf und Goddert, 280-285 m NN, 2 Aufnahmen.
Weiher SW Goddert, 260 m NN, 1 Aufnahme.
Quarzitgrube NE Marienhausen, 300-310 m NN, 3 Aufnahmen.
Waldsee NW Maroth, 270 m NN, 1 Aufnahme.
Adenrother Weiher W Breitenau, 230 m NN, 1 Aufnahme.
5512: Landshuber Weiher E Höhr-Grenzhausen, 320 m NN, 3 Aufnahmen.
Weiher SW Mogendorf, 300 m NN, 1 Aufnahme.
Tongrube zwischen Ebernhahn und Wirges, 277 m NN, 1 Aufnahme.
Tongrube zwischen Siershahn und Mogendorf, 290 m NN, 1 Aufnahme.

b: Glycerietum maximae (Hueck 1931): Urtica dioica, Galeopsis tetrahit, Polygonum hydropiper, Symphytum officinale, Juncus acutiflorus, Valeriane officinalis s. l., Cirsium arvense, Rumex obtusifoius, Bidens radiatus, Galium album, Cardamine amara, Epilobium palustre, Carex hirta, Polygonum bistorta, Lychnis flos-cuculi, Scrophularia nodosa, Acorus calamus, Eupatorium cannabinum, Ranunculus flammula, Solanum dulcamara I.

Fundorte:

5412: Zwischen Selters und Goddert, 242-250 m NN, 2 Aufnahmen.
Weiher W Rückeroth, 280 m NN, 1 Aufnahme.
Weiher SW Goddert, 260 m NN, 2 Aufnahmen.

Holzbach S Brückrachdorf, 245 m NN, 2 Aufnahmen.
Adenrother Weiher W Breitenau, 225-230 m NN, 2 Aufnahmen.
Hammermühlenweiher NE Selters, 252-258 m NN, 3 Aufnahmen.
Saynbach E Ellenhausen, 229 m NN, 1 Aufnahme.
5512: Adenrother Weiher SW Breitenau, 198-220 m NN, 2 Aufnahmen.

Tab. 33: Nymphaeion
Oberdorfer 1957

	a	b	c
Anzahl der Aufnahmen:	15	6	7
A Nymphaea alba	-	V	-
Potamogeton natans	V	V	III
Polygonum amphibium aquaticum	I	III	V
O, K Myriophyllum spicatum	II	-	I
Potamogeton alpinus	III	I	I
Elodea canadensis	I	-	I
Potamogeton crispus	I	-	I
B Lycopus europaeus	IV	V	III
Alisma plantago-aquatica	III	IV	-
Juncus effusus	III	III	III
Glyceria fluitans s.l.	III	I	I
Lemna minor	I	IV	II
Equisetum fluviatile	I	III	III
Carex gracilis	-	III	-
Sparganium erectum s.l.	-	II	II
Typha latifolia	II	V	IV
Iris pseudacorus	I	II	I
Typhoides arundinacea		II	-
Glyceria maxima	-	II	III
Lythrum salicaria	I	-	II
Scutellaria galericulata	I	-	II
Alopecurus aequalis	I	-	-
Ranunculus flammula	I	I	I
Ranunculus aquatilis	I	I	-

a: Potamogeton natans-Gesellschaft: Potamogeton pusillus, Eleocharis palustris, Myosotis palustris, Solanum dulcamara, Juncus articulatus, Juncus bufonius, Bidens tripartita, Callitriche stagnalis, Eleocharis acicularis, Cirsium palustre, Scrophularia nodosa, Impatiens noli-tangere, Epilobium palustre, Calliergonella cuspidata I.

Fundorte:

5412: Weiher W Rückeroth, 280 m NN, 1 Aufnahme.
Weiher NW Rückeroth, 285-290 m NN, 3 Aufnahmen.
Weiher NE Marienrachdorf, 280 m NN, 1 Aufnahme.
Quarzitgrube SW Herschbach, 300 m NN, 1 Aufnahme.
Weiher S Sessenhausen, 260 m NN, 1 Aufnahme.
Weiher SW Goddert, 260 m NN, 1 Aufnahme.
Quarzitgruben SW Herschbach, 300-310 m NN, 2 Aufnahmen.
Quarzitgrube W Herschbach, 315 m NN, 1 Aufnahme.
Quarzitgrube SSW Herschbach, 295-300 m NN, 2 Aufnahmen.
Quarzitgrube NW Marienrachdorf, 290 m NN, 1 Aufnahme.
5512: Tongrube W Staudt, 260 m NN, 1 Aufnahme.

b: Nymphaeetum albae (Vollm 1947 em. Oberdorfer): Riccia fluitans, Equisetum palustre, Myosotis palustris, Cirsium palustre I.

Fundorte:

5412: Weiher S Sessenhausen, 260 m NN, 1 Aufnahme.
Quarzitgrube W Herschbach, 310 m NN, 1 Aufnahme.
Quarzitgrube E Marienhausen, 310 m NN, 1 Aufnahme.
5512: Landshuber Weiher E Höhr-Grenzhausen, 320-330 m NN, 3 Aufnahmen.

c: Polygonum amphibium aquaticum-Gesellschaft: Scirpus sylvaticus, Potamogeton pusillus, Eleocharis palustris, Acorus calamus, Myosotis palustris, Stachys palustris, Epilobium palustre, Mentha arvensis I.

Fundorte:

5412: Weiher W Rückeroth, 290 m NN, 1 Aufnahme.
Weiher NW Goddert, 265 m NN, 1 Aufnahme.

Anzuchtteiche am Hoffmannsweiher, 401 m NN, 1 Aufnahme.
Hammermühlenweiher NE Selters, 258 m NN, 1 Aufnahme.
5512: Landshuber Weiher E Höhr-Grenzhausen, 320 m NN, 1 Aufnahme.
Adenrother Weiher SW Breitenau, 198-200 m NN, 2 Aufnahmen.

Tab. 34: Montio-Philonotidetum fontanae
(Bük. & Tx. in Bük. 1942)

Anzahl der Aufnahmen:	5
A Montia fontana	V
Epilobium palustre	II
Philonotis fontana	II
V Stellaria alsine	IV
Myosotis palustris	III
O, K Cardamine amara	II
B Epilobium parviflorum	IV
Ranunculus repens	IV
Agrostis canina	III

Chaerophyllum hirsutum, Poa trivialis, Cirsium oleraceum j, Glechoma hederacea, Veronica beccabunga, Juncus articulatus, Gnaphalium uliginosum, Juncus bufonius, Lotus uliginosus, Galium uliginosum, Achillea ptarmica, Ranunculus flammula I.

Fundorte:

5314: Aubachtal NE Rabenscheid, 510-520 m NN, 4 Aufnahmen.
Fuchskaute, 620 m NN, 1 Aufnahme.

Tab. 35: Cardamine amara-flexuosa-Gesellschaft

Anzahl der Aufnahmen:	3
V Cardamine flexuosa	3
Impatiens noli-tangere	3
Stellaria nemorum	3

Carex remota	2
Circea alpina	1
O, K Cardamine amara	3
B Ranunculus repens	2
Veronica beccabunga	2

Equisetum sylvaticum, Chiloscyphus polyanthos, Sphagnum nemoreum, Lapsana communis, Valeriana repens, Epilobium parviflorum, Cirsium oleraceum j, Clyceria fluitans, Poa tivialis, Alliaria officinalis, Cardamine impatiens, Arcticum nemorosum 1.

Fundorte:

5314: Aubachtal NE Rabenscheid, 520 m NN, 2 Aufnahmen.
Bermeshube S Heisterberg, 570 m NN, 1 Aufnahme.

Tab. 36: Chrysosplenietum oppositifolii
Oberd. & Phil. in Oberd. 1977

Anzahl der Aufnahmen:	17
A Chrysosplenium oppositifolium	V
Stellaria nemorum	V
Circea intermedia	III
Carex remota	II
Circea alpina	I
V Impatiens noli-tangere	II
Pellia epiphylla	I
Mnium punctatum	I
O, K Cardamine amara	V
B Equisetum sylvaticum	IV
Urtica dioica	III
Stachys sylvatica	III
Ranunculus repens	II
Athyrium filix-femina	II
Circea lutetiana	II
Ajuga reptans	II
Galium palustre	II

Glyceria fluitans	II
Dryopteris dilatata	II
Dryopteris carthusiana	II
Geranium robertianum	II
Brachythecium rivulare	II

Filipendula ulmaria, Crepis paludosa, Myosotis palustris, Galium odoratum, Oxalis acetosella, Lamium galeobdolon, Valeriana repens, Fraxinus excelsior j, Lysimachia vulgaris, Stellaria holostea, Epilobium parviflorum, Chiloscyphus polyanthos, Plagiochila asplenioides, Mnium hornum I.

Fundorte:

5314: Bermeshube S Heisterberg, 560-600 m NN, 17 Aufnahmen.

Tab. 37: Polygalo-Nardetum
Oberdorfer 1957 em.

	a	b
Aufnahmen:	7	8
V Polygala vulgaris	I	II
Viola canina	-	II
Pimpinella saxifraga	-	I
O Nardus stricta	V	V
Arnica montana	II	V
Hypericum maculatum	III	IV
Thesium pyrenaicum	-	I
Galium harcynicum	III	V
Leucorchis albida	-	I
Coeloglossum viride	-	I
Botrychium lunaria	-	I
K Calluna vulgaris	IV	IV
Luzula campestris	-	IV
Danthonia decumbens	III	II
Potentilla erecta	IV	IV
Hieracium pilosella	-	I

	Lycopodium clavatum	I	-
	Pedicularis sylvatica	II	I
	Genista germanica	-	II
	Juncus squarrosus	II	I
B	Platanthera chlorantha	-	IV
	Deschampsia caespitosa	IV	IV
	Anthoxanthum odoratum	-	IV
	Agrostis tenuis	III	V
	Cirsium palustre	III	II
	Dactylorhiza maculata	III	I
	Pleurozium schreberi	III	II
	Thymus pulegioides	III	II
	Juncus effusus	III	-
	Rumex acetosa	-	III
	Rhinanthus minor	-	III
	Achillea millefolium	-	III
	Plantago lanceolata	I	III
	Holcus lanatus	I	III
	Leucanthemum vulgare	-	III
	Alchemilla vulgaris agg.	-	III
	Galium verum	-	III
	Briza media	-	III
	Sanguisorba officinalis	I	II
	Campanula rotundifolia	I	II
	Ranunculus acer	-	II
	Genista tinctoria	-	II
	Veronica officinalis	-	II
	Knautia arvensis	I	II
	Plantanthera bifolia	-	II
	Platanthera X hybrida	-	II
	Dactylorhiza majalis	I	II
	Lychnis flos-cuculi	-	II
	Vaccinium myrtillus	I	II
	Juniperus communis	-	II
	Sanguisorba minor	-	II
	Polytrichum formosum	I	II
	Crepis biennis	-	II
	Deschampsia flexuosa	II	II
	Cardamine pratensis	II	I

Holcus mollis	II	I
Primula veris	II	-
Colchicum autumnale	II	-
Anemone nemorosa	II	-
Caltha palustris	II	-
Melampyrum pratense	II	-
Thelypteris limbosperma	II	-
Juncus articulatus	II	-
Veronica officinalis	II	-
Teucrium scorodonia	II	-
Polytrichum juniperinum	II	-
Sphagnum recurvum	II	-
Lotus uliginosus	II	-

a: Ausprägung des unteren Westerwaldes: Lathyrus montanus, Aquilegia vulgaris, Convallaria majalis, Orchis mascula, Viola palustris, Carex echinata, Juncus bufonius, Juncus tenuis, Hieracium sylvaticum, Lotus corniculatus, Luzula multiflora, Agrostis canina, Oligotrichum hercynicum, Scirpus sylvaticus, Galeopsis tetrahit, Senecio fuchsii, Galium album, Angelica syvestris, Equisetum palustre, Achillea ptarmica, Alopecurus pratensis, Succisa pratensis, Centaurea jacea, Stachys officinalis, Carex hirta, Rumex acetosa I.

Fundorte:

5412: Talmulde N Schenkelberg, 405 m NN, 1 Aufnahme.
Zollesmühle W Helferskirchen, 300 m NN, 1 Aufnahme.
5512: SW Niederelbert, 300-305 m NN, 2 Aufnahmen.
Kühlbach NE Hillscheid, 385 m NN, 1 Aufnahme.
Quarzitbruch E Hillscheid, 380 m NN, 1 Aufnahme.
Hirschkopf W Horressen, 420 m NN, 1 Aufnahme.

b: Ausprägung des Hohen Westerwaldes: Sorbus aucuparia, Festuca rubra, Plantago major, Rubus fruticosus, Crataegus laevigata, Cirsium acaule, Galium boreale, Trifolium alpestre, Rhytidiadelphus squarrosus, Mnium affine, Phyteuma nigrum, Saxifraga granulata, Campanula glomerata, Dactylis glomerata, Poa pratensis, Cirsium arvense, Stellaria graminea, Listera ovata, Veronica chamaedrys, Festuca pratensis, Ranunculus nemorosus, Centaurea jacea, Achillea ptarmica, Lysimachia vulgaris, Juncus acutiflorus,

Succisa pratensis, Vicia hirsuta I.

Fundorte:

5313: Ahlsberg W Höhn-Oelligen, 468 m NN, 1 Aufnahme.
Geschwemm N Nisterberg, 565 m NN, 1 Aufnahme.
N Norken, 455 m NN, 1 Aufnahme.
SE Lautzenbrücken, 530 m NN, 1 Aufnahme.
5314: Metzelnheck zwischen Rabenscheid und Weißenberg, 590 m NN, 1 Aufnahme.
Fuchskaute, 640 m NN, 3 Aufnahmen.

Tab. 38: Juncetum squarrosi
Nordhag 1922

Anzahl der Aufnahmen:	4
A, V Juncus squarrosus	4
Pedicularis sylvatica	2
O Nardus stricta	4
Arnica montana	1
Galium harcynicum	4
K Potentilla erecta	3
Calluna vulgaris	3
Danthonia decumbens	3
Luzula campestris	1
B Sphagnum fallax	4
Juncus acutiflorus	3
Agrostis canina	3
Viola palustris	3
Vaccinium myrtillus	3
Molinia caerulea	3
Eriophorum angustifolium	2
Pleurozium schreberi	2
Thelypteris limbosperma	2
Melampyrum pratense	2
Polytrichum juniperinum	2
Deschampsia flexuosa	2

Carex fusca, Dryopteris carthusiana, Sphagnum papillosum, Juncus conglomeratus, Oligotrichum hercynicum, Lycopodium clavatum, Juncus effusus, Ranunculus flammula, Sphagnum inundatum, Sphagnum squarrosum, Deschampsia caespitosa, Juncus bufonius, Salix repens, Platanthera chloranta 1.

Fundorte:

5313: Gegenüber Langenbacher Mühle, 440 m NN, 1 Aufnahme.
5314: Metzelnheck zwischen Rabenscheid und Weißenberg, 590 m NN, 1 Aufnahme.
5512: Wegrand "Im Kühlbach" N Hillscheid, 385 m NN, 1 Aufnahme.
Wegrand am Hirschkopf W Horressen, 420 m NN, 1 Aufnahme.

Tab. 39: Juncus-Molinia caerulea-Gesellschaft

Anzahl der Aufnahmen:	18
A Juncus acutiflorus	III
V Juncus conglomeratus	II
O Molinia caerulea	V
Cirsium palustre	IV
Achillea ptarmica	IV
Filipendula ulmaria	IV
Sanguisorba officinalis	III
Juncus effusus	III
Succisa pratensis	III
Lotus uliginosus	III
Stachys officinalis	II
Angelica sylvestris	II
Polygonum bistorta	II
Equisetum palustre	II
Scirpus sylvaticus	II
Trollius europaeus	II
Lysimachia vulgaris	I
Valeriana dioica	I
Cirsium oleraceum	I
Ophioglossum vulgatum	I
Lychnis flos-cuculi	I
Caltha palustris	I

	Colchicum autumnale	I
B	Potentilla erecta	V
	Deschampsia caespitosa	IV
	Nardus stricta	IV
	Agrostis tenuis	IV
	Galium album	IV
	Hypericum maculatum	IV
	Galeopsis tetrahit	III
	Holcus mollis	III
	Achillea millefolium	II
	Knautia arvensis	II
	Holcus lanatus	II
	Dactylis glomerata	II
	Carum carvi	II
	Equisetum sylvaticum	II
	Agrostis canina	II
	Galium verum	II
	Pimpinella saxifraga	II
	Deschampsia flexuosa	II
	Centaurea jacea	II
	Platanthera chlorantha	II
	Epilobium palustre	II
	Sphagnum fallax	II
	Galium harcynicum	II

Campanula rotundifolia, Cirsium arvense, Briza media, Leucanthemum vulgare, Ranunculus repens, Vicia hirsuta, Rumex acetosa, Viola palustris, Juncus articulatus, Arrhenatherum elatius, Linaria vulgaris, Luzula campestris, Dactylorhiza maculata, Alchemilla vulgaris agg., Stellaria graminea, Plantago lanceolata, Typhoides arundinacea, Geranium palustre, Senecio fuchsii, Lycopus europaeus, Calamagrostis epigeios, Calluna vulgaris, Sphagnum papillosum, Sphagnum palustre, Polytrichum juniperinum, Epilobium tetragonum, Luzula sylvatica, Vaccinium myrtillus, Blechnum spicant, Polytrichum commune, Athyrium filix-femina, Dryopteris carthusiana, Thymus pulegioides, Daucus carota, Verbascum thapsus, Mentha arvensis, Urtica dioica, Danthonia decumbens, Sedum telephium, Alopecurus pratensis, Chamaenerion angustifolium, Hieracium aurantiacum, Origanum vulgare, Prunella vulgaris, Solidago virgaurea, Convallaria majalis, Carex canescens, Anthrisus sylvestris, Heracleum sphondylium, Phleum pratense, Lotus corniculatus, Carex vulpina, Poa trivialis,

Potentilla palustris, Anthoxanthum odoratum I.

Fundorte:

5313: Kleine Nister SE Mörlen, 415 m NN, 3 Aufnahmen.
Kleine Nister E Lautzenbrücken 480-490 m NN, 2 Aufnahmen.
Kleine Nister N Lautzenbrücken, 460-470 m NN, 4 Aufnahmen.
Kleine Nister E Nisterberg, 550 m NN, 1 Aufnahme.
NW Norken, 440 m NN, 1 Aufnahme.
5412: N Herschbach, 300 m NN, 1 Aufnahme.
Talmulde NE Herschbach, 300 m NN, 1 Aufnahme.
5512: W Hosten, 300 m NN, 1 Aufnahme.
Obere Desperwiese SE Ransbach-Baumbach, 310 m NN, 1 Aufnahme.
Untere Desperwiese SE Ransbach-Baumbach, 305 m NN, 2 Aufnahmen.
W Dernbach, 330 m NN, 1 Aufnahme.

Tab. 40: Molinietum caeruleae
W. Koch 1926

Anzahl der Aufnahmen:	6
A Galium boreale	V
Carex umbrosa	III
Trollius europaeus	II
Avena pubescens	II
Serratula tinctoria	I
O Molinia caerulea	V
Succisa pratensis	V
Stachys officinalis	IV
Lychnis flos-cuculi	IV
Galium uliginosum	IV
Carex pallescens	III
Cirsium palustre	III
Filipendula ulmaria	III
Achillea ptarmica	II
Myosotis palustris	II
Selinum carvifolium	I
Genista tinctoria	I

	Genista tinctoria	I
	Angelica sylvestris	I
	Juncus filiformis	I
K	Dactylis glomerata	II
	Ranunculus acris	II
	Holcus lanatus	II
	Vicia cracca	II
	Rhinanthus minor	I
	Achillea millefolium	I
	Rumex acetosa	I
	Phleum pratense	I
	Lathyrus pratensis	I
B	Agrostis tenuis	V
	Potentilla erecta	V
	Deschampsia caespitosa	IV
	Stellaria graminea	III
	Juncus effusus	III
	Dactylorhiza maculata	III
	Luzula multiflora	III
	Polygonum bistorta	III
	Sanguisorba officinalis	III
	Anemone nemorosa	III
	Hypericum perforatum	II
	Hypochoeris radicata	II
	Carex leporina	II
	Crepis paludosa	II
	Galeopsis tetrahit	II

Luzula campestris, Festuca ovina, Polytrichum juniperinum, Leucanthemum vulgare, Polygala vulgaris, Cladonia deformis, Danthonia decumbens, Briza media, Galium hercynicum, Poa trivialis, Hypericum maculatum, Alchemilla vulgaris, Caltha palustris, Phyteuma spicatum, Platanthera chlorantha, Juncus conglomeratus, Senecio fuchsii, Anthoxanthum odoratum, Luzula albida, Stellaria nemorum, Trifoium medium, Carex fusca, Carex panicea, Epilobium palustre, Equisetum fluviatile, Salix aurita, Populus tremula, Gymnadenia conopsea I.

Fundorte:

5214: Mückewies NW Lippe, ca. 570 m NN, 1 Aufnahme (P. FASEL).

Buchheller-Quellgebiet SW Lippe, ca. 570 m NN, 2 Aufnahmen (P. FASEL).
5314: Bermeshube S Heisterberg, 580-590 m NN, 3 Aufnahmen.

Tab. 41: Arrhenatheretum elatioris
Br.-Bl. ex Scherr 1925

	Anzahl der Aufnahmen:	18
A	Arrhenatherum elatius	V
	Galium album	II
V	Campanula rapunculus	II
	Crepis biennis	I
	Pimpinella major	I
O	Heracleum sphondylium	III
	Lotus corniculatus	III
	Anthriscus sylvestris	II
	Achillea millefolium	II
	Knautia arvensis	II
	Dactylis glomerata	IV
	Daucus carota	II
	Vicia sepium	II
	Malva moschata	II
	Leucanthemum vulgare	II
	Trisetum flavescens	I
	Alchemilla vulgaris agg.	I
	Taraxacum officinale	I
	Tragopogon pratensis	I
	Crepis capillaris	I
	Senecio jacobea	I
	Rhinanthus alectorolophus	I
K	Cirsium palustre	III
	Centaurea jacea	III
	Holcus lanatus	IV
	Rumex acetosa	II
	Sanguisorba officinalis	II
	Stellaria graminea	II
	Vicia cracca	II
	Alopecurus pratensis	I

Achillea ptarmica	I
Polygonum bistorta	I
Trifolium pratense	I
Lathyrus pratensis	I
Plantago lanceolata	II
Colchicum autumnale	I
Poa pratensis	I
Lotus uliginosus	I
Festuca pratensis	I
Ranunculus acris	I
Cerastium holosteoides	I
Succisa pratensis	I
Juncus effusus	I
B Deschampsia caespitosa	III
Agrostis tenuis	III
Campanula rotundifolia	III
Cirsium arvense	III
Hypericum maculatum	II
Galium verum	II
Pimpinella saxifraga	II
Hypericum perforatum	II
Linaria vulgaris	II
Ranunculus repens	II
Galeopsis tetrahit	II
Holcus mollis	II
Agrimonia eupatorium	II
Senecio fuchsii	II
Hieracium cymosum	II
Stachys officinalis	II
Phleum pratense	II
Potentilla erecta	II
Trifolium repens	II
Festuca ovina	II
Platanthera chlorantha	II
Euphorbia cyparissias	II

Vicia hirsuta, Ranunculus nemorosus, Origanum vulgare, Valeriana officinalis, Tanacetum vulgare, Rumex acetosella, Rumex obtusifolius, Prunus spinosa, Nardus stricta, Juncus conglomeratus, Sedum telephium, Symphytum officinale, Hieracium pilosella, Leontodon autumnalis, Stellaria holostea, Scleropodium purum, Crataegus monogyna, Prunella vulgaris, Convulvulus arvensis, Medicago lupulina, Urtica dioica, Carex hirta, Rubus idaeus, Chamaenerion angustifolium, Dactylorhiza maculata, Allium vineale, Brachythecium albicans, Briza media, Deschampsia flexuosa, Carduus nutans, Lathyrus sylvestris, Lamium album, Festuca rubra, Aegopodium podagraria, Equisetum arvense, Rubus fruticosus, Angelica sylvestris, Rumex crispus, Cirsium vulgare, Centaurea scabiosa, Centaurium minus, Plantago major, Odontites rubra, Juncus bufonius, Juncus articulatus, Thymus pulegioides, Anthoxanthum odoratum I.

Fundorte:

5312: Köpfchen W Steinebach, 416 m NN, 1 Aufnahme.
5313: Steimelsheide E Alpenrod, 380 m NN, 1 Aufnahme.
Hüttenbach W Pottum, 460 m NN, 1 Aufnahme.
S Unnau, 440 m NN, 1 Aufnahme.
5412: NE Quirnbach, 340-360 m NN, 2 Aufnahmen.
N Helferskirchen, 320 m NN, 1 Aufnahme.
SE Hartenfels, 400 m NN, 1 Aufnahme.
NE Selters, 260 m NN, 1 Aufnahme.
W Herschbach, 290 m NN, 1 Aufnahme.
SW Steinen, 410 m NN, 1 Aufnahme.
NW Herschbach, 280 m NN, 1 Aufnahme.
S Brückrachdorf, 250 m NN, 1 Aufnahme.
5512: Steimel NE Wirges, 330 m NN, 1 Aufnahme.
W Leuterod, 300 m NN, 1 Aufnahme.
5611: E Urbar, 100 m NN, 1 Aufnahme.
5612: S Kadenbach, 220 m NN, 2 Aufnahmen.

Tab. 42: Geranio-Trisetetum flavescentis
Knapp 1951

Anzahl der Aufnahmen:	16
A Poa chaixii	IV
Phyteuma nigrum	I
V Geranium sylvaticum	V
O Trisetum flavescens	V

	Veronica chamaedrys	IV
	Knautia arvensis	IV
	Anthriscus sylvestris	III
	Dactylis glomerata	II
	Alchemilla vulgaris agg.	II
	Heracleum sphondylium	I
	Achillea millefolium	I
	Taraxacum officinale	I
	Saxifraga granulata	I
K	Trollius europaeus	III
	Polygonum bistorta	III
	Alopecurus pratensis	III
	Arrhenatherum elatius	III
	Sanguisorba officinalis	III
	Colchicum autumnale	II
	Cardamine pratensis	II
	Cirsium palustre	I
	Achillea ptarmica	I
	Lotus uliginosus	I
	Stellaria graminea	III
	Lathyrus pratensis	I
	Holcus lanatus	I
	Rumex acetosa	I
	Ranunculus acris	I
	Pimpinella major	I
	Trifolium pratense	I
	Lychnis flos-cuculi	I
	Rhinanthus minor	I
	Dactylorhiza majalis	I
B	Agrostis tenuis	IV
	Deschampsia caespitosa	IV
	Galium boreale	III
	Galium album	III
	Hypericum perforatum	III
	Holcus mollis	II
	Aegopodium podagraria	II
	Festuca ovina	II
	Potentilla erecta	II
	Hypericum maculatum	II

Galium verum	II

Juncus effusus, Geum rivale, Festuca rubra, Vicia sepium, Campanula rotundifolia, Stachys officinalis, Trifolium alpestre, Thymus pulegioides, Pleurozium schreberi, Vicia hirsuta, Pimpinella saxifraga, Ranunculus nemorosus, Luzula campestris, Anthoxanthum odoratum, Ajuga reptans, Prunus spinosa, Corylus avellana j, Anemone nemorosa, Primula veris, Orchis mascula, Sanguisorba minor, Filipendula ulmaria, Juncus conglomeratus, Equisetum fluviatile, Luzula albida, Juncus acutiflorus, Helianthemum nummularium, Galium harcynicum, Galeopsis tetrahit, Equisetum arvense, Equisetum palustre, Carex fusca, Ranunculus repens, Agrostis stolonifera, Phleum pratense, Rhytidiadelphus squarrosus, Scleropodium purum, Dianthus deltoides I.

Fundorte:

5214: Lipper Höhe E Lippe, 600-613 m NN, 3 Aufnahmen.
5314: Aubachtal NE Rabenscheid, 520-530 m NN, 13 Aufnahmen.

Tab. 43: Festuco-Cynosuretum
Tx. in Bük. 1942

Anzahl der Aufnahmen:	17
A Alchemilla vulgaris agg.	V
Hieracium pilosella	I
Potentilla erecta	II
Briza media	I
Nardus stricta	I
V Cynosurus cristatus	II
Phleum pratense	III
Senecio jacobea	I
Trifolium repens	I
O Knautia arvensis	V
Veronica chamaedrys	IV
Achillea millefolium	III
Leucanthemum vulgare	II
Galium album	II

	Dactylis glomerata	I
	Anthriscus sylvestris	I
	Plantago media	I
K	Festuga rubra	V
	Holcus lanatus	III
	Ranunculus acris	III
	Centaurea jacea	II
	Trollius europaeus	I
	Lathyrus pratensis	I
	Stellaria graminea	I
	Trifolium pratense	I
	Poa pratensis	I
B	Deschampsia caespitosa	IV
	Agrostis tenuis	IV
	Galium verum	IV
	Festuca ovina	III
	Plantago lanceolata	III
	Hypericum perforatum	III
	Pimpinella saxifraga	III
	Succisa pratensis	III
	Campanula rotundifolia	III
	Sanguisorba officinalis	II
	Trifolium alpestre	II
	Galeopsis tetrahit	II
	Cirsium palustre	II
	Rhinanthus minor	II
	Ranunculus repens	II
	Thymus pulegioides	II

Polygonum bistorta, Vicia cracca, Rhytidiadelphus squarrosus, Malva moschata, Galium hercynicum, Anthoxanthum odoratum, Cerastium fontanum, Vicia sepium, Lychnis flos-cuculi, Carex leporina, Primula veris, Lotus uliginosus, Cirsium arvense, Pleurozium schreberi, Myosotis arvensis, Achillea ptarmica, Viola canina, Danthonia decumbens, Hieracium umbellatum, Arrhenatherum elatius, Rumex acetosa, Stellaria holostea, Calluna vulgaris, Cirsium X hybridum, Tragopogon pratensis, Colchicum autumnale, Rumex obtusifolius, Rosa canina, Genista tinctoria, Helianthemum nummularium, Cirsium acaule, Viola arvensis, Tanacetum vulgare, Juncus effusus, Trifolium campestre I.

Fundorte:

5314: Aubachtal NE Rabenscheid, 520-530 m NN, 9 Aufnahmen.
Viehweide am Bartenstein SE Rabenscheid, 550-580 m NN, 8 Aufnahmen.

Tab. 44: Filipendulion ulmariae
Segal 1966

	a	b	c
Anzahl der Aufnahmen:	7	20	25
A Geranium palustre	IV	V	-
Polemonium caeruleum	V	-	-
Aconitum napellus	V	I	-
Valeriana officinalis	V	III	V
V Filipendula ulmaria	V	V	V
Lythrum salicaria	II	-	IV
Urtica dioica	III	III	IV
Calystegia sepium	II	I	II
Epilobium hirsutum	II	I	I
O Cirsium palustre	V	IV	IV
Angelica sylvestris	V	IV	IV
Cirsium oleraceum	V	I	I
Lysimachia vulgaris	IV	III	III
Scirpus sylvaticus	III	IV	III
Achillea ptarmica	II	IV	III
Lotus uliginosus	II	II	II
Colchicum autumnale	II	I	I
Lychnis flos-cuculi	I	I	I
Caltha palustris	I	III	II
Molinia caerulea	I	I	I
Equisetum palustre	-	I	II
Polygonum bistorta	-	II	II
Succisa pratensis	-	I	I
Myosotis palustris	-	I	I
Sanguisorba officinalis	-	I	I
K Galium album	I	II	III

	Alopecurus pratensis	IV	II	III
	Juncus effusus	I	IV	IV
	Vicia cracca	II	I	I
	Dactylis glomerata	I	I	I
	Rumex acetosa	I	I	-
	Cirsium arvense	-	I	I
	Lathyrus pratensis		I	I
	Holcus lanatus		I	I
	Arrhenatherum elatius	-	I	I
	Trollius europaeus	-	I	-
B	Typhoides arundinacea	V	V	IV
	Lycopus europaeus	III	II	III
	Sparganium erectum	III	III	II
	Epilobium palustre	III	II	III
	Tanacetum vulgare	IV	I	I
	Deschampsia caespitosa	IV	II	II
	Petasites hybridus	IV	I	II
	Juncus acutiflorus	II	III	II
	Impatiens noli-tangere	II	I	I
	Carex gracilis	II	I	I
	Aegopodium podagraria	II	I	I
	Galium aparine	II	I	I
	Galeopsis tetrahit	IV	II	IV
	Equisetum fluviatile	II	II	II
	Senecio fuchsii	II	I	-
	Galium palustre	-	II	II
	Mentha arvensis	-	II	II
	Stachys palustris	-	II	II
	Ranunculus flammula	-	II	-
	Scutellaria galericulata	I	II	II
	Symphytum officinale	I	I	II

a: Valeriano-Polemonietum caerulei (Rossk. 1971): Chaerophyllum hirsutum, Pimpinella saxifraga, Anthriscus sylvestris, Melandrium album, Melandrium rubrum, Cruciata laevipes, Veronica beccabunga, Equisetum sylvaticum, Polygonum hydropiper, Stellaria nemorum, Lamium maculatum, Chamaenerion angustifolium, Agrostis tenuis I.

Fundorte:

5313: Nister S Korb, 300 m NN, 4 Aufnahmen.
Nister am Nistersägewerk NW Korb, 280 m NN, 1 Aufnahme.
Nister bei Fehl-Ritzhausen, 455 m NN, 1 Aufnahme.
Nister S Großseifen, 405 m NN, 1 Aufnahme.

b: Filipendulo-Geranietum palustris (W. Koch 1926): Glyceria fluitans s.l., Heracleum sphondylium, Carex hirta, Phleum pratense, Isolepis setacea, Poa trivialis, Hypericum maculatum, Agrostis canina, Rumex obtusifolius, Iris pseudacorus, Juncus conglomeratus, Holcus mollis, Scrophularia nodosa, Polygonum hydropiper, Equisetum arvense, Agrimonia eupatorium, Anthriscus sylvestris, Veronica anagallis-aquatica, Carex vesicaria, Ranunculus repens, Stellaria graminea, Menyanthes trifoliata, Mentha verticillata, Solanum dulcamara, Spiraea salicifolia, Chamaenerion angustifolium, Vicia sepium, Eupatorium cannabinum, Berula erecta, Cruciata laevipes, Veronica beccabunga, Malachium aquaticum, Viola palustris, Juncus bulbosus, Carex canescens, Stachys officinalis, Centaurea jacea I.

Fundorte:

5312: S Steinebach, 370-383 m NN, 2 Aufnahmen.
SE Wied, 300 m NN, 1 Aufnahme.
E Borod, 250 m NN, 1 Aufnahme.
5313: Nister SSE Hardt, 339-350 m NN, 2 Aufnahmen.
Kleine Nister SW Nauroth, 340 m NN, 1 Aufnahme.
Nister NW Korb, 277 m NN, 1 Aufnahme.
N Lautzenbrücken, 470 m NN, 1 Aufnahme.
5412: Holzbach S Hartenfels, 304 m NN, 1 Aufnahme.
Holzbach S Steinen, 370-380 m NN, 2 Aufnahmen.
SE Herschbach, 284 m NN, 1 Aufnahme.
Holzbach NE Maroth, 260 m NN, 1 Aufnahme.
Holzbach NW Herschbach, 280 m NN, 1 Aufnahme.
Holzbach SW Marienhausen, 250 m NN, 1 Aufnahme.
Holzbach N Brückrachdorf, 249 m NN, 1 Aufnahme.
Holzbach S Brückrachdorf, 240 m NN, 1 Aufnahme.
5512: N Eschelbach, 229 m NN, 1 Aufnahme.
Zwischen Siershahn und Wirges, 260 m NN, 1 Aufnahme.

c: Valeriano-Filipenduletum (Siss. in Westh. & al. 1946): Glyceria maxima, Ranunculus repens, Juncus conglomeratus, Agrostis canina, Heracleum sphondylium, Hypericum maculatum, Rumex obtusifolius, Polygonum hydropiper, Veronica beccabunga, Cardamine amara, Iris pseudacorus, Glyceria fluitans s.l., Eupatorium cannabinum, Senecio fuchsii, Stellaria graminea, Vicia hirsuta, Carex fusca, Ranunculus flammula, Typha latifolia, Carex vesicaria, Carex hirta, Phleum pratense, Humulus lupulus, Chaerophyllum hirsutum, Holcus mollis, Selinum carvifolia, Stellaria alsine, Stellaria nemorum, Agrostis tenuis, Melandrium rubrum, Juncus bufonius, Veronica chamaedrys, Stachys palustris, Scrophularia nodosa I.

Fundorte:

5312: S Winkelbach, 280 m NN, 1 Aufnahme.
Zwischen Welkenbach und Höchstenbach, 300 m NN, 2 Aufnahmen.
S Höchstenbach, 320 m NN, 1 Aufnahme.
SE Wied, 310 m NN, 1 Aufnahme.
Nister N Hachenburg, 250 m NN, 1 Aufnahme.
5313: S Mörlen, 410 m NN, 1 Aufnahme.
NW Alpenrod, 440 m NN, 1 Aufnahme.
NE Lautzenbrücken, 470 m NN, 1 Aufnahme.
5411: S Sportplatz Puderbach, 210 m NN, 1 Aufnahme.
Holzbach S Papierfabrik Hedwigsthal, 217 m NN, 1 Aufnahme.
5412: Zwischen Hirzen und Deesen, 210 m NN, 1 Aufnahme.
W Goddert, 260 m NN, 1 Aufnahme.
Holzbach S Brückrachdorf, 250 m NN, 1 Aufnahme.
Kleiner Saynbach NW Helferskirchen, 300 m NN, 2 Aufnahmen.
Kleiner Saynbach NE Helferskirchen, 308 m NN, 1 Aufnahme.
Hammermühle NE Selters, 260 m NN, 1 Aufnahme.
SW Selters, 230-240 m NN, 2 Aufnahmen.
NE Herschbach, 300 m NN, 1 Aufnahme.
Zwischen Hartenfels und Maxsain, 310 m NN, 1 Aufnahme.
5512: NW Staudt, 250 m NN, 1 Aufnahme.
NE Mogendorf, 290 m NN, 1 Aufnahme.
NW Mogendorf, 280 m NN, 1 Aufnahme.

Tab. 45: Chaerophyllo - Polygonetum bistortae
Hundt 1980

Anzahl der Aufnahmen:	3
A Chaerophyllum hirsutum	3
V Polygonum bistorta	3
Scirpus sylvaticus	2
Juncus effusus	1
Caltha palustris	1
Cirsium oleraceum	1
Trollius europaeus	1
O Cirsium palustre	3
Lysimachia vulgaris	1
Myosotis palustris	1
Angelica sylvestris	1
K Lathyrus pratensis	2
Galium album	1
B Geranium sylvaticum	2
Dactylis glomerata	2
Urtica dioica	2
Arrhenatherum elatius	2

Holcus lanatus, Aconitum napellus ssp. neomontanum, Stellaria graminea, Aegopodium podagraria, Vicia sepium, Stellaria nemorum, Equisetum sylvaticum, Filipendula ulmaria, Carex umbrosa, Deschampsia caespitosa, Carex rostrata, Equisetum fluviatile, Scutellaria galericulata, Carex leporina 1.

Fundorte:

5313: S Kirburg, 460 m NN, 1 Aufnahme.
5314: Aubachtal NE Rabenscheid, 520-530 m NN, 2 Aufnahmen.

Tab. 46: Polygonum bistorta - Cirsium oleraceum - Gesellschaft

Anzahl der Aufnahmen:	14
A Cirsium oleraceum	V

	Chaerophyllum hirsutum	II
V	Polygonum bistorta	III
	Juncus effusus	III
	Scirpus sylvaticus	IV
	Caltha palustris	II
	Lotus uliginosus	II
	Trollius europaeus	I
O	Cirsium palustre	IV
	Angelica sylvestris	III
	Achillea ptarmica	II
	Galium uliginosum	II
	Lysimachia vulgaris	II
	Molinia caerulea	II
	Sanguisorba officinalis	II
	Equisetum palustre	II
	Juncus conglomeratus	I
	Symphytum officinale	I
	Succisa pratensis	I
K	Galium album	III
	Holcus lanatus	III
	Alopecurus pratensis	II
	Vicia cracca	II
	Ranunculus acris	I
	Centaurea jacea	I
	Trifolium pratense	I
	Leucanthemum vulgare	I
	Rumex acetosa	I
B	Filipendula ulmaria	V
	Deschampsia caespitosa	V
	Juncus acutiflorus	III
	Aconitum napellus ssp. neomontanum	III
	Galeopsis tetrahit	III
	Galium aparine	III
	Senecio fuchsii	III
	Agrostis canina	II
	Epilobium palustre	II
	Equisetum fluviatile	II
	Petasites hybridus	II
	Typhoides arundinacea	II

Poa trivialis	II
Dactylis glomerata	II
Stellaria nemorum	II
Stellaria graminea	II
Equisetum sylvaticum	II
Geum rivale	II
Impatiens noli-tangere	II
Holcus mollis	II
Urtica dioica	II

Scutellaria galericulata, Sparganium erectum, Knautia arvensis, Isolepis setacea, Viola palustris, Ranunculus flammula, Sphagnum palustre, Phleum pratense, Alchemilla vulgaris agg., Prunella vulgaris, Agropyron caninum, Stellaria alsine, Silene dioica, Arrhenatherum elatius, Geranium sylvaticum, Heracleum sphondylium, Carex fusca, Ranunculus repens, Carex gracilis, Chamaenerion angustifolium, Carex canescens, Juncus articulatus, Veronica beccabunga, Potentilla erecta, Sphagnum nemoreum, Platanthera chlorantha, Calamagrostis canescens, Potentilla palustris, Gnaphalium uliginosum, Agrostis tenuis, Rubus fruticosus, Vicia sepium, Cirsium arvense, Lupinus polyphyllos, Artemisia vulgaris, Rumex crispus, Trifolium repens, Epilobium parviflorum, Symphytum X uplandicum, Athyrium filix-femina, Campanula latifolia, Stachys sylvatica, Geranium robertianum, Arctium nemorosum, Geranium palustre, Rubus idaeus j I.

Fundorte:

5313: Nister N Hahn bei Bad Marienberg, 370 m NN, 1 Aufnahme.
Kleine Nister S Mörlen, 410 m NN, 1 Aufnahme.
Kleine Nister N Lautzenbrücken, 470-480 m NN, 2 Aufnahmen.
Kleine Nister NW Lautzenbrücken, 445 m NN, 1 Aufnahme.
5314: Aubachtal NE Rabenscheid, 520-530 m NN, 9 Aufnahmen.

Tab. 47: Deschampsia caespitosa - Polygonum bistorta - Gesellschaft

Anzahl der Aufnahmen:	36
A Deschampsia caespitosa	V
V Polygonum bistorta	V

	Lotus uliginosus	IV
	Juncus effusus	II
	Equisetum palustre	I
	Cirsium oleraceum	I
	Trollius europaeus	I
	Caltha palustris	I
	Scirpus sylvaticus	I
	Myosotis palustris	I
O	Cirsium palustre	III
	Sanguisorba officinalis	III
	Galium uliginosum	II
	Achillea ptarmica	II
	Angelica sylvestris	I
	Lychnis flos-cuculi	I
	Juncus conglomeratus	I
	Molinia caerulea	I
K	Holcus lanatus	V
	Galium album	II
	Lathyrus pratensis	I
	Rumex acetosa	I
	Vicia cracca	I
	Poa pratensis	I
	Trifolium pratense	I
	Centaurea jacea	I
B	Stellaria graminea	IV
	Agrostis tenuis	III
	Galeopsis tetrahit	II
	Filipendula ulmaria	II
	Alopecurus pratensis	II
	Potentilla erecta	II

Dactylis glomerata, Geranium sylvaticum, Anthriscus sylvestris, Holcus mollis, Urtica dioica, Arrhenatherum elatius, Cirsium arvense, Heracleum sphondylium, Phleum pratense, Hypericum perforatum, Galium aparine, Linaria vulgaris, Veronica chamaedrys, Ranunculus repens, Chamaenerion angustifolium, Juniperus communis, Galium hercynicum, Carex fusca, Agrostis canina, Galium verum, Juncus acutiflorus, Senecio fuchsii, Carex hirta, Potentilla palustris, Agropyron caninum, Knautia arvensis, Poa trivialis, Epilobium parviflorum, Rubus idaeus, Vicia sepium, Equisetum sylvaticum, Epilobium hirsutum, Aconitum napellus ssp.

neomontanum, Geranium palustre, Geum rivale, Glechoma hederacea, Galium boreale, Agropyron repens, Ranunculus nemorosus, Rhytidiadelphus squarrosus, Briza media, Stellaria holostea, Frangula alnus j, Quercus robur j, Crataegus laevigata, Anthoxanthum odoratum, Calluna vulgaris, Festuca rubra, Cerastium arvense, Succisa pratensis, Aegopodium podagraria, Prunus spinosa j, Salix caprea j, Pimpinella saxifraga, Nardus stricta, Carex canescens, Taraxacum officinale, Stachys officinalis, Alchemilla vulgaris, Lysimachia vulgaris, Mentha arvensis I.

Fundorte:

5314: Aubachtal NE Rabenscheid, 520-530 m NN, 5 Aufnahmen.
Viehweide am Bartenstein SE Rabenscheid, 520-570 m NN, 16 Aufnahmen.
Bermeshube S Heisterberg, 570-590 m NN, 15 Aufnahmen.

Tab. 48: Juncetum filiformis
Tx. 1937

Anzahl der Aufnahmen:	5
A Juncus filiformis	V
V Polygonum bistorta	V
Caltha palustris	III
Scirpus sylvaticus	II
Lychnis flos-cuculi	II
Trollius europaeus	I
Lotus uliginosus	I
O Myosotis palustris	IV
Equisetum palustre	II
Achillea ptarmica	I
K Trifolium pratense	II
B Juncus acutiflorus	V
Filipendula ulmaria	V
Ranunculus nemorosus	III
Agrostis canina	III
Ranunculus repens	II

Trifolium repens, Mentha arvensis, Ranunculus flammula I.

Fundorte:

5313: SE Nisterberg, 510 m NN, 1 Aufnahme.
5314: Aubachtal NE Rabenscheid, 520-530 m NN, 4 Aufnahmen.

Tab. 49: Scirpetum sylvatici
Maloch 1935 em. Schwick. 1944

Anzahl der Aufnahmen:	15
A Scirpus sylvaticus	V
Dactylorhiza majalis	I
V Caltha palustris	V
Polygonum bistorta	IV
Juncus effusus	IV
Lotus uliginosus	III
Myosotis palustris	I
O Cirsium palustre	V
Achillea ptarmica	IV
Angelica sylvestris	IV
Galium uliginosum	III
Equisetum palustre	III
Lysimachia vulgaris	II
Sanguisorba officinalis	II
Juncus conglomeratus	II
Lychnis flos-cuculi	II
Molinia caerulea	I
Symphytum officinale	I
Lythrum salicaria	I
Valeriana officinalis	I
K Holcus lanatus	II
Alopecurus pratensis	I
Galium album	I
Cardamine pratensis	I
Lathyrus pratensis	I
Rumex acetosa	I
B Filipendula ulmaria	V
Juncus acutiflorus	IV

Equisetum fluviatile	III
Typhoides arundinacea	III
Sparganium erectum	III
Mentha arvensis	III
Agrostis canina	II
Deschampsia caespitosa	II
Epilobium palustre	II
Galeopsis tetrahit	II
Galium aparine	II
Lycopus europaeus	II
Viola palustris	II
Ranunculus flammula	II

Petasites hybridus, Juncus filiformis, Carex canescens, Carex rostrata, Polygonum hydropiper, Equisetum sylvaticum, Glyceria fluitans, Chaerophyllum hirsutum, Stachys palustris, Iris pseudacorus, Potentilla palustris, Hypericum maculatum, Urtica dioica, Rumex obtusifolius, Eriophorum angustifolium, Juncus articulatus, Stellaria alsine, Ajuga reptans, Heracleum sphondylium, Agrostis stolonifera, Cardamine amara, Bidens tripartitus, Lysimachia nummularia, Typha latifolia, Impatiens noli-tangere, Tanacetum vulgare, Carex paniculata, Chamaenerion angustifolium I.

Fundorte:

5312: Wied W Steinbach, 370 m NN, 1 Aufnahme.
SE Wied, 300-315 m NN, 2 Aufnahmen.
SE Sörth, 258 m NN, 1 Aufnahme.
5313: S Kirburg, 460-475 m NN, 2 Aufnahmen.
S Nister, 255 m NN, 1 Aufnahme.
SW Linden, 450 m NN, 1 Aufnahme.
5412: Holzbach SW Marienhausen, 260 m NN, 1 Aufnahme.
Holzbach S Brückrachdorf, 245 m NN, 1 Aufnahme.
Kleiner Saynbach N Helferskirchen, 305-315 m NN, 3 Aufnahmen.
5512: NE Dernbach, 275 m NN, 1 Aufnahme.
SE Hosten, 295 m NN, 1 Aufnahme.

Tab. 50: Sanguisorbo-Silaetum silai
Vollrath 1965

	Anzahl der Aufnahmen:	5
A	Silaum silaus	V
	Stachys officinalis	V
O	Sanguisorba officinalis	V
	Equisetum palustre	V
	Filipendula ulmaria	IV
	Achillea ptarmica	IV
	Cirsium palustre	IV
K	Holcus lanatus	V
	Alopecurus pratensis	III
	Centaurea jacea	III
	Lathyrus pratensis	II
	Ranunculus acris	II
	Galium album	II
	Arrhenatherum elatius	I
B	Hypericum perforatum	IV
	Knautia arvensis	V
	Agrostis tenuis	IV
	Galium verum	III
	Heracleum sphondylium	II
	Galium aparine	II
	Calamintha acinos	II
	Anthriscus sylvestris	II
	Crepis biennis	II

Plantago lanceolata, Alchemilla monticola, Taraxacum officinale, Achillea millefolium, Cirsium arvense, Pimpinella major I.

Fundorte:

5513: Zwischen Himmel-Berg und Heiligenroth, 240 m NN, 5 Aufnahmen.

6 Literatur

AHRENS, W. (1937): Die Ton- und Quarzitlagerstätten des Westerwaldes. - Z. dt. dt. geol. Ges. 88: 438 - 447; Hannover.

- (1960 a): Die Lagerstätten nutzbarer Gesteine und Erden im Westerwald. - Z. dt. geol. Ges. 112: 238 - 252; Hannover.

- & STADLER, G. & WERNER, H. (1960 b): Beitrag zur Genese der Westerwälder Tertiärquarzite. - Z. dt. geol. Ges., 112: 253 - 258; Hannover.

- & VILLWOCK, R. (1966): Exkursion in den Westerwald am 6. Sept. 1964. - Fortschr. Mineral., 42: 303 - 320; Stuttgart.

ANDRES, W. (1982): Das Tuffvorkommen im Kiesbachtal auf Blatt Schaumburg und seine Beziehung zu den quartären Hauptterrassen-Niveaus der Lahn. - Mainzer geowiss. Mitt., 11: 7-14; Mainz.

BAUMEISTER, W. (1969): Die Pflanzengesellschaften der Siegerländer Hauberge. - Siegerländer Beiträge zur Geschichte und Landeskunde, H. 18: 92 S.; Siegen.

BECKHOFF, H. & SEIFERT, M. (1986): Die Waldvegetation des Vogelsangbachtales bei Heiligenhaus (Kreis Mettmann, NRW) und ihre Schutzwürdigkeit. - Decheniana, 139: 148 - 177; Bonn.

BENNERT, H. W. & KAPLAN, K. (1983): Besonderheiten und Schutzwürdigkeit der Vegetation und Flora des Landschaftsschutzgebietes Tippelsberg/Berger Mühle in Bochum. - Decheniana, 136: 5 - 14; Bonn.

BERLIN, A. & HOFFMANN, H. & NÜCHEL, G.(1975): Fundortsverzeichnis 1974: Mittelrheingebiet und Südosteifel. - Göttinger Flor. Rundbr., 9: 13-19; Göttingen.

BERNERT, U. (1985): Zur Vegetation des mittleren Hunsrück. - Mainzer Naturw. Archiv, 23: 21 - 48; Mainz.

BIRKENHAUER, J. (1973): Die Entwicklung des Talsystems und des Stockwerkbaus im zentralen Rheinischen Schiefergebirge zwischen dem Mitteltertiär und dem Altpleistozän. - Arb. rhein. Landeskde., 34: 209 S; Bonn.

- (1975): Der Klimagang im Rheinischen Schiefergebirge in seinem näheren und weiteren Umland zwischen dem Mitteltertiär und dem Beginn des Pleistozäns. - Erdkunde, 24: 268 - 284; Bonn.

BOEKER, P. (1957): Basenversorgung und Humusgehalte von Böden der Pflanzengesellschaften des Grünlandes. - Decheniana Beihefte, 4: 1 - 101; Bonn.

BOHLE, H. (1965): Die Grünlandvegetation der Hocheifelregion um Rengen und ihre Beziehungen zum Standort. - Inaugural-Dissertation, S. 1 - 104; Bonn.

BOHN, U. (1981): Vegetationskarte der Bundesrepublik Deutschland 1 : 200.000 - Potentielle natürliche Vegetation - Blatt CC 5518 Fulda. - Schriftenreihe Vegetationskunde, 15: 330 S.; Bonn-Bad Godesberg.

- (1984): Der Feuchte Schuppendornfarn-Bergahornmischwald (Deschampsio cespitosae-Aceretum pseudoplatani) und seine besonders schutzwürdigen Vorkommen im Hohen Westerwald. - Natur und Landschaft, 59, 7/8: 293 - 301; Bonn.

BRAUN, M. (1979): Tongrube Meudt - Ein Präzedenzfall für den Naturschutz. - Naturschutz und Ornithologie in Rheinland-Pfalz, 1, Nr. 3: 279-289; Landau.

BRAUN-BLANQUET, J. (1964): Pflanzensoziologie. - 865 S.; Wien.

BRESINSKY, A. (1965): Zur Kenntnis der circumalpinen Florenelemente im Vorland nördlich der Alpen. - Ber. Bayer. Bot. Ges., 38: 5 - 67; München.

BÜCHEL, E. (1965): Die Wirtschaftsgeographischen Wandlungen des Kannenbäckerlandes unter besonderer Berücksichtigung der letzten hundert Jahre. - Diss. Mainz, 157 S.; Koblenz.

BURGER, D. (1982): Reliefgenese und Hangentwicklung im Gebiet zwischen Sayn und Wied. - Kölner Geogr. Arb., 42: 139 S.; Köln.

BURRICHTER, E. (1953): Die Wälder des Meßtischblattes Iburg, Teutoburger Wald. Eine pflanzensoziologische, ökologische und forstkundliche Studie. - Abhandl. Landesmuseum Naturkunde Münster, 15: 1 - 92; Münster.

CASPARI, P. (1899): Dr. M. Bachs Flora der Rheinprovinz und der angrenzenden Länder. - 3., gänzlich neubearbeitete Aufl. des Taschenbuches; Paderborn.

DERSCH, G. (1974): Über Gagea spathacea (Hayne) Saisb. und ihre Verbreitung in den Mittelgebirgslandschaften. - Göttinger Flor. Rundbr., 8 (2): 43 - 50; Göttingen.

DICK, H. (1983): Der Westerwaldkreis - Schwerpunkt kommunaler Forstwirtschaft - Allgem. Forstzeitschr., 38, Nr. 33/34: 833 - 835; München.

DÜLL, R. (1984): Neue und sehr seltene Moose im Rheinland (Nordrhein-Westfalen) und seinen Nachbargebieten. - Decheniana, 137: 52 - 55; Bonn.

- & FISCHER, E. & LAUER, H. (1983): Verschollene und gefährdete Moospflanzen in Rheinland-Pfalz. - Beiträge Landespflege Rheinland-Pfalz, 9: 107 - 132; Oppenheim.

ELLENBERG, H. (1982): Vegetation Mitteleuropas mit den Alpen in ökologischer Sicht. - 3. Aufl., 989 S.; Stuttgart.

ENGEL, D. (1980): Pflanzensoziologische Untersuchungen als Beitrag zur Ausweisung eines Naturschutzgebietes bei Komp und Buchholz (Niederwesterwald). - Decheniana, 133: 27 - 29; Bonn.

FASEL, P. (1981): Die Fuchskaute im Westerwald. - Ornithologie und Naturschutz (1980) Westerwald - Mittelrhein - Mosel - Eifel - Ahr, Heft 2: 74 - 83; Nassau.

- (1984): Vegetation, Flora und Fauna des Hohen Westerwaldes, dargestellt am Beispiel ausgewählter Untersuchungsflächen in der Gemeinde Burbach-Lippe, Nordrhein-Westfalen. - 232 S.; unveröffentlicht.

- & SCHMIDT, S. (1983): Torfmoosreiche Erlenmoorwälder bei Daaden/Emmerzhausen. - Naturschutz und Ornithologie in Rheinland-Pfalz, 2, Nr. 4: 593 - 597; Landau.

FISCHER, E. (1983): Beitrag zur Kenntnis der Verbreitung und Soziologie von Polemonium caruleum L. im nördlichen Rheinland-Pfalz. - Ornithologie und Naturschutz (1982) Westerwald - Mittelrhein - Mosel - Eifel - Ahr - Hunsrück, 4: 44 - 53; Nassau.

- (1984 a): Die Vegetation des Hoffmannsweihers, ein Beispiel für die Schutzwürdigkeit und die mögliche Erhaltung einer temporären Phytocoenose. - Ornithologie und Naturschutz (1983) Westerwald - Mittelrhein - Mosel - Eifel - Ahr - Hunsrück - Nahetal; 5: 33 - 41; Nassau.

- (1984 b): Beitrag zur Kenntnis der Verbreitung und Soziologie von Centunculus minimus L. im Westerwald. - Ornithologie und Naturschutz (1983) Westerwald - Mittelrhein - Mosel - Eifel - Ahr - Hunsrück - Nahetal, 5: 56 - 64; Nassau.

- (1985): Die Pteridophyta der Meßtischblätter 5312 Hachenburg, 5313 Bad Marienberg, 5412 Selters und 5512 Montabaur. Ergebnisse einer botanischen Rasterkartierung. Ornithologie und Naturschutz (1984) Westerwald - Mittelrhein - Mosel - Eifel - Ahr - Hunsrück - Nahetal, 6: 42 - 64; Nassau.

- (1986): Botanisch-floristische Beobachtungen aus Westerwald/Mittelrhein und Hunsrück. Ornithologie und Naturschutz im Regierungsbezirk Koblenz, 7: 92 - 124; Nassau.

- (1987 a): Flora und Vegetation des Naturschutzgebietes "Koppelstein" bei Lahnstein, in: GRUSCHWITZ, M. (Ed.): Das Naturschutzgebiet Koppelstein. - Beih. Beiträge Landespflege Rheinland-Pfalz; Oppenheim (im Druck).

- & NEUROTH, R. (1978 a): Flora des Gelbachtales. I. Farnflora des oberen Gelbachtales. - Der Westerwald 71, Heft 2: 69 - 72; Montabaur.

- (1978 b): Flora des Gelbachtales. II. Farnflora des mittleren und unteren Gelbachtales. - Der Westerwald 71, Heft 3: 87 - 91; Montabaur.

- (1981): Zur Verbreitung von Riccardia incurvata, Cololejeunea rosettiana und Orthotrichum pallens in Rheinland-Pfalz. - Ornithologie und Naturschutz (1980) Westerwald - Mittelrhein - Mosel - Eifel - Ahr, 2: 70 - 73; Nassau.

FOERSTER, E. (1983): Pflanzengesellschaften des Grünlandes in NRW. Schriftenreihe der Landesanstalt für Ökologie, Landschaftsentwicklung und Forstplanung, 8; Recklinghausen.

FRECHEN, J. (1976): Siebengebirge am Rhein, Laacher Vulkangebiet, Maargebiet der Westeifel. Vulkanologisch - petrographische Exkursionen, 3. Aufl. - Sammlg. geol. Führer, 56; Berlin, Stuttgart.

FRISCHEN; A. (1968): Die Wandlungen in der Wirtschafts- und Sozialstruktur des Hohen Westerwaldes um die Mitte des 20. Jahrhunderts. - Arbeiten zur Rhei-

nischen Landeskunde, 25: 144 S.; Bonn.
FUCKEL, L. (1856): Flora von Nassau. - Wiesbaden.
GEITNER, H. (1954): Die Pfingstnelke (Dianthus gratianopolitanus Vill.) im Nistertal (Westerwald). - Hess. Flor. Br., 3; Offenbach.
GLATTHAAR, D. (1976): Die Entwicklung der Oberflächenformen im östlichen Rheinischen Schiefergebirge zwischen Lahn und Ruhr während des Tertiärs. - Z. Geomorph. N. F., Suppl. 24: 79 - 87; Berlin, Stuttgart.
- & LIEDTKE, H. (1984): Die teriäre Reliefentwicklung zwischen Sieg und Lahn. - Ber. z. dt. Landeskde., 58: 129 - 146; Trier.
GRUSCHWITZ, M. (1981): Verbreitung und Bestandssituation der Amphibien und Reptilien in Rheinland-Pfalz. - Naturschutz und Ornithologie in Rheinland-Pfalz, 2, Nr. 2: 298 - 390; Landau.
HÄBEL, H.-J. (1980): Die Kulturlandschaft auf der Basalthochfläche des Westerwaldes vom 16. bis 19. Jahrhundert. - Veröffentlichung der Historischen Kommission für Nassau, 27: 483 S.; Wiesbaden.
HAFFNER, W. (1969): Das Pflanzenkleid des Naheberglandes und des südlichen Hunsrück in ökologisch-geographischer Sicht. - Decheniana, Beiheft 15: 145 S.; Bonn.
HAFFNER, P. (1982): Pflanzensoziologische und pflanzengeographische Untersuchungen der Gesellschaften der Quarzitklippen im lothringisch-saarländischen Grenzgebiet des Dreiländerecks. - Abh. Delattinia, 11: 1 - 90; Saarbrücken.
HARTMANN, F. K. (1974): Mitteleuropäische Wälder. - 214 S.; Stuttgart.
HAUBRICH, H. (1970): Morphologische Studien im Niederwesterwald. Beiträge zur quartären und tertiären Entwicklungsgeschichte. - Beitr. z. Landespflege in Rheinland-Pfalz (Kaisersl.), Beiheft 1: 144 S.; Kaiserslautern.
HUNDT, R. (1964): Die Bergwiesen des Harzes, Thüringer Waldes und Erzgebirges.- Pflanzensoziologie, 14; Jena.
- (1980): Die Bergwiesen des hercynisch-niederösterreichischen Waldviertels in vergleichender Betrachtung mit der Wiesenvegetation der hercynischen Mittelgebirge der DDR (Harz, Thüringer Wald, Erzgebirge). - Phytocoenologia, 7: 364 - 391; Stuttgart, Braunschweig.
JAHN, S. (1952): Die Wald- und Forstgesellschaften des Hils-Berglandes (Forstamt Wenzen). - Angew. Pflanzensoziologie, 5: 77 S.; Stolzenau.
JARITZ, G. (1966): Untersuchungen an fossilen Tertiärböden und vulkanogenen Edaphoiden des Westerwaldes. - 151 S.; Bonn.
JUNG, W. (1832): Flora des Herzogthums Nassau. - Hadamar, Weilburg.
JUVIGNE, E. (1980): Vulkanische Schwerminerale in rezenten Böden Mitteleuropas. - Geol. Rdsch., 69: 982 - 996; Stuttgart.
- (1982): Tephrostratigraphie und Reliefgenese in West- und Mitteleuropa. - Z.

Geomorph., N.F., Suppl. 42: 195 - 200; Berlin, Stuttgart.

KALHEBER, H. (1970): Carex humilis, Carex strigosa und Carex binervis im Unterlahngebiet. - Hess. Flor. Briefe, 19: 33-34; Darmstadt.

- (1971): Zum Vorkommen des Alpen-Ziests - Stachys alpina L. - im östlichen Westerwald. - Hess. Flor. Briefe, 20: 29 - 30; Darmstadt.

- (1973): Zur Verbreitung von Melica ciliata L. und Melica transsilvanica Schur im mittleren Lahngebiet. - Hess. Flor. Briefe, 22: 10 - 11; Darmstadt.

- (1982): Poa chaixii Vill. und Poa remota Fors. im Westerwald. - Hess. Flor. Briefe, 31: 62; Darmstadt.

- & H. (1966 a): Das Ausklingen des Vorkommens von Scilla bifolia L. im mittleren Lahntal. - Hess. Flor. Briefe, 15: 1 - 3; Darmstadt.

- (1966 b): Zum Vorkommen des Scheidigen Gelbsterns - Gagea spathacea (HAYNE) GILIB. - im Westerwald. - Hess. Flor. Briefe, 15: 179, 57 - 58; Darmstadt.

KARTIERANLEITUNG (1971): Bodenkundliche Kartieranleitung. Herausgegeben von der Bundesanstalt für Geowissenschaften und Rohstoffe und den Geologischen Landesämtern in der Bundesrepublik Deutschland. - 3. Aufl., 331 S.; Hannover.

KNAPP, R. (1958): Pflanzengesellschaften des Vogelsberges unter besonderer Berücksichtigung des "Naturschutzparkes Hoher Vogelsberg". - Schriftenreihe Naturschutzstelle Darmstadt, 4: 161 - 220; Darmstadt.

- (1963): Die Vegetation des Odenwaldes unter besonderer Berücksichtigung des Naturparkes "Bergstraße-Odenwald". - Schriftenreihe Inst. Natursch. Darmstadt, 6 (4); Darmstadt.

KNAPP, H. D. & JESCHKE, L. & SUCCOW, M. (1985): Gefährdete Pflanzengesellschaften auf dem Territorium der DDR. Kulturbund der Deutschen Demokratischen Republik, Zentralvorstand der Gesellschaft für Natur und Umwelt, Zentraler Fachausschuß Botanik. - S. 1 - 128; Berlin.

KORNECK, D. (1959): Ein Ausflug zur Westerwälder Seenplatte am 6. und 7. September 1958. - Hess. Flor. Briefe, 8: 1 - 4; Offenbach.

- (1960): Beobachtungen an Zwergbinsengesellschaften im Jahr 1959. - Beitr. naturk. Forsch. SW-Deutschland, 19: 101 - 110; Karlsruhe.

- (1974): Xerothermvegetation in Rheinland-Pfalz und Nachbargebieten. - Schriftenreihe f. Vegetationskunde, 7: 196 S.; Bonn-Bad Godesberg.

- (1982): Erysimum odoratum und Scleropoa rigida im mittleren Lahntal. - Hess. Flor. Briefe, 31: 50 - 61; Darmstadt.

- & LANG, W. & REICHERT, H. (1981): Rote Liste der in Rheinland-Pfalz ausgestorbenen, verschollenen und gefährdeten Farn- und Blütenpflanzen und ihre Auswertung für den Arten- und Biotopschutz. - Beitr. Landespflege Rheinland-Pfalz, 8: 7 - 137; Oppenheim.

KRAUSE, A. (1972): Laubwaldgesellschaften im östlichen Hunsrück. Natürlicher

Aufbau und wirtschaftsbedingte Abwandlungen. - Diss. Botanicae, 15: 117 S.; Lehre.

KREMER, B. P. (1978): Biogeographisches zur rheinischen Flora - Rheinische Heimatpflege, 15, 4: 277 - 282.

KROMER, H. (1980): Tertiary clays in the Westerwald area. - Geol. Jb, D 39: 69 - 84; Hannover.

LAVEN, L. & THYSSEN, P. (1959): Flora des Köln-Bonner Wandergebietes. - Verhandl. d. Naturhist. Ver. der Rheinlande u. Westf., 112: 1 - 179; Bonn.

LICHT, W. (1971): Die Vegetation des Naturschutzgebietes Lemberg/Pfalz. - Mainzer Naturw. Archiv, 10: 149 - 194; Mainz.

LIPPOLT, H.-J. (1976): Das pliozäne Alter der Bertenauer Basalte/Westerwald. - Aufschluß, 27: 205 - 208; Heidelberg.

- & TODT, W. (1978): Isotopische Altersbestimmungen an Vulkaniten des Westerwaldes. - N. Jb. Geol. Paläont, Mh., (1978): 332 - 352; Stuttgart.

LÖBER, K. (1950): Beiträge zur Flora des Dillkreises. - Jahrb. Nass. Ver. Naturk., 88: 49 - 69; Wiesbaden.

- (1972): Pflanzen des Grenzgebietes von Westerwald und Rothaar.- 797 S.; Göttingen.

LOHMEYER, W. (1960): Zur Kenntnis der Erlenwälder in den nordwestlichen Randgebieten der Eifel. - Mitt. flor. soz. Arbeitsgem., N. F. 8: 209 - 221; Stolzenau/Weser.

- (1970): Über einige Vorkommen naturnaher Restbestände des Stellario-Carpinetum und des Stellario - Alnetum glutinosae im westlichen Randgebiet des Bergischen Landes. - Schriftenreihe Vegetationskunde, 5: 67 - 74; Bonn-Bad Godesberg.

LÖTSCHERT, W. (1952): Vegetation und pH-Faktor auf kleinstem Raum in Kiefern- und Buchenwäldern auf Kalksand, Löß und Granit. - Biol. Zbl., 71: 327 - 348; Leipzig.

- (1964 a): Carex binervis Smith im Unterwesterwald. - Jahrb. Nass. Ver. f. Naturk., 97: 93 - 94; Wiesbaden.

- (1964 b): Die Zweinervige Segge im Unterwesterwald. - Natur und Museum, 94: 361 - 367; Frankfurt am Main.

- (1977): Pflanzen und Pflanzengesellschaften im Westerwald. - Beitr. Landespflege Rheinland-Pfalz, 5: 107 - 156; Oppenheim.

LUDWIG, A. (1927): Botanisches vom Stegskopf. Siegerland. - Blätter des Vereins für Heimatkunde und Heimatschutz im Siegerlande samt Nachbargemeinden, 9, Siegen.

- (1952): Flora des Siegerlandes. - 152 S.; Siegen.

MAYER, H. (1971): Das Buchen-Naturwaldreservat Dobra Kampleiten im niederösterreichischen Waldviertel. - Schweiz. Z. Forstwes., 122: 45 - 66; Zürich.

MATTHES, G. & STENGEL-RUTKOWSKI, W. (1967): Färbversuche mit Uranin AP im oberdevonischen Riffkalkstein (Iberger Kalk) von Erdbach und Breitscheid (Dillmulde, Rheinisches Schiefergebirge). - Notizbl. Hess. L.-Amt Bodenforsch., 95: 181 - 189; Wiesbaden.

MEISEL-JAHN, S. (1955): Die pflanzensoziologische Stellung der Hauberge des Siegerlandes. - Mitt. Flor. soz. Arbeitsgem., N.F. 5: 145-149; Stolzenau/Weser.

MELSHEIMER, M. (1884): Mittelrheinische Flora, das Rheintal und die angrenzenden Gebirge von Coblenz bis Bonn umfassend. - 167 S.; Neuwied, Leipzig.

MEUSEL, H. & JÄGER, E. & WEINERT, E. (1965): Vergleichende Chorologie der zentraleuropäischen Flora. - Bd. 1, Text 583 S., Karten 258 S.; Jena.

MEUSEL, H. & JÄGER, E. & RAUSCHERT, S. & WEINERT, E. (1978): Vergleichende Chorologie der zentraleuropäischen Flora. Bd.- 2, Text 418 S., Karten S. 259 - 421; Jena.

MOOR, M. (1952): Die Fagion-Gesellschaften des Schweizer Jura. - Beitr. Geobot. Landesaufn. Schweiz, 31: 201 S.; Bern.

- (1958): Pflanzengesellschaften schweizerischer Flußauen. - Mitt. Schweiz. Anstalt forstl. Versuchswesen, 34: 221 - 364; Zürich.

- (1972): Versuch einer soziologisch-systematischen Gliederung des Carici-Fagetum. - Vegetatio, 24: 31 - 69; Zürich.

MORAVEC, J. & HUSOVA, M. & NEUHÄUSL, R. & NEUHÄUSLOVA-NOVOTNA, Z. (1982): Die Assoziationen mesophiler und hygrophiler Laubwälder in der Tschechischen Sozialistischen Republik. - Vegetace CSSR A12: 292 S.; Praha.

MÜLLER, H. J. & RARING, A. & RIEDL, U. (1982): Westerwälder Seenplatte, Grundlagen zur Naturschutzplanung (Projektarbeit). - Hannover.

MÜLLER, K.-H. (1974): Zur Morphologie der plio-pleistozänen Terrassen im Rheinischen Schiefergebirge am Beispiel der Unterlahn. - Ber. z. dt. Landeskunde, 48: 61 - 80; Bonn-Bad Godesberg.

- (1975): Tektogenetische und klimagenetische Einflüsse auf die Talentwicklung der Unteren Lahn. - Z. Geomorph., N. F., Suppl. 23: 75 - 81; Berlin, Stuttgart.

NEINHAUS, W. (1866): Flora von Neuwied und Umgegend. - Neuwied.

NEUROTH, R. N. & FISCHER, E. (1979 a): Über einen neuen Wuchsort von Huperzia selago (L.) Bernh. ex Schrank et Mart. im Westerwald. - Hess. Flor. Briefe, 28: 50; Darmstadt.

- (1979 b): Über einen neuen Fundort des Asplenium X germanicum auct. im Westerwald. - Hess. Flor. Briefe, 28: 50; Darmstadt.

- (1979 c): Flora des Gelbachtales Teil III. Frühjahrsblüher und Ergänzungen zu Teil I und II. - Der Westerwald 72, 2: 48 - 50; Montabaur.

NIEGEL, W. & WIENHAUS, H. (1976): Hirschzunge und Silberblatt im Gelbachtal.- Hess. Flor. Briefe, 25: 73 - 75; Darmstadt.

NOWAK, B. & WEDRA, C. (1985): Die Vegetation einer bemerkenswerten Wiesenfläche im Gladenbacher Bergland. - Hess. Flor. Briefe, 34: 8 - 16; Darmstadt.

OBERDORFER, E. (1957): Süddeutsche Pflanzengesellschaften.- Pflanzensoziologie, 10: 564 S.; Jena.

- (1977): Süddeutsche Pflanzengesellschaften, Teil I.- 311 S.; Stuttgart,N.Y.

- (1978): Süddeutsche Pflanzengesellschaften, Teil II.- 355 S.; Stuttgart,N.Y.

- (1983): Süddeutsche Pflanzengesellschaften, Teil III.-455 S.; Stuttgart,N.Y.

PLASS, W. (1981): Neuere quartärgeologisch-bodenkundliche Erkenntnisse und ihre Auswirkungen auf das Ökosystem Wald. - Vorträge der Tagungen der AFSV, 8: 21 - 63; Recklinghausen.

REIDL, K. (1986): Zur Schutzwürdigkeit von Vegetation und Flora des Kamptales in Essen-Schönebeck. - Decheniana 139: 71 - 98; Bonn.

RIEDL, U. (1984): Gründlandgesellsschaften im Hohen Westerwald. - Hess. Flor. Briefe, 33: 43 - 46; Darmstadt.

- (1985): Beobachtungen am Eleocharito ovatae-Caricetum bohemicae (Klika 35 em. Pietsch 61) des Hoffmanns-Weihers (Westerwälder Seenplatte). - Decheniana, 138: 7 - 12; Bonn.

ROCHE, O. & ROTH, H. J. (1975): Flora des Köln-Bonner Wandergebietes (Gefäßkryptogamen und Phanerogamen), Nachträge.- Decheniana, 128: 143 - 167; Bonn.

ROOS, P. (1953): Die Pflanzengesellschaften der Dauerweiden und Hutungen des Westerwaldes und ihre Beziehungen zur Bewirtschaftung und zu den Standortverhältnissen. - Zeitschr. f. Acker- und Pflanzenbau, 96: 111 - 133.

ROTH, H. J. (1973): Die Westerwälder Seenplatte. 2. Auflage. - Rheinische Landschaften, 2/3: 31 S.; Köln.

- (1975): Gefährdung des Spießweihers bei Montabaur. - Hess. Flor. Briefe, 24: 13 - 16; Darmstadt.

- (1978): Das Siebengebirge. - Rhein. Landschaften, 13, 2. Aufl.: 31 S.; Köln.

- (1980): Pflanzen- und Tierwelt, in: WESTERWALD-VEREIN e. V. (Ed.): Großer Westerwald-Führer.-2. Aufl. der Neubearbeitung: 40-47; Montabaur, Stuttgart.

- (1981): Naturschutz im Westerwald. Westerwaldbuch, 5: 227 S.; Montabaur.

- (1983): Polemonium caeruleum L. im Westerwald.- Hess. Flor. Briefe, 32: 11 - 13; Darmstadt.

- (1984): Die Westerwälder Seenplatte.- 3. Aufl. Rheinische Landschaften 2: 31 S.; Köln.

ROTHMALER, W. (1976): Exkursionsflora für die Gebiete der DDR und der BRD. - Kritischer Band: 811 S.; Berlin.

RUDIO, F. (1851): Übersicht über die Phanerogamen und Gefäßkryptogamen von Nassau.- Jahrb. Nass. Ver. Naturk. Herzogth. Nassau, 7, 2/3; Wiesbaden.

RÜHL, A. (1964): Vegetationskundliche Untersuchungen über die Bachauenwälder des Nordwestdeutschen Berglandes. - Decheniana, 116: 29 - 44; Bonn.

RUNGE, F. (1980): Die Pflanzengesellschaften Mitteleuropas. - 278 S.; Münster.

SABEL, K. J. & FISCHER, E. (1985): Boden- und vegetationsgeographische Untersuchungen am Ostabfall der Montabaurer Höhe (Niederwesterwald). - Decheniana, 138: 221 - 236; Bonn.

SAKR, R. & MEYER, B. (1970): Mineral-Verwitterung und -Umwandlung in typischen sauren Lockerbraunerden in einigen Mittelgebirgen Hessens. - Göttinger bodenkdl. Ber., 14: 1 - 47; Göttingen.

SCHEFFER, F. & SCHACHTSCHABEL, P. (1979): Lehrbuch der Bodenkunde. - 10. Aufl., 426 S.; Stuttgart.

SCHMIDT-FASEL, S. & SCHMIDT, D. (1986): Zur Flora und Fauna des Nistertals zwischen Stein-Wingert und Wissen. - Ornithologie und Naturschutz im Regierungsbezirk Koblenz, 7: 149 - 156; Nassau.

SCHNEDLER, W. (1981): Zum gegenwärtigen Vorkommen der Breitblättrigen Glockenblume (Campanula latifolia L.) im hessischen Westerwald und in angrenzenden Gebieten. - Hess. Flor. Briefe, 30: 6 - 9; Darmstadt.

SCHÖNHALS, E. (1957): Spätglaziale äolische Ablagerungen in einigen Mittelgebirgen Hessens. - Eiszeitalter und Gegenwart, 8: 5 - 17; Öhringen.

SCHUMACHER, A. (1941): Der Straußfarn Onoclea struthiopteris Hoffm. im Rheinischen Schiefergebirge. - Fedd. Repert. spec. nov., Beiheft, 126: 27 - 48; Berlin.

- (1955): Die Pfingstnelke im Nistertal.- Hess.Flor.Briefe, 4: 3-4; Offenbach.

SCHUMACHER, W. (1977): Flora und Vegetation der Sötenicher Kalkmulde (Eifel). - Verhandl. Decheniana, Beihefte, 19: 215 S.; Bonn.

SCHWICKERATH, M. (1975): Hohes Venn, Zitterwald, Schneifel und Hunsrück. - Beitr. Landespflege Rheinland-Pfalz, 3: 9 - 99; Oppenheim.

SEMMEL, A. (1964): Junge Schuttdecken in hessischen Mittelgebirgen. - Notizbl. Hess. L.-Amt Bodenforsch., 92: 275 - 285; Wiesbaden.

- (1968): Studien über den Verlauf jungpleistozäner Formung in Hessen. - Frankfurter geogr. H., 45: 133 S.; Frankfurt am Main.

- (1983): Grundzüge der Bodengeographie. - 120 S.; Tübingen.

SOHLBACH, K.-D. (1978): Computerunterstützte geomorphologsche Analyse von Talformen. - Göttinger Geogr. Abhandlungen, 71: 210 S.; Göttingen.

STENGEL-RUTKOWSKI, W. (1980): Die hydrogeologischen Verhältnisse im basaltischen Tertiär des östlichen Westerwaldes. - Geol. Jahrb. Hessen, 108: 177 - 195; Wiesbaden.

STILLGER, E. (1972): Scilla bifolia L. in Hangwäldern des Unteren Lahntales. - Hess. Flor. Briefe, 21: 36 - 39; Darmstadt.

STÖHR, Th. (1963): Der Bims (Trachyttuff), seine Verlagerung, Verlehmung und Bodenbildung (Lockerbraunerden) im südwestlichen Rheinischen Schiefergebirbe. - Notizbl. Hess. L.-Amt Bodenforsch., 91: 318 - 337; Wiesbaden.

- (1967): Erdgeschichtliches Geschehen im Spätglazial und seine Auswirkungen auf die Böden im südlichen Rheinischen Schiefergebirge (unter besonderer Berücksichtigung des Lockerbraunerde-Phänomens). - Mitt. dt. bodenkdl. Ges., 6: 45 - 115; Göttingen.

TRAUTMANN, W. (1966): Erläuterungen zur Karte der potentiellen natürlichen Vegetation der Bundesrepublik Deutschland 1 : 200.000, Blatt 85 Minden. - Schriftenr. Vegetationskunde, 1: 137 S.; Bonn-Bad Godesberg.

TÜXEN, R. (1950): Neue Methoden der Wald- und Forstkartierung. - Mitt. Flor. soz. Arbeitsgem., N.F. 2: 217 - 219; Stolzenau/Weser.

TURK, P.-G. & LOHSE, H.- H. & SCHURMANN, K. & FUHRMANN, U. & LIPPOLT, H.-J. (1984): Petrographische und Kalium-Argon-Untersuchungen an basischen tertiären Vulkaniten zwischen Westerwald und Vogelsberg. - Geol. Rundsch., 73: 599 - 617; Stuttgart.

WIGAND, A. (1891): Flora von Hessen und Nassau. Teil 2: Fundorts-Verzeichnis der in Hessen und Nassau beobachteten Samenpflanzen und Pteridophyten, hrsg. v. Fr. Meigen. - Schriften Ges. Beförd. ges. Naturwiss., 12, 4; Marburg.

WIRTGEN, P. (1867): Zuwachs der Flora der preussischen Rheinlande aus der Flora von Nassau. - Verhandl. Naturhist. Ver. preuss. Rheinlande u. Westph., 24: 67 - 68; Bonn.

- (1869): Nachträge zu meinem Taschenbuch der Flora der preussischen Rheinprovinz Bonn 1857. Neu aufgefundene Bürger der rheinischen Flora.- Verhandl. Naturhist. Ver. preuss. Rheinlande u. Westph., 26: 68 - 70; Bonn.

- (1899): Beiträge zur Flora der Rheinprovinz. - Verhandl. Naturhist. Ver. preuss. Rheinlande u. Westph. und Reg. Bez. Osnabrück, 56: 158 - 175; Bonn.

WOIKE, S. (1963): Coleanthus subtilis (Tratt.) Seidl auch in Westdeutschland. - Hess. Flor. Briefe, 12: 54 - 56; Darmstadt.

WOLF, G. (1979): Veränderung der Vegetation und Abbau der organischen Substanz in aufgegebenen Wiesen des Westerwaldes. - Schriftenr. Vegetationskunde, 13; Bonn-Bad Godesberg.

ZENKER, W. (1986): Pflanzensoziologische Untersuchungen in Wäldern der Niederrheinischen Bucht bei Kerpen, insbesondere im zukünftigen Abbaugebiet des Braunkohlentagesbaues Hambach. - Decheniana, 139: 123 - 140; Bonn.

FRANKFURTER GEOWISSENSCHAFTLICHE ARBEITEN

Herausgegeben vom Fachbereich Geowissenschaften
der
Johann Wolfgang Goethe-Universität Frankfurt a. M.

Serie A: Geologie - Paläontologie

B i s h e r   e r s c h i e n e n :

Band 1 MERKEL, D. (1982): Untersuchungen zur Bildung planarer Gefüge im Kohlengebirge an ausgewählten Beispielen.- 144 S., 53 Abb.; Frankfurt a. M.
DM 10,--

Band 2 WILLEMS, H. (1982): Stratigraphie und Tektonik im Bereich der Antiklinale von Boixols-Coll de Nargó - ein Beitrag zur Geologie der Decke von Montsech (zentrale Südpyrenäen, Nordost-Spanien).- 336 S., 90 Abb., 8 Tab., 19 Taf., 2 Beil.; Frankfurt a. M.
DM 30,--

Band 3 BRAUER, R. (1983): Das Präneogen im Raum Molaoi-Talanta/SE-Lakonien (Peloponnes, Griechenland).- 284 S., 122 Abb.; Frankfurt a. M.
DM 16,--

Band 4 GUNDLACH, T. (1987): Bruchhafte Verformung von Sedimenten währen der Taphrogenese - Maßstabsmodelle und rechnergestützte Simulation mit Hilfe der FEM (Finite Element Method).- 131 S., 70 Abb., 4 Tab.; Frankfurt a. M.
DM 10,--

Band 5 KUHL, H.-P. (1987): Experimente zur Grabentektonik und ihr Vergleich mit natürlichen Gräben (mit einem historischen Beitrag).- 208 S., 88 Abb., 2 Tab.; Frankfurt a. M.
DM 13,--

B e s t e l l u n g e n   z u   r i c h t e n   a n :

Geologisch-Paläontologisches Institut der Johann Wolfgang Goethe-Universität
Senckenberganlage 32 - 34, Postfach 11 19 32, D-6000 Frankfurt am Main 11

FRANKFURTER GEOWISSENSCHAFTLICHE ARBEITEN

Herausgegeben vom Fachbereich Geowissenschaften
der
Johann Wolfgang Goethe-Universität Frankfurt a. M.

Serie B: Meteorologie und Geophysik

B i s h e r   e r s c h i e n e n :

Band 1   BIRRONG, W. & SCHÖNWIESE, C.-D. (1987): Statistisch-klimatologische Untersuchungen botanischer Zeitreihen Europas.- 80 S., 26 Abb., 5 Tab.; Frankfurt a. M.
DM 7,--

B e s t e l l u n g e n   z u   r i c h t e n   a n :

Institut für Meteorologie und Geophysik der Johann Wolfgang Goethe-Universität
Feldbergstraße 47, Postfach 11 19 32, 6000 Frankfurt am Main 11

FRANKFURTER GEOWISSENSCHAFTLICHE ARBEITEN

Herausgegeben vom Fachbereich Geowissenschaften

der

Johann Wolfgang Goethe-Universität Frankfurt a. M.

Serie C: Mineralogie

B i s h e r   e r s c h i e n e n :

Band 1 SCHNEIDER, G. (1984): Zur Mineralogie und Lagerstättenbildung der Mangan- und Eisenerzvorkommen des Urucum-Distriktes (Mato Grosso do Sul, Brasilien).- 205 S., 99 Abb., 9 Tab.; Frankfurt a. M.
DM 12,--

Band 2 GESSLER, R. (1984): Schwefel-Isotopenfraktionierung in wäßrigen Systemen.- 141 S., 35 Abb.; Frankfurt a. M.
DM 9,50

Band 3 SCHRECK, P.C. (1984): Geochemische Klassifikation und Petrogenese der Manganerze des Urucum-Distriktes bei Corumbá (Mato Grosso do Sul, Brasilien).- 206 S., 29 Abb., 20 Tab., 7 Taf.; Frankfurt a. M.
DM 13,50

Band 4 MARTENS, R.M. (1985): Kalorimetrische Untersuchung der kinetischen Parameter im Glastransformations-Bereich bei Gläsern im System Diopsid-Anorthit-Albit und bei einem NBS-710-Standardglas.- 177 S. 39 Abb.; Frankfurt a. M.
DM 15,--

Band 5 ZEREINI, F. (1985): Sedimentpetrographie und Chemismus der Gesteine in der Phosphoritstufe (Maastricht, Oberkreide) der Phosphat-Lagerstätte von Ruseifa/Jordanien mit besonderer Berücksichtigung ihrer Uranführung.- 116 S., 11 Abb., 5 Taf., 27 Tab., 36 Anl.; Frankfurt a. M.
DM 16,--

Band 6 ZEREINI, F. (1987): Geochemie und Petrographie der metamorphen Gesteine vom Vesleknatten (Tverrfjell/Mittelnorwegen) mit besonderer Berücksichtigung ihrer Erzminerale.- 197 S., 48 Abb., 9 Taf., 26 Tab., 27 Anl.; Frankfurt a. M.
DM 15,--

Band 7 TRILLER, E. (1987): Zur Geochemie und Spurenanalytik des Wolframs unter besonderer Berücksichtigung seines Verhaltens in einem südostnorwegischen Pegmatoid. - 173 S., 25 Abb., 2 Taf., 20 Tab.; Frankfurt a. M.
DM 12,--

B e s t e l l u n g e n   z u   r i c h t e n   a n :

Institut für Geochemie, Petrologie und Lagerstättenkunde der J. W. Goethe-Universität, Senckenberganlage 32-34, Postfach 11 19 32, Frankfurt a. M. 11

FRANKFURTER GEOWISSENSCHAFTLICHE ARBEITEN

Herausgegeben vom Fachbereich Geowissenschaften
der
Johann Wolfgang Goethe-Universität Frankfurt a. M.

Serie D: Physische Geographie

B i s h e r   e r s c h i e n e n :

Band 1   BIBUS, E. (1980): Zur Relief-, Boden- und Sedimententwicklung am unteren Mittelrhein.- 296 S., 50 Abb., 8 Tab.; Frankfurt a. M.
DM 25,--

Band 2   SEMMEL, A. (1981, 2. Aufl. 1983): Landschaftsnutzung unter geowissenschaftlichen Aspekten in Mitteleuropa.- 84 S., 10 Abb.; Frankfurt a. M.
DM 10,--

Band 3   SABEL, K.J. (1982): Ursachen und Auswirkungen bodengeographischer Grenzen in der Wetterau (Hessen).- 116 S., 19 Abb., 8 Tab., 6 Prof.; Frankfurt a. M.
DM 11,50

Band 4   FRIED, G. (1984): Gestein, Relief und Boden im Buntsandstein-Odenwald. - 201 S., 57 Abb., 11 Tab.; Frankfurt a. M.
DM 15,--

Band 5   VEIT, H. & VEIT, H. (1985): Relief, Gestein und Boden im Gebiet von "Conceicao dos Correias" (S-Brasilien).- 98 S., 18 Abb., 10 Tab.; Frankfurt a. M.
DM 17,--

Band 6   SEMMEL, A. (1986): Angewandte konventionelle Geomorphologie. Beispiele aus Mitteleuropa und Afrika.- 116 S., 57 Abb.; Frankfurt a. M.
DM 13,--

Band 7   SABEL, K.-J. & FISCHER, E. (1987): Boden- und vegetationsgeographische Untersuchungen im Westerwald.- 268 S., 19 Abb., 50 Tab.; Frankfurt a. M.
DM 15,--

B e s t e l l u n g e n   z u   r i c h t e n   a n :

Institut für Physische Geographie der Johann Wolfgang Goethe-Universität
Senckenberganlage 36, Postfach 11 19 32, D-6000 Frankfurt am Main 11